■ 普通高等院校公共基础课程系列教材

复变函数与积分变换

孙立伟 主 编
张 玲 姜春艳 刘秀娟 副主编

清华大学出版社
北京

内 容 简 介

本书分为复变函数和积分变换两部分：复变函数部分包括复数与复变函数、解析函数、复变函数的积分、解析函数的级数理论、留数；积分变换部分包括傅里叶变换和拉普拉斯变换等。本书每章末都配有思维导图和精选习题，方便读者复习掌握和检验学习效果。除此以外，书中还设计了数学家简介、数学实验等版块，以增强数学底蕴，提高学习兴趣。本书中性质等相关证明过程详细，注重数学思想、方法和技巧的运用，有利于培养学生灵活多样、举一反三的科学素质。本书中附有二维码，扫码可查看常用函数的积分变换简表和习题答案，供读者参考。

本书可供高等学校理工科相关专业作为教材使用，也可作为任课教师的教学参考书，还可供有关工程技术人员参考使用。

本书封面贴有清华大学出版社防伪标签，无标签者不得销售。
版权所有，侵权必究。举报: 010-62782989, beiqinquan@tup.tsinghua.edu.cn。

图书在版编目(CIP)数据

复变函数与积分变换/孙立伟主编. —北京: 清华大学出版社，2023.9
普通高等院校公共基础课程系列教材
ISBN 978-7-302-63917-6

Ⅰ.①复… Ⅱ.①孙… Ⅲ.①复变函数－高等学校－教材 ②积分变换－高等学校－教材
Ⅳ.①O174.5 ②O177.6

中国国家版本馆 CIP 数据核字(2023)第 115968 号

责任编辑：吴梦佳
封面设计：傅瑞学
责任校对：李　梅
责任印制：丛怀宇

出版发行：清华大学出版社
　　　　　网　　址：http://www.tup.com.cn, http://www.wqbook.com
　　　　　地　　址：北京清华大学学研大厦 A 座　　邮　编：100084
　　　　　社 总 机：010-83470000　　邮　购：010-62786544
　　　　　投稿与读者服务：010-62776969, c-service@tup.tsinghua.edu.cn
　　　　　质量反馈：010-62772015, zhiliang@tup.tsinghua.edu.cn
　　　　　课件下载：http://www.tup.com.cn,010-83470410
印 装 者：三河市天利华印刷装订有限公司
经　　销：全国新华书店
开　　本：185mm×260mm　　印　张：12.25　　字　数：279 千字
版　　次：2023 年 9 月第 1 版　　印　次：2023 年 9 月第 1 次印刷
定　　价：39.00 元

产品编号：100860-01

前　言

习近平总书记在党的二十大报告中指出：教育、科技、人才是全面建设社会主义现代化国家的基础性、战略性支撑。必须坚持科技是第一生产力、人才是第一资源、创新是第一动力，深入实施科教兴国战略、人才强国战略、创新驱动发展战略，这三大战略共同服务于创新型国家的建设。高等教育与经济社会发展紧密相连，对促进就业创业、助力经济社会发展、增进人民福祉具有重要意义。

复变函数与积分变换是高等学校理工科一门重要的专业基础课程，它不仅是学习后续专业课程和在各学科领域中进行科学研究及实践的必要基础，而且在培养符合现代社会发展的高素质应用型人才方面起着重要作用。随着我国高等教育的快速发展和高校教学改革的不断深入，我们按照高等学校理工类复变函数与积分变换课程的教学基本要求，结合多年一线教学的实践经验，精心策划，以培养学生创新能力为目的编写了本书。

在编写过程中，我们参考了国内外众多同类优秀教材和书籍，借鉴和吸收了相关的研究成果，用直观形象的方法讲解数学概念的形成过程，并结合工程技术上的实例理解数学概念的本质内容，力求做到由浅入深、循序渐进、通俗易懂、突出重点，注重数学思想、方法和技巧的运用，注重培养学生运用数学工具解决实际问题的能力和创新能力，有利于培养学生灵活多样、举一反三的科学素质。

本书分为两个部分：第一部分为复变函数，主要包含复数与复变函数、解析函数、复变函数的积分、解析函数的级数理论、留数、共形映射（这部分以二维码形式呈现，既保持知识体系的完整性，又减少了篇幅）；第二部分为积分变换，包含傅里叶变换和拉普拉斯变换。本书完全可以满足一般教学的需求。

本书主要特点如下。

（1）例题丰富，计算方法多样，论证详细，能够培养学生的创新能力。

（2）精心选配习题并附有参考答案，方便学生自我检测学习效果。

（3）为了满足不同需求，书中的部分性质和定理的证明以及"＊"的部分以二维码形式在本书呈现，可根据实际情况选讲选学。

（4）本书附有课程发展简史、数学家简介、数学实验（基于Matlab）、积分变换简表等内容，有助于挖掘、融入思政元素，扫描附录中二维码即可查看。

（5）每章末配有知识体系思维导图，以图的形式展现知识之间的联系，便于学生复习掌握，能够达到较好的教学辅助效果。

阅读本书需要具备一定的高等数学基础。本书可供高等学校理工科相关本科专业选作教材,也可作为任课教师的教学参考书,还可供有关工程技术人员参考使用。

本书是佳木斯大学组织编写的大学数学系列教材之一。本系列教材还有《高等数学》《概率论与数理统计》《线性代数》等。本书中,孙立伟编写了积分变换部分;张玲编写了复变函数部分第四、五章及附录;姜春艳编写了复变函数部分第一～三章;刘秀娟编写了共形映射及全书习题,限于篇幅原因,共形映射的内容是通过二维码形式体现的;文斌作为主审,对全书内容做了全面细致的审阅工作;全书最后由孙立伟统稿。在本书编写和出版过程中,我们得到了学校相关部门、同行和清华大学出版社的鼎力支持与帮助,在此表示诚挚的感谢!

由于编者水平有限,书中难免有不足和疏漏之处,恳请读者对本书多提宝贵意见和建议。

编　者

2023 年 5 月

目 录

第一部分 复变函数

引言 ········· 1

第一章 复数与复变函数 ········· 2
- 第一节 复数及其代数运算 ········· 2
  - 一、复数的概念 ········· 2
  - 二、复数的代数运算 ········· 2
- 第二节 复数的几何表示 ········· 4
  - 一、复平面 ········· 4
  - 二、复球面 ········· 9
- 第三节 复数的乘幂与方根 ········· 10
  - 一、积与商 ········· 10
  - 二、幂与根 ········· 12
- 第四节 区域 ········· 15
  - 一、区域的概念 ········· 15
  - 二、曲线 ········· 16
  - 三、单连通区域、多连通区域 ········· 17
- 第五节 复变函数的概念与映射 ········· 18
  - 一、复变函数的概念 ········· 18
  - 二、映射 ········· 18
- 第六节 复变函数的极限和连续性 ········· 21
  - 一、复变函数的极限 ········· 21
  - 二、复变函数的连续性 ········· 23
- 章末总结 ········· 24
- 习题一 ········· 25

第二章 解析函数 ········· 29
- 第一节 解析函数概述 ········· 29
  - 一、复变函数的导数与微分 ········· 29
  - 二、解析函数的概念 ········· 31

第二节　函数解析的充要条件 ……………………………………………… 32
　　第三节　初等函数 …………………………………………………………… 36
　　　一、指数函数 ………………………………………………………………… 37
　　　二、对数函数 ………………………………………………………………… 37
　　　三、乘幂 a^b 与幂函数 …………………………………………………… 39
　　　四、三角函数与双曲函数 …………………………………………………… 40
　　　五、反三角函数与反双曲函数 ……………………………………………… 42
　章末总结 ………………………………………………………………………… 43
　习题二 …………………………………………………………………………… 44

第三章　复变函数的积分 ……………………………………………………… 47
　　第一节　复变函数积分的概念 ……………………………………………… 47
　　　一、积分的定义 ……………………………………………………………… 47
　　　二、积分存在的条件及其计算方法 ………………………………………… 48
　　　三、积分的性质 ……………………………………………………………… 52
　　第二节　柯西-古萨基本定理及其推广 ……………………………………… 54
　　　一、柯西-古萨基本定理 …………………………………………………… 54
　　　二、基本定理的推广——复合闭路定理 …………………………………… 55
　　第三节　原函数与不定积分 ………………………………………………… 57
　　第四节　柯西积分公式 ……………………………………………………… 59
　　第五节　解析函数的高阶导数 ……………………………………………… 62
　　第六节　解析函数与调和函数的关系 ……………………………………… 64
　章末总结 ………………………………………………………………………… 68
　习题三 …………………………………………………………………………… 68

第四章　解析函数的级数理论 ………………………………………………… 73
　　第一节　复数项级数 ………………………………………………………… 73
　　　一、复数序列的极限 ………………………………………………………… 73
　　　二、复数项级数的收敛性及其判别法 ……………………………………… 75
　　　三、复数项级数的绝对收敛与条件收敛 …………………………………… 76
　　第二节　幂级数 ……………………………………………………………… 77
　　　一、复变函数项级数 ………………………………………………………… 77
　　　二、幂级数的概念 …………………………………………………………… 78
　　　三、幂级数的收敛圆与收敛半径 …………………………………………… 78
　　　四、幂级数的运算和性质 …………………………………………………… 80
　　第三节　泰勒级数 …………………………………………………………… 83
　　　一、泰勒展开定理 …………………………………………………………… 85
　　　二、变量代换法 ……………………………………………………………… 86
　　　三、运算性质法 ……………………………………………………………… 86

四、分析性质法 ··· 87
　　五、待定系数法 ··· 87
 第四节　洛朗级数 ··· 89
 章末总结 ··· 96
 习题四 ··· 96

第五章　留数 ·· 100
 第一节　解析函数的孤立奇点 ··· 100
　　一、可去奇点 ··· 101
　　二、极点 ·· 101
　　三、本性奇点 ··· 103
　　四、解析函数在无穷远点的性态 ·· 104
 第二节　留数及留数定理 ·· 106
　　一、留数的定义及留数定理 ··· 106
　　二、留数的计算 ··· 108
　　三、无穷远点的留数 ··· 111
 第三节　留数在定积分运算上的应用 ······································· 114
　　一、计算 $\int_0^{2\pi} R(\cos\theta, \sin\theta)\,d\theta$ 型积分 ··············· 115
　　二、计算 $\int_{-\infty}^{+\infty} \frac{P(x)}{Q(x)}\,dx$ 型积分 ·························· 116
　　三、积分 $\int_{-\infty}^{+\infty} \frac{P(x)}{Q(x)} e^{imx}\,dx$ 的计算 ············· 117
　　四、计算积分路径上有奇点的积分 ······································ 118
 章末总结 ··· 119
 习题五 ··· 119

第二部分　积　分　变　换

引言 ··· 123
第六章　傅里叶变换 ··· 124
 第一节　傅里叶变换概述 ·· 124
　　一、周期函数 $f_T(t)$ 的傅里叶级数 ····································· 124
　　二、非周期函数 $f(t)$ 的傅里叶积分 ···································· 125
　　三、傅里叶变换的概念 ·· 128
　　四、傅里叶变换的物理意义——频谱 ·································· 131
 第二节　单位脉冲函数及其傅里叶变换 ···································· 132
　　一、狄拉克函数（δ-函数）··· 132
　　二、δ-函数的性质 ·· 133
　　三、δ-函数的傅里叶变换 ··· 134

第三节　傅里叶变换的性质 ······ 136
  - 一、线性性质 ······ 136
  - 二、对称性质 ······ 136
  - 三、位移性质 ······ 137
  - 四、相似性质 ······ 138
  - 五、微分性质 ······ 139
  - 六、积分性质 ······ 140
第四节　卷积和卷积定理 ······ 141
  - 一、卷积及其性质 ······ 141
  - 二、卷积定理 ······ 142
  - *三、相关函数 ······ 144
第五节　傅里叶变换的应用 ······ 146
章末总结 ······ 149
习题六 ······ 149

第七章　拉普拉斯变换 ······ 152
第一节　拉普拉斯变换的概念 ······ 152
  - 一、问题的提出 ······ 152
  - 二、拉普拉斯变换的定义及存在定理 ······ 153
第二节　拉普拉斯变换的性质 ······ 159
  - 一、线性性质 ······ 159
  - 二、相似性质 ······ 159
  - 三、微分性质 ······ 160
  - 四、积分性质 ······ 162
  - 五、位移性质 ······ 163
  - 六、延迟性质 ······ 164
  - 七、周期函数的拉普拉斯变换 ······ 166
第三节　拉普拉斯变换的卷积 ······ 167
  - 一、卷积的概念及性质 ······ 167
  - 二、卷积定理 ······ 168
第四节　拉普拉斯逆变换 ······ 170
  - 一、拉普拉斯反演积分公式 ······ 170
  - 二、拉普拉斯逆变换的求解方法 ······ 171
第五节　拉普拉斯变换的应用 ······ 176
章末总结 ······ 182
习题七 ······ 182

附录与习题答案 ······ 185
参考文献 ······ 186

第一部分 复变函数

引 言

高等数学课程研究的对象是实变函数,也就是自变量与因变量都是实数的函数,而复变函数研究的对象是自变量与因变量都是复数的函数。复变函数中的许多概念、理论和方法是实变函数在复数领域内的推广和发展,因此它们之间既紧密联系,又存在许多不同之处。在学习过程中,学生要勤于思考,善于比较,既要注意共同点,又要清楚不同点,重点掌握复变函数中的一些新概念、新理论和新方法,并注意分析产生这些区别的原因,这样才能抓住本质,融会贯通。

第一章 复数与复变函数

复变函数是指自变量为复数的函数。在中学阶段我们了解了复数的一些基本概念和简单运算,本章首先复习复数的概念、性质、运算,然后介绍复平面上的区域、复变函数的概念、复变函数的极限、复变函数的连续性等内容,为进一步研究解析函数理论和方法奠定基础。

第一节 复数及其代数运算

一、复数的概念

在初等代数中我们已经知道,方程 $x^2+1=0$ 在实数范围内无解,这是因为任何一个实数的平方都不能等于 -1。为解此类方程,引入新数 i,规定 $i^2=-1$,并称 i 为虚数单位。从而方程 $x^2+1=0$ 就有了两个根 i 和 $-$i。下面引入复数的概念。

我们称形如 $z=x+iy$ 或 $z=x+yi$ 的数为复数,其中 i 为虚数单位,x 和 y 为任意实数,分别称为复数 z 的实部和虚部,记为

$$x=\text{Re}(z) \quad y=\text{Im}(z)$$

当 $x=0, y\neq 0$ 时,$z=iy$ 称为纯虚数;当 $y=0$ 时,$z=x+0i=x$,此时复数 z 即为实数 x,因此复数是实数概念的推广。例如,复数 $z=2i$ 为纯虚数,复数 $z=1+0i$ 可看作实数 1。

两个复数相等,当且仅当它们的实部和虚部分别相等。即若设复数 $z_1=x_1+iy_1, z_2=x_2+iy_2$,当且仅当 $x_1=x_2, y_1=y_2$ 时,$z_1=z_2$;反之,也成立。

一个复数 z 等于 0,当且仅当它的实部和虚部同时为 0。

实数能比较大小,但一般来说,两个不全为实数的复数不能比较大小。

二、复数的代数运算

两个复数 $z_1=x_1+iy_1, z_2=x_2+iy_2$ 的加法、减法、乘法定义分别如下:

$$z_1+z_2=(x_1+iy_1)+(x_2+iy_2)=(x_1+x_2)+i(y_1+y_2)$$
$$z_1-z_2=(x_1+iy_1)-(x_2+iy_2)=(x_1-x_2)+i(y_1-y_2)$$
$$z_1 \cdot z_2=(x_1+iy_1) \cdot (x_2+iy_2)=(x_1x_2-y_1y_2)+i(x_1y_2+x_2y_1)$$

分别称以上三式右端的复数为 z_1 与 z_2 的和、差、积。

同实数中除法的定义一样,我们称满足 $z_2 \cdot z=z_1(z_2\neq 0)$ 的复数 z 为 z_1 与 z_2 的商,记作 $\dfrac{z_1}{z_2}$。由乘法定义,有

$$(x_2+iy_2)(x+iy)=(xx_2-yy_2)+i(xy_2+x_2y)=x_1+iy_1$$

于是 $xx_2-yy_2=x_1, xy_2+x_2y=y_1$,解得

$$x=\frac{x_1x_2+y_1y_2}{x_2^2+y_2^2} \quad y=\frac{x_2y_1-x_1y_2}{x_2^2+y_2^2}$$

即

$$z=\frac{z_1}{z_2}=\frac{x_1x_2+y_1y_2}{x_2^2+y_2^2}+i\frac{x_2y_1-x_1y_2}{x_2^2+y_2^2}$$

不难验证,与实数的情形一样,复数的运算也满足以下运算律。

(1) 交换律:

$$z_1+z_2=z_2+z_1 \quad z_1z_2=z_2z_1$$

(2) 结合律:

$$z_1+(z_2+z_3)=(z_1+z_2)+z_3 \quad z_1(z_2z_3)=(z_1z_2)z_3$$

(3) 分配律:

$$z_1(z_2+z_3)=z_1z_2+z_1z_3$$

我们把实部相同而虚部互为相反数的两个复数称为共轭复数,复数 z 的共轭复数记为 $\bar{z}$。如果 $z=x+iy$,那么 $\bar{z}=x-iy$。

由共轭复数的定义容易证明共轭复数的以下性质。

(1) $\overline{z_1\pm z_2}=\bar{z}_1\pm\bar{z}_2, \overline{z_1z_2}=\bar{z}_1\bar{z}_2, \overline{\left(\frac{z_1}{z_2}\right)}=\frac{\bar{z}_1}{\bar{z}_2}(z_2\neq 0)$

(2) $\bar{\bar{z}}=z$

(3) $z\cdot\bar{z}=[\text{Re}(z)]^2+[\text{Im}(z)]^2$

(4) $z+\bar{z}=2\text{Re}(z), z-\bar{z}=2i\text{Im}(z)$

在计算 $\frac{z_1}{z_2}$ 时,常利用共轭复数的性质(3),将分子、分母同时乘以分母的共轭复数,从而得到所求的商。

例 1.1 设 $z_1=2-i, z_2=3+2i$,求:

(1) z_1+z_2 (2) $z_1\cdot z_2$

解:(1) $z_1+z_2=(2-i)+(3+2i)=(2+3)+i(-1+2)=5+i$

(2) $z_1\cdot z_2=(2-i)(3+2i)=(6+2)+i(4-3)=8+i$

例 1.2 设 $z_1=1-2i, z_2=5+2i$,求:

(1) $\frac{z_1}{z_2}$ (2) $\overline{\left(\frac{z_1}{z_2}\right)}$

解:(1) $\frac{z_1}{z_2}=\frac{1-2i}{5+2i}=\frac{(1-2i)(5-2i)}{(5+2i)(5-2i)}=\frac{(5-4)+i(-2-10)}{5^2+2^2}=\frac{1-12i}{29}=\frac{1}{29}-\frac{12}{29}i$

(2) $\overline{\left(\frac{z_1}{z_2}\right)}=\overline{\frac{1}{29}-\frac{12}{29}i}=\frac{1}{29}+\frac{12}{29}i$

例 1.3 已知 $\frac{i\bar{z}}{1-i}=z+3i$,求 z。

解:设 $z=x+iy$,将原式变形为

$$i\bar{z}=(z+3i)(1-i)$$

则有

即
$$i(x-iy) = [(x+iy)+3i](1-i)$$
$$y+ix = (x+y+3)+i(y+3-x)$$
所以
$$\begin{cases} y = x+y+3 \\ x = y+3-x \end{cases}$$
解方程组得
$$\begin{cases} x = -3 \\ y = -9 \end{cases}$$
故 $z = -3-9i$。

例 1.4 设 z_1, z_2 为任意两个复数,证明:
$$z_1\overline{z_2} + \overline{z_1}z_2 = 2\operatorname{Re}(z_1\overline{z_2})$$

证法一:设 $z_1 = x_1+iy_1, z_2 = x_2+iy_2$,则有
$$\begin{aligned}
z_1\overline{z_2} + \overline{z_1}z_2 &= (x_1+iy_1)(x_2-iy_2) + (x_1-iy_1)(x_2+iy_2) \\
&= (x_1x_2+y_1y_2) + i(x_2y_1-x_1y_2) + (x_1x_2+y_1y_2) + i(x_1y_2-x_2y_1) \\
&= 2(x_1x_2+y_1y_2) \\
&= 2\operatorname{Re}(z_1\overline{z_2})
\end{aligned}$$

证法二:
因为 $\overline{z_1\overline{z_2}} = \overline{z_1}\,\overline{\overline{z_2}} = \overline{z_1}z_2$,所以 $z_1\overline{z_2} + \overline{z_1}z_2 = z_1\overline{z_2} + \overline{z_1\overline{z_2}} = 2\operatorname{Re}(z_1\overline{z_2})$。

第二节 复数的几何表示

一、复平面

任意给定一个复数 $z = x+iy$,它都与一对有序实数 (x, y) 相对应。而任意一对有序实数 (x, y) 都与平面直角坐标系中的点 $P(x, y)$ 一一对应,于是平面上的全部点与全体复数之间就形成了一一对应关系,从而复数 $z = x+iy$ 可以用该平面上坐标为 (x, y) 的点来表示,这种表示称为点表示。这是复数的一种常用的表示方法。

在平面直角坐标系中,由于 x 轴上的点表示实数,故将 x 轴称为实轴;y 轴上除原点外的点表示纯虚数,故将 y 轴称为虚轴;两轴所在的平面称为复平面或 z 平面。

复数与复平面上的点一一对应,所以"数 z"也称为"点 z",这就使我们可以借助几何方法来研究复变函数的问题,为复变函数应用于实际奠定了基础。

在复平面上,复数 $z = x+iy$ 也与从原点指向点 $P(x, y)$ 的向量 $\overrightarrow{OP}$ 一一对应,所以复数 z 也可以用向量 $\overrightarrow{OP}$ 表示(图 1.1)。$\overrightarrow{OP}$ 的长度称为 z 的模(或绝对值),记作
$$|z| = r = \sqrt{x^2+y^2}$$

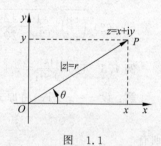

图 1.1

显然,下列各式成立:
$$|x| \leqslant |z| \qquad |y| \leqslant |z|$$
$$|z| \leqslant |x| + |y|$$
$$|z| = |\bar{z}|$$
$$z\bar{z} = x^2 + y^2 = |z|^2$$

当 $z \neq 0$ 时,从正实轴到向量 $\overrightarrow{OP}$ 的角的弧度 θ 称为 z 的**辐角**,记作 $\mathrm{Arg}z = \theta$。显然
$$\tan(\mathrm{Arg}z) = \tan\theta = \frac{y}{x} \quad (x \neq 0)$$

容易知道,$\mathrm{Arg}z(z \neq 0)$ 是多值的,它们之间的差为 2π 的整数倍,即对任何一个复数 $z \neq 0$,如果 θ_0 是 z 的一个辐角,那么
$$\mathrm{Arg}z = \theta_0 + 2k\pi \quad (k = 0, \pm 1, \pm 2, \cdots)$$

在 $z(z \neq 0)$ 的辐角中,通常称在 $(-\pi, \pi]$ 内的辐角为 $\mathrm{Arg}z$ 的主值,记为 $\mathrm{arg}z$。显然,$\mathrm{arg}z$ 是唯一的,并且
$$\mathrm{Arg}z = \mathrm{arg}z + 2k\pi \quad (k = 0, \pm 1, \pm 2, \cdots)$$

当 $z = 0$ 时,$|z| = 0$,z 的辐角不确定。

辐角的主值 $\mathrm{arg}z(z \neq 0)$ 可由反正切值 $\arctan\frac{y}{x}$ 按下列关系确定:

$$\mathrm{arg}z(z \neq 0) = \begin{cases} \arctan\dfrac{y}{x} & \text{当 } x > 0 \text{ 时} \\ \dfrac{\pi}{2} & \text{当 } x = 0, y > 0 \text{ 时} \\ -\dfrac{\pi}{2} & \text{当 } x = 0, y < 0 \text{ 时} \\ \arctan\dfrac{y}{x} + \pi & \text{当 } x < 0, y > 0 \text{ 时} \\ \arctan\dfrac{y}{x} - \pi & \text{当 } x < 0, y < 0 \text{ 时} \\ \pi & \text{当 } x < 0, y = 0 \text{ 时} \end{cases}$$

其中 $-\dfrac{\pi}{2} < \arctan\dfrac{y}{x} < \dfrac{\pi}{2}$。

例 1.5 求下列各复数的模和辐角。

(1) $z_1 = -1$ (2) $z_2 = -3\mathrm{i}$ (3) $z_3 = 1 + \mathrm{i}$

解:由 z 平面上对应点的位置,可得

(1) $|z_1| = |-1| = \sqrt{(-1)^2 + 0^2} = 1$

$\mathrm{arg}z_1 = \mathrm{arg}(-1) = \pi$

$\mathrm{Arg}z_1 = \mathrm{Arg}(-1) = \mathrm{arg}(-1) + 2k\pi = \pi + 2k\pi \quad (k = 0, \pm 1, \pm 2, \cdots)$

(2) $|z_2| = |-3\mathrm{i}| = \sqrt{0^2 + (-3)^2} = 3$

$\mathrm{arg}z_2 = \mathrm{arg}(-3\mathrm{i}) = -\dfrac{\pi}{2}$

$$\mathrm{Arg}z_2 = \mathrm{Arg}(-3\mathrm{i}) = \arg(-3\mathrm{i}) + 2k\pi = -\frac{\pi}{2} + 2k\pi \quad (k=0, \pm 1, \pm 2, \cdots)$$

(3) $|z_3| = |1+\mathrm{i}| = \sqrt{1^2 + 1^2} = \sqrt{2}$

$$\arg z_3 = \arg(1+\mathrm{i}) = \arctan\frac{1}{1} = \arctan 1 = \frac{\pi}{4}$$

$$\mathrm{Arg}z_3 = \mathrm{Arg}(1+\mathrm{i}) = \arg(1+\mathrm{i}) + 2k\pi = \frac{\pi}{4} + 2k\pi \quad (k=0, \pm 1, \pm 2, \cdots)$$

两个复数 z_1 与 z_2 的加、减法运算与相应向量的加、减法运算一致(图 1.2)。

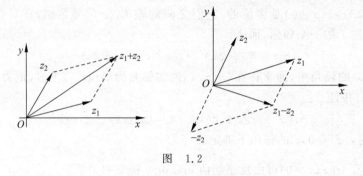

图 1.2

$|z_1 - z_2|$ 就是点 z_1 与 z_2 之间的距离(图 1.3),因此有
$$|z_1 + z_2| \leqslant |z_1| + |z_2|$$
$$|z_1 - z_2| \geqslant ||z_1| - |z_2||$$

一对共轭复数 z 和 $\bar{z}$ 在复平面内关于实轴对称(图 1.4),因此 $|z| = |\bar{z}|$。若 z 不在负实轴和原点上,还有 $\arg z = -\arg \bar{z}$。

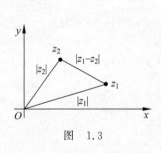   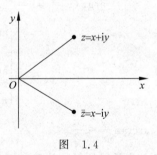

图 1.3   图 1.4

设 $z = x + \mathrm{i}y, |z| = r, \theta$ 为 z 的一个辐角,利用直角坐标和极坐标的关系:
$$x = r\cos\theta \quad y = r\sin\theta$$
于是 z 可以表示为下面的形式:
$$z = r(\cos\theta + \mathrm{i}\sin\theta)$$
这种表示形式称为复数的三角表示式。

根据欧拉公式 $\mathrm{e}^{\mathrm{i}\theta} = \cos\theta + \mathrm{i}\sin\theta$,可以得到
$$z = r\mathrm{e}^{\mathrm{i}\theta}$$
这种表示形式称为复数的指数表示式。

$z=x+\mathrm{i}y$ 称为复数的代数表示式。

复数的各种表示式可以相互转换,根据问题的不同,可以选择不同的表示式。

例 1.6 将下列复数分别转换为三角表示式和指数表示式。

(1) $z=1-\sqrt{3}\mathrm{i}$ (2) $z=-\sqrt{12}+2\mathrm{i}$

解:(1) 易知,$r=|z|=\sqrt{1^2+(-\sqrt{3})^2}=2$。

由于 z 位于第四象限,所以

$$\theta=\arg z=\arctan\frac{-\sqrt{3}}{1}=-\frac{\pi}{3}$$

因此,z 的三角表示式为

$$z=2\left[\cos\left(-\frac{\pi}{3}\right)+\mathrm{isin}\left(-\frac{\pi}{3}\right)\right]$$

z 的指数表示式为

$$z=2\mathrm{e}^{-\frac{\pi}{3}\mathrm{i}}$$

(2) 易知,$|z|=\sqrt{(-\sqrt{12})^2+2^2}=4$。

由于 z 位于第二象限,所以

$$\theta=\arg z=\arctan\left(\frac{2}{-\sqrt{12}}\right)+\pi=\arctan\left(-\frac{\sqrt{3}}{3}\right)+\pi=-\frac{\pi}{6}+\pi=\frac{5\pi}{6}$$

因此,z 的三角表示式为

$$z=4\left(\cos\frac{5\pi}{6}+\mathrm{isin}\frac{5\pi}{6}\right)$$

z 的指数表示式为

$$z=4\mathrm{e}^{\frac{5\pi}{6}\mathrm{i}}$$

很多平面图形都可以用复数形式的方程(或不等式)来表示。反之,由给定的复数形式的方程(或不等式)也可以确定它所表示的平面图形。有时,复数形式的方程会更加简便。

例 1.7 将通过两点 $z_1=x_1+\mathrm{i}y_1$,$z_2=x_2+\mathrm{i}y_2$ 的直线用复数形式的方程来表示。

解:通过两点 (x_1,y_1),(x_2,y_2) 的直线的参数方程为

$$\begin{cases}x=x_1+t(x_2-x_1)\\y=y_1+t(y_2-y_1)\end{cases}\quad(-\infty<t<+\infty)$$

因此,它的复数形式的参数方程为

$$z=z_1+t(z_2-z_1)\quad(-\infty<t<+\infty)$$

若取 $0\leqslant t\leqslant 1$,则参数方程

$$z=z_1+t(z_2-z_1)\quad(0\leqslant t\leqslant 1)$$

表示由 z_1 到 z_2 的直线段。

若取 $t=\frac{1}{2}$,则 $z=\frac{z_1+z_2}{2}$ 表示线段 $\overline{z_1z_2}$ 的中点。

例 1.8 证明等式 $|z_1+z_2|^2+|z_1-z_2|^2=2(|z_1|^2+|z_2|^2)$,并对该等式进行几何

解释。

证：
$$|z_1+z_2|^2=(z_1+z_2)\overline{(z_1+z_2)}=(z_1+z_2)(\overline{z_1}+\overline{z_2})=z_1\overline{z_1}+z_2\overline{z_2}+(z_1\overline{z_2}+\overline{z_1}z_2)$$
$$=|z_1|^2+|z_2|^2+(z_1\overline{z_2}+\overline{z_1}z_2)$$
$$|z_1-z_2|^2=(z_1-z_2)\overline{(z_1-z_2)}=(z_1-z_2)(\overline{z_1}-\overline{z_2})=z_1\overline{z_1}+z_2\overline{z_2}-(z_1\overline{z_2}+\overline{z_1}z_2)$$
$$=|z_1|^2+|z_2|^2-(z_1\overline{z_2}+\overline{z_1}z_2)$$

将上面两式左端相加,便得
$$|z_1+z_2|^2+|z_1-z_2|^2=2(|z_1|^2+|z_2|^2)$$

该等式的几何意义：平行四边形对角线的平方和等于四条边的平方和(图 1.5)。

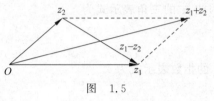

图 1.5

例 1.9 求下列方程所表示的曲线。

(1) $|z-2i|=2$　　(2) $|z-1|=|z-i|$

(3) $\text{Im}(2i+\overline{z})=4$

解：(1) 先用代数方法求出该方程的直角坐标形式。

设 $z=x+iy$,则有
$$|x+iy-2i|=2$$

进一步有
$$|x+i(y-2)|=2$$

即
$$\sqrt{x^2+(y-2)^2}=2$$

或
$$x^2+(y-2)^2=4$$

因此,$|z-2i|=2$ 表示以$(0,2)$为圆心、半径为 2 的圆周。

从几何上容易看出,$|z-2i|=2$ 表示以 $2i$ 为圆心、半径为 2 的圆周,如图 1.6(a)所示。

(2) 先用代数方法求出该方程的直角坐标形式。

设 $z=x+iy$,则有
$$|x+iy-1|=|x+iy-i|$$

进一步有
$$|(x-1)+iy|=|x+i(y-1)|$$

即
$$\sqrt{(x-1)^2+y^2}=\sqrt{x^2+(y-1)^2}$$

解得
$$y=x$$

从几何上看,方程 $|z-1|=|z-i|$ 表示到点 1 和 i 距离相等的点的轨迹,所表示的曲线就是连接点 1 和 i 的线段的垂直平分线,方程为 $y=x$,如图 1.6(b)所示。

(3) 设 $z=x+iy$,则
$$2i+\overline{z}=2i+x-iy=x+i(2-y)$$

所以
$$\text{Im}(2i+\bar{z})=2-y=4$$
从而可知,该方程所表示的曲线为 $y=-2$,即一条平行于 x 轴的直线,如图 1.6(c)所示。

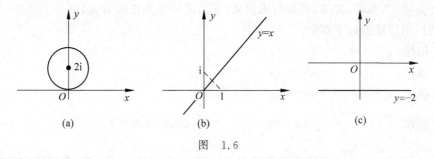

图 1.6

二、复球面

复数除了可以用复平面上的点和向量表示外,还可以用球面上的点来表示。下面具体介绍这种表示法。

取一个与复平面相切于原点 O 的球面,过点 O 作垂直于复平面的直线,该直线与球面相交于两点 N 和 S(S 与原点 O 重合),我们称 N 为北极,S 为南极(图 1.7)。

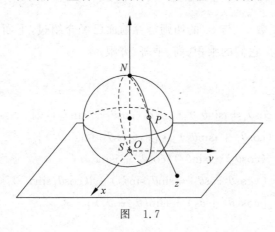

图 1.7

对于复平面上的任何一点 z,作通过点 z 和北极 N 的直线,那么该直线一定与球面相交于异于 N 的一点 P。反之,对于球面上任一异于 N 的点 P,作通过点 P 和 N 的直线,则该直线必与复平面相交于一点 z。这样,复平面上所有的点与球面上所有的点(除了北极 N 外)就建立了一一对应的关系。我们已经知道,复数的全体与复平面上点的全体成一一对应关系,因此,球面上的点(除北极 N 外)与复数一一对应。所以,就可以用球面上的点来表示复数。

对于球面上的北极 N,还没有复平面内的点与之对应。但我们注意到,当复平面上的点 z 无限远离原点时,球面上与之对应的点 P 就无限接近于 N,或者说,当复数 z 的模 $|z|$ 无限变大时,球面上与之对应的点 P 就无限接近于 N。为了使复平面与球面上的点都能一一对应起来,我们规定:复平面上有一个唯一的"无穷远点"与球面上的北极 N 相对应。

相应地,在复数中引入唯一一个复数"无穷大",记作∞,与复平面上的无穷远点相对应,这样,球面上的点与复数就一一对应了。我们把包括无穷远点在内的复平面称为扩充复平面;不包括无穷远点在内的复平面称为有限平面,或者就称复平面。

对于复数∞,实部、虚部、辐角均无意义,它的模规定为正无穷大,即$|\infty|=+\infty$。对于复数∞的四则运算做如下规定。

(1) 加法:$\alpha+\infty=\infty+\alpha=\infty(\alpha\neq\infty)$。

(2) 减法:$\alpha-\infty=\infty-\alpha=\infty(\alpha\neq\infty)$。

(3) 乘法:$\alpha\cdot\infty=\infty\cdot\alpha=\infty(\alpha\neq\infty)$。

(4) 除法:$\dfrac{\alpha}{\infty}=0,\dfrac{\infty}{\alpha}=\infty(\alpha\neq\infty),\dfrac{\alpha}{0}=\infty(\alpha\neq 0,$但可为$\infty)$。

对$\infty\pm\infty,0\cdot\infty,\dfrac{\infty}{\infty}$,我们不规定其意义。对$\dfrac{0}{0}$,和在实数中一样,没有确定的值。

引进的扩充复平面和无穷远点可以为今后的讨论带来方便。在本书中,若无特殊声明,"平面"一般指有限平面,"点"指有限平面上的点。

第三节　复数的乘幂与方根

两个代数形式的复数 z_1 与 z_2 的四则运算前面已经介绍过,下面来介绍当 z_1 与 z_2 为三角形式或指数形式时,它们的乘积、商、乘幂、方根。

一、积与商

设有复数 $z_1=r_1(\cos\theta_1+i\sin\theta_1),z_2=r_2(\cos\theta_2+i\sin\theta_2)$,则

$$\begin{aligned}z_1\cdot z_2&=[r_1(\cos\theta_1+i\sin\theta_1)]\cdot[r_2(\cos\theta_2+i\sin\theta_2)]\\&=r_1r_2(\cos\theta_1+i\sin\theta_1)(\cos\theta_2+i\sin\theta_2)\\&=r_1r_2[(\cos\theta_1\cos\theta_2-\sin\theta_1\sin\theta_2)+i(\cos\theta_1\sin\theta_2+\sin\theta_1\cos\theta_2)]\\&=r_1r_2[\cos(\theta_1+\theta_2)+i\sin(\theta_1+\theta_2)]\end{aligned}$$

上式表明

$$|z_1z_2|=|z_1||z_2| \tag{1.1}$$

$$\mathrm{Arg}(z_1z_2)=\mathrm{Arg}z_1+\mathrm{Arg}z_2 \tag{1.2}$$

于是有下面的定理。

定理 1.1　两个复数乘积的模等于它们的模的乘积;两个复数乘积的辐角等于它们的辐角的和。

由于辐角的多值性,所以式(1.2)应按集合相等来理解,即等式两端可能取的值的全体是相同的。也就是说,对等式左端的任一值,右端必有一值与之相等,反过来也一样。今后,只要遇到等式两端都是多值的情况均按此理解。例如,设 $z_1=-3,z_2=5i$,则

$$z_1z_2=-15i$$

$$\mathrm{Arg}z_1=\pi+2m\pi\quad(m=0,\pm 1,\pm 2,\cdots)$$

$$\mathrm{Arg} z_2 = \frac{\pi}{2} + 2n\pi \quad (n=0,\pm 1,\pm 2,\cdots)$$

$$\mathrm{Arg}(z_1 z_2) = -\frac{\pi}{2} + 2k\pi \quad (k=0,\pm 1,\pm 2,\cdots)$$

代入式(1.2),得

$$-\frac{\pi}{2} + 2k\pi = \frac{3\pi}{2} + 2(m+n)\pi$$

易知,要使上式成立,只需 $k=m+n+1$。当 m 与 n 各取一确定值时,总可选取 k 值使 $k=m+n+1$;反之,当 k 取某一确定值时,也可选取 m 与 n 的值使 $k=m+n+1$ 成立。若取 $m=1,n=2$,则取 $k=4$;若取 $k=-3$,则可取 $m=-4,n=0$ 或 $m=1,n=-5$ 等,取法有无穷多种。

两个复数 z_1 与 z_2 的乘积 $z_1 z_2$ 的几何意义:用向量表示复数时,表示 $z_1 z_2$ 的向量是由表示 z_1 的向量逆时针旋转一个角度 $\mathrm{Arg} z_2$,并伸长(或缩短)到 $|z_2|$ 倍得到的,如图 1.8 所示。特别地,当 $|z_2|=1$ 时,表示 $z_1 z_2$ 的向量是由表示 z_1 的向量逆时针旋转一个角度 $\mathrm{Arg} z_2$ 而得到的,此时,乘法变成了只有旋转,没有伸缩。例如,$-\mathrm{i}z$ 相当于将 z 顺时针旋转了 $90°$,$\left(\frac{\sqrt{2}}{2}+\frac{\sqrt{2}}{2}\mathrm{i}\right)z$ 相当于将 z 逆时针旋转了 $45°$。当 $\arg z_2=0$ 时,乘法就变成了只有伸缩,没有旋转。例如,$3z$ 相当于将 z 伸长到 3 倍得到的。

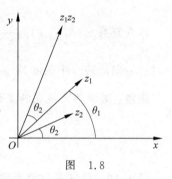

图 1.8

定理 1.1 可推广如下。

设

$$z_k = r_k(\cos\theta_k + \mathrm{i}\sin\theta_k) \quad (k=1,2,3,\cdots,n)$$

则

$$z_1 z_2 \cdots z_n = r_1 r_2 \cdots r_n[\cos(\theta_1+\theta_2+\cdots+\theta_n) + \mathrm{i}\sin(\theta_1+\theta_2+\cdots+\theta_n)]$$

若用指数形式表示复数

$$z_1 = r_1 \mathrm{e}^{\mathrm{i}\theta_1} \quad z_2 = r_2 \mathrm{e}^{\mathrm{i}\theta_2}$$

则

$$z_1 z_2 = r_1 r_2 \mathrm{e}^{\mathrm{i}(\theta_1+\theta_2)}$$

进一步,若设

$$z_k = r_k \mathrm{e}^{\mathrm{i}\theta_k} \quad (k=1,2,3,\cdots,n)$$

则

$$z_1 z_2 \cdots z_n = r_1 r_2 \cdots r_n \mathrm{e}^{\mathrm{i}(\theta_1+\theta_2+\cdots+\theta_n)}$$

对于两个复数 z_1,z_2,当 $z_1 \neq 0$ 时,有

$$z_2 = \frac{z_2}{z_1} z_1$$

由式(1.1)和式(1.2)得

$$|z_2| = \left|\frac{z_2}{z_1}\right| |z_1| \quad \mathrm{Arg} z_2 = \mathrm{Arg}\left(\frac{z_2}{z_1}\right) + \mathrm{Arg} z_1$$

进一步有
$$\left|\frac{z_2}{z_1}\right|=\frac{|z_2|}{|z_1|} \quad \mathrm{Arg}\left(\frac{z_2}{z_1}\right)=\mathrm{Arg}z_2-\mathrm{Arg}z_1$$

由此可得以下定理。

定理 1.2 两个复数的商的模等于它们的模的商；两个复数的商的辐角等于被除数与除数的辐角之差。

若用指数形式表示复数
$$z_1=r_1\mathrm{e}^{\mathrm{i}\theta_1} \quad z_2=r_2\mathrm{e}^{\mathrm{i}\theta_2}$$

则定理 1.2 可表示为
$$\frac{z_2}{z_1}=\frac{r_2}{r_1}\mathrm{e}^{\mathrm{i}(\theta_2-\theta_1)} \quad (r_1\neq 0)$$

两个复数 z_2 与 z_1 的商 $\frac{z_2}{z_1}(z_1\neq 0)$ 的几何意义：表示 $\frac{z_2}{z_1}$ 的向量是由表示 z_2 的向量按顺时针方向旋转一个角度 $\mathrm{Arg}z_1$，再将 z_2 的模伸长（或缩短）到 $\frac{1}{|z_1|}$ 倍得到的。

注意：若将辐角换成其主值，以下两式不一定成立。
$$\arg(z_1z_2)=\arg z_1+\arg z_2$$
$$\arg\left(\frac{z_2}{z_1}\right)=\arg z_2-\arg z_1$$

例 1.10 已知正三角形的两个顶点为 $z_1=1, z_2=2+\mathrm{i}$，求它的另一个顶点。

解：设正三角形的另一个顶点为 z_3（或 z_3'），如图 1.9 所示，将表示 z_2-z_1 的向量绕 z_1 按逆时针旋转 $\frac{\pi}{3}$ 就得到另一个向量 z_3-z_1，由复数乘法的几何意义，有

$$z_3-z_1=\left(\cos\frac{\pi}{3}+\mathrm{i}\sin\frac{\pi}{3}\right)(z_2-z_1)=\left(\frac{1}{2}+\frac{\sqrt{3}}{2}\mathrm{i}\right)(1+\mathrm{i})$$
$$=\left(\frac{1}{2}-\frac{\sqrt{3}}{2}\right)+\left(\frac{1}{2}+\frac{\sqrt{3}}{2}\right)\mathrm{i}$$

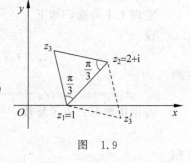

图 1.9

所以
$$z_3=\frac{3-\sqrt{3}}{2}+\frac{1+\sqrt{3}}{2}\mathrm{i}$$

类似可得
$$z_3'=\frac{3+\sqrt{3}}{2}+\frac{1-\sqrt{3}}{2}\mathrm{i}$$

二、幂与根

n 个相同复数 z 的乘积称为 z 的 n 次幂，记作 z^n，即 $z^n=\underbrace{z\cdot z\cdots z}_{n\text{个}}$。

设 $z_k=r_k(\cos\theta_k+\mathrm{i}\sin\theta_k)(k=1,2,\cdots,n)$，有乘法公式

$$z_1 z_2 \cdots z_n = r_1 r_2 \cdots r_n [\cos(\theta_1 + \theta_2 + \cdots + \theta_n) + i\sin(\theta_1 + \theta_2 + \cdots + \theta_n)]$$

如果 $z_k = r(\cos\theta + i\sin\theta)(k=1,2,\cdots,n)$，则上式可化为

$$z^n = [r(\cos\theta + i\sin\theta)]^n = r^n(\cos n\theta + i\sin n\theta) \tag{1.3}$$

当 n 为负整数时，定义 $z^n = \dfrac{1}{z^{-n}}$，上式也成立。

将式(1.3)写成指数形式为

$$(re^{i\theta})^n = r^n e^{in\theta} \tag{1.4}$$

从式(1.3)和式(1.4)可以看出，在进行乘幂运算时，复数的三角表示式或指数表示式较代数表示式更为方便。

特别地，当 $|z|=r=1$ 时，由式(1.3)便可得到棣莫弗(De Moivre)公式

$$(\cos\theta + i\sin\theta)^n = \cos n\theta + i\sin n\theta \tag{1.5}$$

例 1.11 求 $\left(\dfrac{1+\sqrt{3}i}{1-\sqrt{3}i}\right)^{10}$。

解：先将 $1+\sqrt{3}i$ 和 $1-\sqrt{3}i$ 化为三角表示式：

$$1+\sqrt{3}i = 2\left(\cos\frac{\pi}{3} + i\sin\frac{\pi}{3}\right)$$

$$1-\sqrt{3}i = 2\left[\cos\left(-\frac{\pi}{3}\right) + i\sin\left(-\frac{\pi}{3}\right)\right]$$

则有

$$\left(\frac{1+\sqrt{3}i}{1-\sqrt{3}i}\right)^{10} = \left\{\frac{2\left(\cos\frac{\pi}{3} + i\sin\frac{\pi}{3}\right)}{2\left[\cos\left(-\frac{\pi}{3}\right) + i\sin\left(-\frac{\pi}{3}\right)\right]}\right\}^{10} = \left[\cos\left(\frac{\pi}{3} + \frac{\pi}{3}\right) + i\sin\left(\frac{\pi}{3} + \frac{\pi}{3}\right)\right]^{10}$$

$$= \left(\cos\frac{2\pi}{3} + i\sin\frac{2\pi}{3}\right)^{10} = \cos\frac{20\pi}{3} + i\sin\frac{20\pi}{3} = -\frac{1}{2} + \frac{\sqrt{3}}{2}i$$

对于给定的复数 z，我们把满足 $w^n = z$ 的复数 w 称为 z 的 n 次方根，记作 $\sqrt[n]{z}$，即 $w = \sqrt[n]{z}$。

为了求出根 w，令 $z = r(\cos\theta + i\sin\theta)$，$w = \rho(\cos\varphi + i\sin\varphi)$，由 $w^n = z$ 可知

$$\rho^n(\cos n\varphi + i\sin n\varphi) = r(\cos\theta + i\sin\theta)$$

于是

$$\rho^n = r \quad \cos n\varphi = \cos\theta \quad \sin n\varphi = \sin\theta$$

考虑辐角的多值性，得

$$n\varphi = \theta + 2k\pi \quad (k=0, \pm 1, \pm 2, \cdots)$$

因此

$$\rho = r^{\frac{1}{n}} \quad \varphi = \frac{\theta + 2k\pi}{n} \quad (k=0, \pm 1, \pm 2, \cdots)$$

其中 $r^{\frac{1}{n}}$ 是算术根，故

$$w = \sqrt[n]{z} = r^{\frac{1}{n}}\left(\cos\frac{\theta + 2k\pi}{n} + i\sin\frac{\theta + 2k\pi}{n}\right)$$

当 $k=0,1,2,\cdots,n-1$ 时，可得到 n 个不同的根：

$$w_0 = r^{\frac{1}{n}}\left(\cos\frac{\theta}{n}+\mathrm{i}\sin\frac{\theta}{n}\right)$$

$$w_1 = r^{\frac{1}{n}}\left(\cos\frac{\theta+2\pi}{n}+\mathrm{i}\sin\frac{\theta+2\pi}{n}\right)$$

$$\cdots$$

$$w_{n-1} = r^{\frac{1}{n}}\left[\cos\frac{\theta+2(n-1)\pi}{n}+\mathrm{i}\sin\frac{\theta+2(n-1)\pi}{n}\right]$$

而当 k 取其他整数值代入时，以上的根会重复出现。例如，当 $k=n$ 时，$w_n=w_0$。

因此，非零复数 z 的 n 次方根 $\sqrt[n]{z}$ 共有 n 个不同的值

$$\sqrt[n]{z}=r^{\frac{1}{n}}\left(\cos\frac{\theta+2k\pi}{n}+\mathrm{i}\sin\frac{\theta+2k\pi}{n}\right) \quad (k=0,1,2,\cdots,n-1) \tag{1.6}$$

由于复数 $\sqrt[n]{z}$ 的 n 个不同值的模相同，相邻两值的辐角相差 $\dfrac{2\pi}{n}$，所以 $\sqrt[n]{z}$ 的几何意义是以原点为圆心、$r^{\frac{1}{n}}$ 为半径的圆的内接正 n 边形的 n 个顶点。

式(1.6)转换为指数表示式为

$$\sqrt[n]{z}=r^{\frac{1}{n}}\mathrm{e}^{\mathrm{i}\frac{\theta+2k\pi}{n}} \quad (k=0,1,2,\cdots,n-1) \tag{1.7}$$

例 1.12 求 $\sqrt[3]{1}$。

解：因为 $1=\cos0+\mathrm{i}\sin0$，所以，由式(1.6)有

$$\sqrt[3]{1}=1^{\frac{1}{3}}\left(\cos\frac{0+2k\pi}{3}+\mathrm{i}\sin\frac{0+2k\pi}{3}\right) \quad (k=0,1,2)$$

即

$$w_0 = \cos0+\mathrm{i}\sin0 = 1$$

$$w_1 = \cos\frac{2\pi}{3}+\mathrm{i}\sin\frac{2\pi}{3} = -\frac{1}{2}+\frac{\sqrt{3}}{2}\mathrm{i}$$

$$w_2 = \cos\frac{4\pi}{3}+\mathrm{i}\sin\frac{4\pi}{3} = -\frac{1}{2}-\frac{\sqrt{3}}{2}\mathrm{i}$$

它们表示以原点为圆心、半径为 1 的单位圆的内接正三角形的三个顶点(图 1.10)。

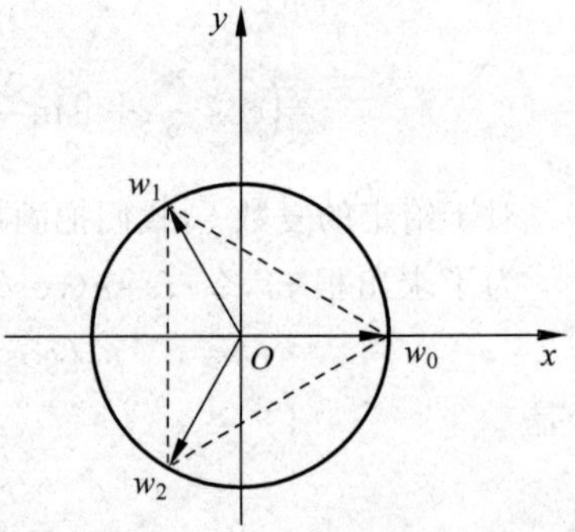

例 1.13 求 $\sqrt[4]{1+\mathrm{i}}$。

解：因为 $1+\mathrm{i}=\sqrt{2}\left(\cos\dfrac{\pi}{4}+\mathrm{i}\sin\dfrac{\pi}{4}\right)$，所以，由式(1.6)有

图 1.10

$$\sqrt[4]{1+\mathrm{i}}=\sqrt[8]{2}\left(\cos\frac{\frac{\pi}{4}+2k\pi}{4}+\mathrm{i}\sin\frac{\frac{\pi}{4}+2k\pi}{4}\right) \quad (k=0,1,2,3)$$

即

$$w_0 = \sqrt[8]{2}\left(\cos\frac{\pi}{16} + i\sin\frac{\pi}{16}\right)$$

$$w_1 = \sqrt[8]{2}\left(\cos\frac{9\pi}{16} + i\sin\frac{9\pi}{16}\right)$$

$$w_2 = \sqrt[8]{2}\left(\cos\frac{17\pi}{16} + i\sin\frac{17\pi}{16}\right)$$

$$w_3 = \sqrt[8]{2}\left(\cos\frac{25\pi}{16} + i\sin\frac{25\pi}{16}\right)$$

它们表示以原点为圆心、半径为 $\sqrt[8]{2}$ 的圆的内接正方形的四个顶点(图 1.11)。

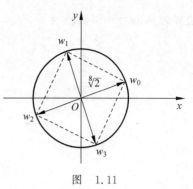

图 1.11

第四节 区 域

我们已经对复数及其运算有了一些基本的了解,下面来研究复变函数。同研究实变函数一样,首先要研究复变函数的定义域。在今后的讨论中,复变函数的定义域通常就是区域。

一、区域的概念

下面先介绍邻域、集合的内点与开集的概念。

定义 1.1 平面上以 z_0 为中心、$\delta > 0$ 为半径的圆 $|z - z_0| < \delta$ 内部的点的集合称为 z_0 的 δ 邻域,而称 $0 < |z - z_0| < \delta$ 为 z_0 的去心邻域。

定义 1.2 设 G 为一平面点集,z_0 为 G 中的任意一点。如果存在点 z_0 的一个邻域,该邻域内的所有点都属于 G,则称 z_0 为 G 的内点;如果存在点 z_0 的一个邻域,该邻域内的点都不属于 G,则称 z_0 为 G 的外点;如果点 z_0 的任意一个邻域内,既有属于 G 的点,也有不属于 G 的点,则称 z_0 为 G 的边界点;点集 G 的所有边界点组成 G 的边界。

定义 1.3 如果点集 G 能完全包含在一个以原点为中心的圆的内部,则称 G 为有界的,否则称 G 为无界的。

例如,点集 $2 < |z| < 3$ 是有界的;点集 $\mathrm{Re}(z) < 3$ 是无界的;点集 $0 \leqslant \arg z \leqslant \frac{\pi}{6}$ 是无界的。

定义 1.4 如果点集 G 内的每个点都是它的内点,则称 G 为开集。

定义 1.5 如果点集 G 中任何两点都可以用完全属于 G 的一条折线连接起来,则称 G 是连通的。

定义 1.6 如果点集 G 是一个连通的开集,则称 G 为一个区域。区域 G 与它的边界一起构成闭区域或闭域,记作 $\overline{G}$。

例如,$2 < |z| < 3$ 是有界区域[图 1.12(a)],其边界为 $|z| = 2$ 和 $|z| = 3$;$\mathrm{Re}(z) < 3$ 是无界区域[图 1.12(b)],其边界为 $\mathrm{Re}(z) = 3$;$0 \leqslant \arg z \leqslant \frac{\pi}{6}$ 是无界闭区域[图 1.12(c)],其

边界为 $\arg z = 0$ 和 $\arg z = \dfrac{\pi}{6}$。

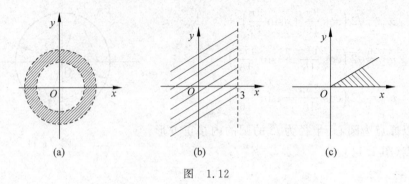

图 1.12

二、曲线

如果 $x(t)$ 和 $y(t)$ 是两个连续的实变函数,则方程组

$$\begin{cases} x = x(t) \\ y = y(t) \end{cases} \quad t \in [a,b]$$

表示平面上一条**连续曲线**。若令

$$z(t) = x(t) + \mathrm{i}y(t)$$

则该曲线可以用方程

$$z = z(t) \quad t \in [a,b]$$

来表示,这就是平面曲线的复数表示式。

定义 1.7 设曲线 $C: z = z(t) = x(t) + \mathrm{i}y(t), t \in [a,b]$ 是一条连续曲线,如果在区间 $[a,b]$ 上 $x'(t)$ 和 $y'(t)$ 都是连续的,并且对于任意 $t \in [a,b]$ 都有

$$[x'(t)]^2 + [y'(t)]^2 \neq 0$$

则称曲线 C 是光滑曲线。由几条依次相接的光滑曲线组成的曲线称为按段光滑曲线。

定义 1.8 设曲线 $C: z = z(t) = x(t) + \mathrm{i}y(t), t \in [a,b]$ 是一条连续曲线,$z(a)$ 与 $z(b)$ 分别称为 C 的起点和终点。对于满足 $a < t_1 < b, a \leqslant t_2 \leqslant b$ 的 t_1 与 t_2,当 $t_1 \neq t_2$,而 $z(t_1) = z(t_2)$ 时,点 $z(t_1)$ 称为曲线 C 的重点。没有重点的连续曲线称为简单曲线或若尔当(Jordan)曲线。如曲线 C 的起点与终点重合,即 $z(a) = z(b)$,则称曲线 C 为闭曲线。

由定义 1.8 可得如图 1.13 所示的 4 种曲线类型。

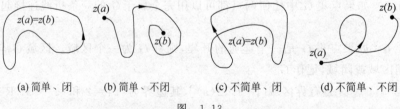

图 1.13

若尔当(Jordan)定理：任何简单闭曲线一定把扩充复平面分成两个互不相交的区域，一个是有界的，称为曲线的内部；另一个是无界的，称为曲线的外部；该曲线为两个区域的公共边界。

三、单连通区域、多连通区域

定义 1.9 对于复平面上的区域 G，如果 G 内的任意一条简单闭曲线的内部总含于 G，则称 G 为单连通区域。一个区域如果不是单连通区域，就称为多连通区域。

例如，图 1.14(a) 为单连通区域，图 1.14(b) 为多连通区域。

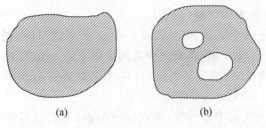

图 1.14

例 1.14 求满足 $\cos\theta < r < 2\cos\theta \left(-\dfrac{\pi}{2} < \theta < \dfrac{\pi}{2}\right)$ 的点 $z = r(\cos\theta + i\sin\theta)$ 的集合。若该集合为一区域，那么它是单连通区域还是多连通区域？

解：因为
$$r = \sqrt{x^2 + y^2} \quad \cos\theta = \frac{x}{\sqrt{x^2 + y^2}}$$

所以 $\cos\theta < r < 2\cos\theta$ 可转化为
$$\frac{x}{\sqrt{x^2 + y^2}} < \sqrt{x^2 + y^2} < \frac{2x}{\sqrt{x^2 + y^2}}$$

即
$$\begin{cases} \dfrac{x}{\sqrt{x^2+y^2}} < \sqrt{x^2+y^2} \\ \sqrt{x^2+y^2} < \dfrac{2x}{\sqrt{x^2+y^2}} \end{cases}$$

进一步，有
$$\begin{cases} \left(x - \dfrac{1}{2}\right)^2 + y^2 > \dfrac{1}{4} \\ (x-1)^2 + y^2 < 1 \end{cases}$$

即图 1.15 中阴影部分，它是一个单连通区域。

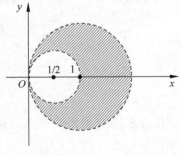

图 1.15

第五节 复变函数的概念与映射

一、复变函数的概念

定义 1.10 设 G 是复数 $z=x+\mathrm{i}y$ 的集合,如果按照某一确定的对应法则,对于集合 G 中的每一个复数 z,都有一个或几个复数 $w=u+\mathrm{i}v$ 与之对应,那么就称复变数 w 是复变数 z 的函数,简称复变函数,记作

$$w=f(z)$$

其中,z 称为自变量,w 称为因变量(函数)。

如果对于 G 中的每一个 z 值,有且仅有一个 w 值与之对应,则称 $w=f(z)$ 为单值函数;如果对于 G 中的每一个 z 值,都有两个或两个以上的 w 值与之对应,则称 $w=f(z)$ 为多值函数。集合 G 称为 $f(z)$ 的定义集合,与 G 中 z 对应的 w 值构成的集合 G^* 称为函数值集合,即 $G^*=\{w\,|\,w=f(z),z\in G\}$。

例如,函数 $w=3z-1$ 是单值函数,函数 $w=\mathrm{Arg}(z-1)$ 是多值函数。

如果函数 $w=f(z)$ 的定义集合 G 是一个平面区域,则称 G 为函数的定义域。下面如无特殊声明,所讨论的复变函数均为单值函数。

我们已经知道,给定一个复数 $z=x+\mathrm{i}y$,就相当于唯一给定了一对实数 x 和 y,同样,复变函数 $w=f(z)=u+\mathrm{i}v$ 也对应着唯一一对实数 u 和 v,所以复变函数 w 和自变量 z 之间的关系 $w=f(z)$ 相当于两个关系式:

$$u=u(x,y) \quad v=v(x,y)$$

它们确定了自变量为 x 和 y 的两个二元实变函数。

例如,函数 $w=z^2$,令 $z=x+\mathrm{i}y,w=u+\mathrm{i}v$,则 $w=z^2$ 相当于

$$u+\mathrm{i}v=(x+\mathrm{i}y)^2=x^2-y^2+2xy\mathrm{i}$$

所以函数 $w=z^2$ 确定了两个二元实变函数:

$$u=x^2-y^2 \quad v=2xy$$

对于函数 $w=\dfrac{1}{z}(z\neq 0)$,令 $z=x+\mathrm{i}y,w=u+\mathrm{i}v$,则

$$u+\mathrm{i}v=\frac{1}{x+\mathrm{i}y}=\frac{x-\mathrm{i}y}{x^2+y^2}=\frac{x}{x^2+y^2}-\mathrm{i}\frac{y}{x^2+y^2}$$

所以有

$$u=\frac{x}{x^2+y^2} \quad v=-\frac{y}{x^2+y^2}$$

反过来,如果给定两个二元实变函数 $u=u(x,y)$ 和 $v=v(x,y)$,那么就可以确定一个复变函数

$$w=u(x,y)+\mathrm{i}v(x,y)$$

二、映射

在实变函数中常用几何图形表示实函数,几何图形可以直观地帮助我们理解和研究函

数的性质。例如，一元函数 $y=f(x)$ 可用二维空间 $\mathbf{R}^2$ 中的一条平面曲线来表示，二元函数 $z=f(x,y)$ 可用三维空间 $\mathbf{R}^3$ 中的一个空间曲面来表示。但是，对于复变函数，由于它反映了两组变量 u,v 和 x,y 之间的对应关系，所以无法用同一个平面内的几何图形来表示，必须把它看作两个复平面上的点集之间的对应关系。

如果用 z 平面上的点表示自变量 z 的值，而用另一个平面 w 平面上的点表示函数 w 的值，那么函数 $w=f(z)$ 在几何上可以看作把 z 平面上的一个点集 G（定义集合）变到 w 平面上的一个点集 G^*（函数值集合）的映射（或变换），这个映射通常称为由函数 $w=f(z)$ 所构成的映射。如果 G 中的点 z 被 $w=f(z)$ 映射成 G^* 中的点 w，那么 w 称为 z 的象，而 z 称为 w 的原象。

例如，函数 $w=\bar{z}$ 所构成的映射：z 平面上的点 $z=a+ib$ 映射成 w 平面上的点 $w=a-ib$；$z_1=2+i$ 映射成 $w_1=2-i$；$z_2=1-3i$ 映射成 $w_2=1+3i$。z 平面上 $\triangle ABC$ 映射成 w 平面上 $\triangle A'B'C'$（图 1.16）。

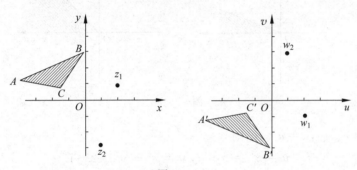

图 1.16

例 1.15 已知映射 $w=z^2$，求：

(1) 点 $z_1=1+\sqrt{3}i, z_2=2i, z_3=-1+i$ 在 w 平面上的象；

(2) 角形域 $0 \leqslant \arg z \leqslant \alpha < \dfrac{\pi}{2}$ 在 w 平面上的象；

(3) 双曲线族 $x^2-y^2=C_1$ 及 $2xy=C_2$（C_1 和 C_2 为常数）在 w 平面上的象。

解：(1)
$$w_1=z_1^2=(1+\sqrt{3}i)^2=-2+2\sqrt{3}i$$
$$w_2=z_2^2=(2i)^2=-4$$
$$w_3=z_3^2=(-1+i)^2=-2i$$

故映射 $w=z^2$ 将 z 平面上的点 $z_1=1+\sqrt{3}i, z_2=2i, z_3=-1+i$ 分别映射成 w 平面上的点 $w_1=-2+2\sqrt{3}i, w_2=-4, w_3=-2i$（图 1.17）。

(2) 设 $z=re^{i\theta}, w=\rho e^{i\varphi}$，则
$$w=z^2=r^2 e^{i2\theta}$$
于是
$$\rho=r^2 \quad \varphi=2\theta$$

通过映射 $w=z^2$，z 的辐角增大了一倍，因此，映射 $w=z^2$ 将 z 平面上的角形域 $0 \leqslant \arg z \leqslant \alpha < \dfrac{\pi}{2}$ 映射成 w 平面上的角形域 $0 \leqslant \arg w \leqslant 2\alpha$（图 1.18）。

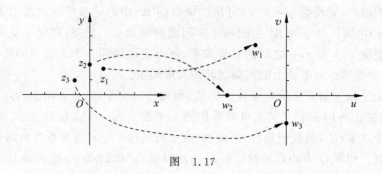

图 1.17

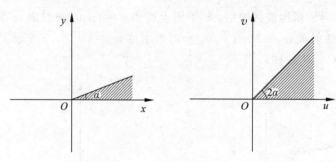

图 1.18

(3) 设 $z=x+\mathrm{i}y, w=u+\mathrm{i}v$,则
$$w=z^2=(x+\mathrm{i}y)^2=x^2-y^2+2xy\mathrm{i}$$
于是
$$u=x^2-y^2 \quad v=2xy$$
映射 $w=z^2$ 将 z 平面上的双曲线族
$$x^2-y^2=C_1 \quad 2xy=C_2$$
分别映射成 w 平面上的两族平行直线
$$u=C_1 \quad v=C_2$$
显然 $u=C_1$ 与 $v=C_2$ 是正交的,可证明它们的原象 $x^2-y^2=C_1$ 与 $2xy=C_2$ 在 z 平面上也是正交的(图 1.19)。

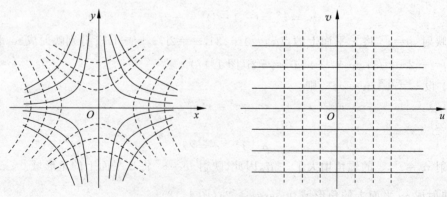

图 1.19

定义 1.11 设 $w=f(z)$ 是定义在 z 平面上的集合 G 上的函数，函数值集合为 w 平面上的集合 G^*，映射 f 是一个满射，那么对于 G^* 中的每一个 w，由 $w=f(z)$ 的对应关系，一定存在一个或多个 G 中的点 z 与之对应，按照函数的定义，在 G^* 上就确定了一个函数 $z=\varphi(w)$，称为函数 $w=f(z)$ 的反函数，也称为映射 $w=f(z)$ 的逆映射。

当 $w=f(z)$ 为单值函数时，它的反函数可能是单值的，也可能是多值的。例如，函数 $f(z)=z^2$ 是单值函数，其反函数是双值函数。

在下面的讨论中不再区分函数与映射。如果函数 $w=f(z)$ 与它的反函数 $z=\varphi(w)$ 都是单值的，那么称函数 $w=f(z)$ 为定义集合 G 到函数值集合 G^* 的一一映射。

例 1.16 求下列曲线在映射 $w=\dfrac{1}{z}$ 下的象。

(1) $(x-1)^2+y^2=1$ (2) $y=x$

解：设 $z=x+\mathrm{i}y$，$w=u+\mathrm{i}v$，由

$$w=\frac{1}{z}=\frac{1}{x+\mathrm{i}y}=\frac{x}{x^2+y^2}-\mathrm{i}\frac{y}{x^2+y^2}$$

可得

$$u=\frac{x}{x^2+y^2} \qquad v=-\frac{y}{x^2+y^2}$$

于是

$$x=\frac{u}{u^2+v^2} \qquad y=-\frac{v}{u^2+v^2}$$

(1) 将 $x=\dfrac{u}{u^2+v^2}$，$y=-\dfrac{v}{u^2+v^2}$ 代入 $(x-1)^2+y^2=1$ 得

$$\left(\frac{u}{u^2+v^2}-1\right)^2+\left(-\frac{v}{u^2+v^2}\right)^2=1$$

化简得 w 平面上的曲线方程为

$$u=\frac{1}{2}$$

(2) 将 $x=\dfrac{u}{u^2+v^2}$，$y=-\dfrac{v}{u^2+v^2}$ 代入 $y=x$ 得 w 平面上的曲线方程为

$$v=-u$$

第六节   复变函数的极限和连续性

一、复变函数的极限

定义 1.12 设函数 $w=f(z)$ 在 z_0 的某去心邻域 $0<|z-z_0|<\rho$ 内有定义，如果存在一个确定的复数 A，对于任意给定的正数 ε，相应地必有一正数 δ（一般与 ε 有关，常记为 $\delta(\varepsilon)$），使得当 $0<|z-z_0|<\delta$（$0<\delta\leqslant\rho$）时，有

$$|f(z)-A|<\varepsilon$$

那么称 A 为 $f(z)$ 当 z 趋向于 z_0 时的极限,记作
$$\lim_{z \to z_0} f(z) = A$$
或当 $z \to z_0$ 时,$f(z) \to A$(图 1.20)。

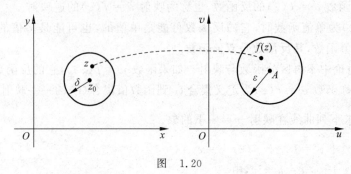

图 1.20

定义 1.12 的几何意义:当变点 z 进入 z_0 的充分小的去心 δ 邻域时,它的象点 $f(z)$ 就落入 A 预先给定的 ε 邻域中。

注意:在复平面上,z 趋向于 z_0 的方式有无穷多种,也就是说,定义 1.12 中 z 趋向于 z_0 的方式是任意的,即无论 z 从什么方向、以何种方式趋向于 z_0,$f(z)$ 都趋向于同一个常数 A。显然,复变函数极限定义比一元实函数极限定义的要求要严格得多,而与二元实函数极限定义相比较,其本质是一致的。

定理 1.3 设 $f(z) = u(x,y) + iv(x,y)$,$z = x + iy$,$A = u_0 + iv_0$,$z_0 = x_0 + iy_0$,则 $\lim\limits_{z \to z_0} f(z) = A$ 的充要条件是
$$\lim_{\substack{x \to x_0 \\ y \to y_0}} u(x,y) = u_0 \qquad \lim_{\substack{x \to x_0 \\ y \to y_0}} v(x,y) = v_0$$

证:(1) 必要性。设 $\lim\limits_{z \to z_0} f(z) = A$,由极限定义,对任意给定的 $\varepsilon > 0$,存在 $\delta > 0$,当 $0 < |z - z_0| < \delta$ 时,有 $|f(z) - A| < \varepsilon$。

因为
$$|z - z_0| = |(x + iy) - (x_0 + iy_0)| = \sqrt{(x - x_0)^2 + (y - y_0)^2}$$
$$|f(z) - A| = |(u + iv) - (u_0 + iv_0)| = \sqrt{(u - u_0)^2 + (v - v_0)^2}$$

所以,当 $0 < \sqrt{(x - x_0)^2 + (y - y_0)^2} < \delta$ 时,有
$$\sqrt{(u - u_0)^2 + (v - v_0)^2} < \varepsilon$$

进一步,当 $0 < \sqrt{(x - x_0)^2 + (y - y_0)^2} < \delta$ 时,有
$$|u - u_0| < \varepsilon \qquad |v - v_0| < \varepsilon$$
即
$$\lim_{\substack{x \to x_0 \\ y \to y_0}} u(x,y) = u_0 \qquad \lim_{\substack{x \to x_0 \\ y \to y_0}} v(x,y) = v_0$$

(2) 充分性。设 $\lim\limits_{\substack{x \to x_0 \\ y \to y_0}} u(x,y) = u_0$,$\lim\limits_{\substack{x \to x_0 \\ y \to y_0}} v(x,y) = v_0$,由二元实函数极限定义,对任意给定的 $\varepsilon > 0$,存在 $\delta > 0$,当 $0 < \sqrt{(x - x_0)^2 + (y - y_0)^2} < \delta$ 时,有

$$|u-u_0|<\frac{\varepsilon}{2} \quad |v-v_0|<\frac{\varepsilon}{2}$$

所以,当 $0<\sqrt{(x-x_0)^2+(y-y_0)^2}<\delta$ 时,有

$$|f(z)-A|=|(u+\mathrm{i}v)-(u_0+\mathrm{i}v_0)|\leqslant|u-u_0|+|v-v_0|<\frac{\varepsilon}{2}+\frac{\varepsilon}{2}=\varepsilon$$

根据复变函数极限的定义,有

$$\lim_{z\to z_0}f(z)=A$$

定理 1.3 将求复变函数 $f(z)=u(x,y)+\mathrm{i}v(x,y)$ 的极限问题转化为求两个二元实变函数 $u=u(x,y)$ 和 $v=v(x,y)$ 的极限问题。

由定理 1.3 及实函数极限的四则运算法则,可得下述定理。

定理 1.4 如果 $\lim\limits_{z\to z_0}f(z)=A$, $\lim\limits_{z\to z_0}g(z)=B$,那么

(1) $\lim\limits_{z\to z_0}[f(z)\pm g(z)]=A\pm B$

(2) $\lim\limits_{z\to z_0}[f(z)g(z)]=AB$

(3) $\lim\limits_{z\to z_0}\dfrac{f(z)}{g(z)}=\dfrac{A}{B}(B\neq 0)$

例 1.17 证明函数 $f(z)=\dfrac{\mathrm{Im}(z)}{|z|}$ 当 $z\to 0$ 时的极限不存在。

证:设 $z=x+\mathrm{i}y$,则

$$f(z)=\frac{y}{\sqrt{x^2+y^2}}$$

于是

$$u(x,y)=\frac{y}{\sqrt{x^2+y^2}} \quad v(x,y)=0$$

当 z 沿直线 $y=kx$(k 为实常数)趋于零时,有

$$\lim_{\substack{x\to 0\\(y=kx)}}u(x,y)=\lim_{\substack{x\to 0\\(y=kx)}}\frac{y}{\sqrt{x^2+y^2}}=\lim_{x\to 0}\frac{kx}{\sqrt{x^2+(kx)^2}}=\pm\frac{k}{\sqrt{1+k^2}}$$

因为它的值随 k 的不同而不同,所以 $\lim\limits_{\substack{x\to 0\\y\to 0}}u(x,y)$ 不存在。虽然 $\lim\limits_{\substack{x\to 0\\y\to 0}}v(x,y)=0$,但根据定理 1.3, $\lim\limits_{z\to 0}f(z)$ 不存在。

二、复变函数的连续性

定义 1.13 设函数 $w=f(z)$ 在点 z_0 的某个邻域内有定义,若 $\lim\limits_{z\to z_0}f(z)=f(z_0)$,则称函数 $w=f(z)$ 在点 z_0 处连续。若 $w=f(z)$ 在区域 D 内处处连续,则称 $w=f(z)$ 在区域 D 内连续。

由连续的定义和定理 1.3、定理 1.4,可得定理 1.5。

定理 1.5 函数 $f(z)=u(x,y)+\mathrm{i}v(x,y)$ 在 $z_0=x_0+\mathrm{i}y_0$ 处连续的充要条件是 $u(x,y)$ 和 $v(x,y)$ 在 (x_0,y_0) 处连续。

定理 1.6 (1) 如果函数 $f(z)$ 和 $g(z)$ 在 z_0 连续,则它们的和、差、积、商(分母在 z_0 不为零)在 z_0 也连续。

(2) 如果函数 $h=g(z)$ 在 z_0 连续,函数 $w=f(h)$ 在 $h_0=g(z_0)$ 连续,则复合函数 $w=f[g(z)]$ 在 z_0 连续。

从上述定理可知,有理整函数
$$w=P(z)=a_0+a_1z+a_2z^2+\cdots+a_nz^n$$
在复平面上处处连续,而有理分式函数
$$w=\frac{P(z)}{Q(z)}$$
在复平面内分母不为零的点连续,其中 $P(z)$ 和 $Q(z)$ 都是有理整函数。

例 1.18 计算下列极限:

(1) $\lim\limits_{z\to i}(z^2-\bar{z}+2i)$ (2) $\lim\limits_{z\to 1}\dfrac{z^2\bar{z}+z-\bar{z}-1}{z-1}$

解:(1) 因为 $w=z^2-\bar{z}+2i$ 在 $z=i$ 处连续,所以
$$\lim_{z\to i}(z^2-\bar{z}+2i)=i^2-(-i)+2i=-1+i+2i=-1+3i$$

(2) $\lim\limits_{z\to 1}\dfrac{z^2\bar{z}+z-\bar{z}-1}{z-1}=\lim\limits_{z\to 1}\dfrac{\bar{z}(z-1)(z+1)+(z-1)}{z-1}=\lim\limits_{z\to 1}[\bar{z}(z+1)+1]=3$

例 1.19 讨论函数 $f(z)=\begin{cases}\dfrac{\operatorname{Re}(z^2)}{|z|^2} & (z\neq 0)\\ 0 & (z=0)\end{cases}$ 的连续性。

解:令 $z=x+iy$,则当 $z\neq 0$ 时,$f(z)=\dfrac{\operatorname{Re}(z^2)}{|z|^2}=\dfrac{x^2-y^2}{x^2+y^2}$ 为二元初等函数(分母不为零),故在复平面上连续;当 $z=0$ 时,令 z 沿直线 $y=kx$ 趋向于 0,有
$$\lim_{\substack{x\to 0\\ y=kx}}\frac{x^2-y^2}{x^2+y^2}=\lim_{x\to 0}\frac{x^2-(kx)^2}{x^2+(kx)^2}=\frac{1-k^2}{1+k^2}$$
它的值随 k 的变化而变化,故 $\lim\limits_{z\to 0}f(z)$ 不存在,即 $f(z)$ 在 $z=0$ 处不连续。

综上所述,函数 $f(z)$ 在除去 $z=0$ 的平面内连续。

章 末 总 结

本章学习了复数的概念、运算及表示方法,以及区域的概念、复变函数的概念和映射、极限和连续等内容。

在学习过程中要注意复数与实数的不同之处,如复数不能比较大小;任何一个非零复数都是可以开方的,且 $\sqrt[n]{z}$ 有 n 个互异的值等。熟练运用复数知识解决有关问题,对后面的学习非常重要。读者可结合下面的思维导图进行复习巩固。

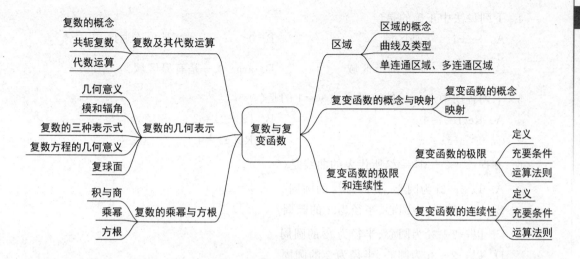

习 题 一

一、填空题

1. 若 $\dfrac{1}{z} = a + bi$,则 $a = $ _____ ,$b = $ _____ 。

2. 若 $z = x + iy, w = z^2 = u + iv$,则 $v = $ _____ 。

3. 若 $z = 6 + i$,则 $|z| = $ _____ ,$\arg z = $ _____ 。

4. $\arg z$ 的连续性区域为 _____ 。

5. _____ 称为简单曲线。

6. 若 $z = e^{-3+i}$,则 $|z| = $ _____ ,$\arg z = $ _____ 。

7. 一曲线的复数方程为 $|z - i| = 1$,则此曲线的直角坐标方程为 _____ 。

8. 方程 $|z + 1 - 2i| = |z - 2 + i|$ 所表示的曲线是连接点 _____ 和 _____ 的线段的垂直平分线。

9. $\lim\limits_{z \to 1+i}(1 + z^2 + 2z^4) = $ _____ 。

10. $w = z^2$ 将 z 平面内曲线族 $x^2 - y^2 = 2$ 映射成 w 平面内曲线 _____ 。

二、单项选择题

1. 若 $w = \dfrac{(4+i)(1-i)}{(4-i)(1+i)}$,则 $|w| = ($ _____ $)$。

    A. 0   B. 1   C. 2   D. 3

2. 当 $z = \dfrac{1+i}{1-i}$ 时,$z^{100} + z^{75} + z^{50} = ($ _____ $)$。

    A. i   B. $-$i   C. 1   D. -1

3. 下列所给区域中(_____)是多连通区域。

    A. $\mathrm{Im}(z) > 0$ B. $\mathrm{Re}(z) < 0$ C. $0 < |z| < 1$ D. $\dfrac{\pi}{4} < \arg z < \dfrac{\pi}{3}$

4. 下列说法中正确的是（   ）。
   A. $|z+i|=1$ 是区域 B. $0<|z-i|<2$ 是单连通区域
   C. $|z-z_0|<r$ 是圆形区域 D. $\arg z<\dfrac{\pi}{2}$ 是有界区域

5. 下列各项中点 z 的轨迹是直线 $y=4$ 的是（   ）。
   A. $\mathrm{Re}(i\bar{z})=4$ B. $|z-2|=2$
   C. $0<\arg z<\pi$ D. $\mathrm{Re}(z)=4$

6. 方程 $|z+2-3i|=\sqrt{2}$ 所代表的曲线是（   ）。
   A. 以 $2-3i$ 为圆心、半径为 $\sqrt{2}$ 的圆周
   B. 以 $-2+3i$ 为圆心、半径为 2 的圆周
   C. 以 $-2+3i$ 为圆心、半径为 $\sqrt{2}$ 的圆周
   D. 以 $-2-3i$ 为圆心、半径为 2 的圆周

7. $z^3=i$ 的复根的个数为（   ）。
   A. 0 B. 1 C. 2 D. 3

8. 下列式子中正确的是（   ）。
   A. $\mathrm{Arg}(2z)=2\mathrm{Arg}z$ B. $\arg(-1)=-\pi$
   C. $\mathrm{Arg}(z_1 z_2)=\mathrm{Arg}z_1+\mathrm{Arg}z_2$ D. $\arg z=\arctan\dfrac{y}{x}$

9. 函数 $f(z)=u(x,y)+iv(x,y)$ 在点 $z_0=x_0+iy_0$ 处连续的充要条件是（   ）。
   A. $u(x,y)$ 在 (x_0,y_0) 连续
   B. $v(x,y)$ 在 (x_0,y_0) 连续
   C. $u(x,y)$ 和 $v(x,y)$ 都在 (x_0,y_0) 连续
   D. $u(x,y)+v(x,y)$ 在 (x_0,y_0) 连续

10. 一个向量顺时针旋转 $\dfrac{\pi}{3}$，向右平移 3 个单位，再向下平移 1 个单位后对应的复数为 $1-\sqrt{3}i$，则原向量对应的复数是（   ）。
    A. 2 B. $1+\sqrt{3}i$ C. $\sqrt{3}-i$ D. $\sqrt{3}+i$

三、判断题

1. 零的辐角是零。（   ）
2. 若 z 为实常数，则 $z=\bar{z}$。（   ）
3. 若 z 为纯虚数，则 $z\neq\bar{z}$。（   ）
4. $i<2i$。（   ）
5. 对任何 z，$z^2=|z|^2$。（   ）
6. $|z_1+z_2|=|z_1|+|z_2|$。（   ）
7. $|\infty|=+\infty$。（   ）
8. 复数 $z=-\sin\dfrac{\pi}{5}-i\cos\dfrac{\pi}{5}$ 的辐角主值是 $-\dfrac{\pi}{5}$。（   ）
9. 复平面上只有一个无穷远点。（   ）

10. $\text{Re}(8+5i) > \text{Im}(3-6i)$。 ( )

四、计算题

1. 求下列复数 z 的实部、虚部、共轭复数、模、辐角。

(1) $1-\sqrt{3}i$ (2) $i^4 - 4i^{21} + i^5$

(3) $\dfrac{1-i}{1+i}$ (4) $(1+i)^{100} + (1-i)^{100}$

(5) $\dfrac{1}{i} - \dfrac{3i}{1-i}$ (6) $\dfrac{(3+4i)(2-5i)}{2i}$

2. x,y 取何值时，下列等式成立？

(1) $\dfrac{x+1+i(y-3)}{5+3i} = 1+i$ (2) $\dfrac{5}{(1+yi)(x-i)} = \dfrac{i}{2}$

3. 将下列复数转化为三角表示式和指数表示式。

(1) 1 (2) $\dfrac{i}{2}$

(3) $(2-3i)(-2+i)$ (4) $\dfrac{(\cos 5\theta + i\sin 5\theta)^2}{(\cos 3\theta - i\sin 3\theta)^3}$

4. 一个复数乘以 $-2i$，它的模与辐角有何改变？

5. 求下列各式的值。

(1) $(1-i)^4$ (2) $(\sqrt{3}-i)^5$

(3) $\sqrt[5]{1}$ (4) $(2-2i)^{\frac{1}{3}}$

6. 解下列方程。

(1) $z^2 - 3(1+i)z + 5i = 0$ (2) $z^4 + a^4 = 0 \,(a>0)$

7. 指出下列各题中点 z 的轨迹或所在范围，并作图。

(1) $|z-2| = 3$ (2) $|z+3i| \geqslant 1$

(3) $\text{Re}(z+1) = 2$ (4) $\text{Re}(i\bar{z}) = 3$

(5) $|z-2i| = |z+2i|$ (6) $|z+3| + |z+1| = 4$

(7) $\text{Im}(z) \leqslant 1$ (8) $\left|\dfrac{z-3}{z-2}\right| \geqslant 1$

(9) $0 < \arg z < \pi$ (10) $\arg(z-i) = \dfrac{\pi}{4}$

8. 画出下列不等式所确定的区域或闭区域，并指明它是有界的还是无界的，是单连通的还是多连通的。

(1) $\text{Re}(z) > 0$ (2) $|z-1| > 3$

(3) $0 < \text{Im}(z) < 2$ (4) $1 \leqslant |z| \leqslant 2$

(5) $|z-2| < |z-3|$ (6) $-1 < \arg z < -1 + \pi$

(7) $|z-1| < 4|z+1|$ (8) $|z-2| + |z+2| \leqslant 6$

9. 画出函数 $w = \dfrac{1}{z}$，把下列 z 平面上的曲线映射成 w 平面上的曲线？

(1) $y = x$ (2) $x^2 + y^2 = 4$

(3) $x=1$ (4) $x^2+y^2=2x$

五、证明题

1. 设 z_1,z_2,z_3 三点满足条件：$z_1+z_2+z_3=0$，$|z_1|=|z_2|=|z_3|=1$。证明：z_1,z_2,z_3 是内接于单位圆 $|z|=1$ 的一个正三角形的顶点。

2. 设 $f(z)=\dfrac{1}{2i}\left(\dfrac{z}{\bar{z}}-\dfrac{\bar{z}}{z}\right)(z\neq 0)$，试证当 $z\to 0$ 时，$f(z)$ 的极限不存在。

3. 试证 $\arg z$ 在原点与负实轴上不连续。

第二章 解析函数

复变函数理论的主要任务是研究解析函数的性质,解析函数在解决工程实际问题中有着广泛的应用。本章首先介绍复变函数导数的概念和求导法则,然后引入解析函数的概念和函数解析的判别方法,最后介绍一些常用的初等函数及它们的解析性。

第一节 解析函数概述

一、复变函数的导数与微分

定义 2.1 设函数 $w=f(z)$ 在区域 D 内有定义,z_0 为 D 内一点,且 $z_0+\Delta z \in D$,如果极限

$$\lim_{\Delta z \to 0}\frac{\Delta w}{\Delta z} = \lim_{\Delta z \to 0}\frac{f(z_0+\Delta z)-f(z_0)}{\Delta z}$$

存在,则称函数 $f(z)$ 在点 z_0 可导。此极限值称为函数 $f(z)$ 在 z_0 的导数,记作

$$f'(z_0)=\lim_{\Delta z \to 0}\frac{\Delta w}{\Delta z} = \lim_{\Delta z \to 0}\frac{f(z_0+\Delta z)-f(z_0)}{\Delta z} \tag{2.1}$$

也可记作 $\dfrac{\mathrm{d}w}{\mathrm{d}z}\bigg|_{z=z_0}$,$\dfrac{\mathrm{d}f}{\mathrm{d}z}\bigg|_{z=z_0}$,$w'\bigg|_{z=z_0}$。否则,称函数 $f(z)$ 在点 z_0 不可导或导数不存在。

上述定义也可叙述如下:设函数 $w=f(z)$ 在区域 D 内有定义,点 z_0 为 D 内一点,且 $z_0+\Delta z \in D$,若对任意给定的 $\varepsilon>0$,相应地存在 $\delta(\varepsilon)>0$,使得当 $0<|\Delta z|<\delta$ 时,有

$$\left|\frac{f(z_0+\Delta z)-f(z_0)}{\Delta z}-A\right|<\varepsilon$$

成立,则称常数 A 为函数 $f(z)$ 在点 z_0 的导数。

需要注意的是,定义中 $\Delta z \to 0$ 的方式是任意的。

如果 $f(z)$ 在区域 D 内处处可导,则称 $f(z)$ 在 D 内可导。

例 2.1 求函数 $f(z)=z^2$ 的导数。

解:因为

$$\lim_{\Delta z \to 0}\frac{f(z+\Delta z)-f(z)}{\Delta z} = \lim_{\Delta z \to 0}\frac{(z+\Delta z)^2-z^2}{\Delta z} = \lim_{\Delta z \to 0}\frac{z^2+2z\Delta z+(\Delta z)^2-z^2}{\Delta z}$$
$$= \lim_{\Delta z \to 0}(2z+\Delta z) = 2z$$

所以 $(z^2)'=2z$。

例 2.2 讨论函数 $f(z)=\bar{z}$ 的可导性。

解:令 $z=x+\mathrm{i}y$,则

$$\lim_{\Delta z \to 0} \frac{f(z+\Delta z)-f(z)}{\Delta z} = \lim_{\Delta z \to 0} \frac{\overline{z+\Delta z}-\bar{z}}{\Delta z}$$

$$= \lim_{\substack{\Delta x \to 0 \\ \Delta y \to 0}} \frac{(x+\Delta x)-\mathrm{i}(y+\Delta y)-(x-\mathrm{i}y)}{\Delta x + \mathrm{i}\Delta y}$$

$$= \lim_{\substack{\Delta x \to 0 \\ \Delta y \to 0}} \frac{\Delta x - \mathrm{i}\Delta y}{\Delta x + \mathrm{i}\Delta y}$$

当 $z+\Delta z$ 沿平行于 x 轴的直线趋向于 z(图 2.1),即 $\Delta y=0, \Delta x \to 0$,此时极限

$$\lim_{\substack{\Delta x \to 0 \\ \Delta y = 0}} \frac{\Delta x - \mathrm{i}\Delta y}{\Delta x + \mathrm{i}\Delta y} = \lim_{\Delta x \to 0} \frac{\Delta x}{\Delta x} = 1$$

当 $z+\Delta z$ 沿平行于 y 轴的直线趋向于 z(图 2.1),即 $\Delta x=0, \Delta y \to 0$,此时极限

$$\lim_{\substack{\Delta y \to 0 \\ \Delta x = 0}} \frac{\Delta x - \mathrm{i}\Delta y}{\Delta x + \mathrm{i}\Delta y} = \lim_{\Delta y \to 0} \frac{-\mathrm{i}\Delta y}{\mathrm{i}\Delta y} = -1$$

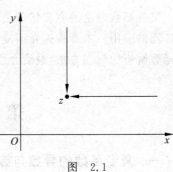

图 2.1

所以 $\lim_{\Delta z \to 0} \frac{f(z+\Delta z)-f(z)}{\Delta z}$ 不存在,故函数 $f(z)=\bar{z}$ 不可导。

在例 2.2 中,函数 $f(z)=\bar{z}=x-\mathrm{i}y$ 在复平面内处处连续,却处处不可导。反之,容易证明,如果函数 $f(z)$ 在 z_0 可导,则 $f(z)$ 在 z_0 连续。

事实上,由 $f(z)$ 在 z_0 可导可得

$$\lim_{\Delta z \to 0}[f(z_0+\Delta z)-f(z_0)] = \lim_{\Delta z \to 0}\left[\Delta z \cdot \frac{f(z_0+\Delta z)-f(z_0)}{\Delta z}\right]$$

$$= \lim_{\Delta z \to 0} \Delta z \cdot \lim_{\Delta z \to 0} \frac{f(z_0+\Delta z)-f(z_0)}{\Delta z}$$

$$= 0 \cdot f'(z_0)$$

$$= 0$$

所以 $f(z)$ 在 z_0 连续。

由于复变函数中导数的定义与实变函数中导数的定义在形式上相同,而且复变函数中极限运算法则与实变函数中极限运算法则也相同,因此,复变函数的求导法则与实变函数的求导法则也完全相同。下面是复变函数的几个常用求导公式与求导法则。

(1) $C'=0$,其中 C 为复常数。

(2) $(z^n)'=nz^{n-1}$,其中 n 为正整数。

(3) $[f(z) \pm g(z)]' = f'(z) \pm g'(z)$。

(4) $[f(z)g(z)]' = f'(z)g(z) + f(z)g'(z)$。

(5) $\left[\dfrac{f(z)}{g(z)}\right]' = \dfrac{1}{g^2(z)}[f'(z)g(z) - f(z)g'(z)], g(z) \neq 0$。

(6) $\{f[g(z)]\}' = f'(w)g'(z)$,其中 $w=g(z)$。

(7) $f'(z) = \dfrac{1}{\varphi'(w)}$,其中 $w=f(z)$ 与 $z=\varphi(w)$ 是两个互为反函数的单值函数,且

$\varphi'(w) \neq 0$。

例 2.3 已知 $f(z) = \dfrac{2z}{1+z}$，求 $f'(z)$ 及 $f'(i)$。

解：$f'(z) = \left(\dfrac{2z}{1+z}\right)' = \dfrac{2(1+z) - 2z}{(1+z)^2} = \dfrac{2}{(1+z)^2}$

$$f'(i) = \dfrac{2}{(1+i)^2} = \dfrac{1}{i} = -i$$

定义 2.2 如果复变函数 $w = f(z)$ 在 z 的增量
$$\Delta w = f(z + \Delta z) - f(z)$$
满足
$$\Delta w = f(z + \Delta z) - f(z) = A\Delta z + \rho(\Delta z)\Delta z \tag{2.2}$$
其中 $\lim\limits_{\Delta z \to 0} \rho(\Delta z) = 0$，$A$ 为与 Δz 无关而只与 z 有关的复常数，则称函数 $w = f(z)$ 在 z 可微，并称 $A\Delta z$ 为 $f(z)$ 在 z 的微分，记作
$$dw = df = A\Delta z$$
容易证明，函数 $w = f(z)$ 在 z 可导的充要条件是 $w = f(z)$ 在 z 可微，且
$$dw = f'(z)\Delta z = f'(z)dz$$
如果函数 $f(z)$ 在区域 D 内处处可微，则称 $f(z)$ 在 D 内可微。

二、解析函数的概念

我们已经介绍了复变函数导数的概念及导数的运算法则，下面来介绍解析函数。

定义 2.3 如果函数 $f(z)$ 在 z_0 及 z_0 的某邻域内处处可导，则称 $f(z)$ 在 z_0 解析。如果 $f(z)$ 在区域 D 内每一点解析，则称 $f(z)$ 在 D 内解析，或称 $f(z)$ 是 D 内的一个解析函数。

如果 $f(z)$ 在 z_0 不解析，则称 z_0 为 $f(z)$ 的奇点。

显然，由函数解析的定义可知，函数在一点可导，却不一定在该点解析，而如果函数在一点解析，则必定在该点可导。也就是说，函数在一点可导和在一点解析是两个不等价的概念。反之，函数在区域内解析与在区域内可导是等价的。

例 2.4 研究函数 $f(z) = z^2$，$g(z) = \bar{z}$，$h(z) = |z|^2$ 的解析性。

解：由例 2.1 知，$f(z) = z^2$ 在复平面内处处可导，所以 $f(z) = z^2$ 在复平面内处处解析。由例 2.2 知，$g(z) = \bar{z}$ 在复平面内处处不可导，所以 $g(z) = \bar{z}$ 在复平面内处处不解析。下面研究 $h(z) = |z|^2$ 的解析性。

由于
$$\dfrac{h(z_0 + \Delta z) - h(z_0)}{\Delta z} = \dfrac{|z_0 + \Delta z|^2 - |z_0|^2}{\Delta z}$$
$$= \dfrac{(z_0 + \Delta z)(\overline{z_0} + \overline{\Delta z}) - z_0 \overline{z_0}}{\Delta z} = \overline{z_0} + \overline{\Delta z} + z_0 \dfrac{\overline{\Delta z}}{\Delta z}$$

当 $z_0 = 0$ 时，有
$$\lim_{\Delta z \to 0} \dfrac{h(z_0 + \Delta z) - h(z_0)}{\Delta z} = \lim_{\Delta z \to 0} \dfrac{h(\Delta z) - h(0)}{\Delta z} = \lim_{\Delta z \to 0} \overline{\Delta z} = 0$$

当 $z_0 \neq 0$ 时,令 $z_0 + \Delta z$ 沿直线 $\Delta y = k \Delta x$ 趋于 z_0,则

$$\lim_{\Delta z \to 0} \frac{\overline{\Delta z}}{\Delta z} = \lim_{\Delta z \to 0} \frac{\Delta x - \mathrm{i}\Delta y}{\Delta x + \mathrm{i}\Delta y} = \lim_{\substack{\Delta z \to 0 \\ \Delta y = k \Delta x}} \frac{\Delta x - \mathrm{i}k\Delta x}{\Delta x + \mathrm{i}k\Delta x} = \frac{1 - \mathrm{i}k}{1 + \mathrm{i}k}$$

它的值随 k 的变化而变化,所以 $\lim\limits_{\Delta z \to 0} \dfrac{h(z_0 + \Delta z) - h(z_0)}{\Delta z}$ 不存在。

因此,$h(z) = |z|^2$ 仅在 $z = 0$ 处可导。由解析定义可知,$h(z) = |z|^2$ 在复平面内处处不解析。

例 2.5 讨论函数 $f(z) = \dfrac{1}{z}$ 的解析性。

解:当 $z \neq 0$ 时,$f'(z) = -\dfrac{1}{z^2}$,所以函数 $f(z) = \dfrac{1}{z}$ 在除去 $z = 0$ 的平面内可导、解析,而 $z = 0$ 是函数 $f(z) = \dfrac{1}{z}$ 的奇点。

根据复变函数的求导法则,可得下面的定理。

定理 2.1 在区域 D 内解析的两个函数 $f(z)$ 与 $g(z)$ 的和、差、积、商(除去分母为零的点)在 D 内解析。

由定理 2.1 可知,多项式函数在复平面内处处解析,有理分式函数 $\dfrac{P(z)}{Q(z)}$(其中 $P(z)$ 与 $Q(z)$ 为多项式函数)在除去分母为零的点的区域内解析,使分母为零的点是函数的奇点。

例 2.6 确定函数 $f(z) = \dfrac{z+1}{z^2+1}$ 的解析性区域,并求出其奇点。

解:$f(z) = \dfrac{z+1}{z^2+1}$ 为有理分式函数,令 $z^2 + 1 = 0$,解得 $z = \pm \mathrm{i}$,所以函数 $f(z) = \dfrac{z+1}{z^2+1}$ 在除去 $z = \pm \mathrm{i}$ 的区域内解析,$z = \pm \mathrm{i}$ 为函数 $f(z)$ 的奇点。

定理 2.2 设函数 $h = g(z)$ 在 z 平面上的区域 D 内解析,函数 $w = f(h)$ 在 h 平面上的区域 G 内解析,如果对于 D 内的每一个点 z,函数 $g(z)$ 的对应值 h 都属于 G,那么复合函数 $w = f[g(z)]$ 在 D 内解析。

第二节 函数解析的充要条件

前面已经介绍了解析函数的定义和性质,但判定函数的解析性仅仅依靠定义和性质是不够的,本节我们就要学习判定函数解析的简便方法。

定理 2.3 设函数 $f(z) = u(x,y) + \mathrm{i}v(x,y)$ 在区域 D 内有定义,则 $f(z)$ 在 D 内一点 $z = x + \mathrm{i}y$ 可导的充要条件是 $u(x,y)$ 与 $v(x,y)$ 在点 (x,y) 可微,且满足柯西-黎曼方程

$$\frac{\partial u}{\partial x} = \frac{\partial v}{\partial y} \quad \frac{\partial u}{\partial y} = -\frac{\partial v}{\partial x} \tag{2.3}$$

证:(1) 先证必要性。设 $f(z) = u(x,y) + \mathrm{i}v(x,y)$ 在 D 内一点 $z = x + \mathrm{i}y$ 可导,由式(2.2)知,

$$\Delta w = f(z+\Delta z) - f(z) = f'(z)\Delta z + \rho(\Delta z)\Delta z$$

其中 $\lim\limits_{\Delta z \to 0}\rho(\Delta z)=0$。

令 $\Delta w = \Delta u + \mathrm{i}\Delta v$，$f'(z)=a+\mathrm{i}b$，$\rho(\Delta z)=\rho_1+\mathrm{i}\rho_2$，于是，上式可转化为

$$\Delta w = \Delta u + \mathrm{i}\Delta v = (a+\mathrm{i}b)(\Delta x+\mathrm{i}\Delta y) + (\rho_1+\mathrm{i}\rho_2)(\Delta x+\mathrm{i}\Delta y)$$
$$= (a\Delta x - b\Delta y + \rho_1\Delta x - \rho_2\Delta y) + \mathrm{i}(b\Delta x + a\Delta y + \rho_2\Delta x + \rho_1\Delta y)$$

所以有

$$\Delta u = a\Delta x - b\Delta y + \rho_1\Delta x - \rho_2\Delta y \quad \Delta v = b\Delta x + a\Delta y + \rho_2\Delta x + \rho_1\Delta y$$

由 $\lim\limits_{\Delta z \to 0}\rho(\Delta z)=0$ 可得

$$\lim_{\substack{\Delta x \to 0 \\ \Delta y \to 0}}\rho_1=0 \quad \lim_{\substack{\Delta x \to 0 \\ \Delta y \to 0}}\rho_2=0$$

所以，u 和 v 在 (x,y) 可微，且

$$a=\frac{\partial u}{\partial x} \quad -b=\frac{\partial u}{\partial y} \quad b=\frac{\partial v}{\partial x} \quad a=\frac{\partial v}{\partial y}$$

于是

$$\frac{\partial u}{\partial x}=\frac{\partial v}{\partial y} \quad \frac{\partial u}{\partial y}=-\frac{\partial v}{\partial x}$$

(2) 再证充分性。设 $u(x,y)$ 与 $v(x,y)$ 在点 (x,y) 可微，且满足柯西-黎曼方程。

因为 $u(x,y)$，$v(x,y)$ 在 (x,y) 可微，所以

$$\Delta u = \frac{\partial u}{\partial x}\Delta x + \frac{\partial u}{\partial y}\Delta y + \varepsilon_1\Delta x + \varepsilon_2\Delta y \quad \Delta v = \frac{\partial v}{\partial x}\Delta x + \frac{\partial v}{\partial y}\Delta y + \varepsilon_3\Delta x + \varepsilon_4\Delta y$$

其中 $\lim\limits_{\substack{\Delta x \to 0 \\ \Delta y \to 0}}\varepsilon_k = 0 (k=1,2,3,4)$。

于是

$$\Delta w = f(z+\Delta z) - f(z) = \Delta u + \mathrm{i}\Delta v$$
$$= \left(\frac{\partial u}{\partial x}\Delta x + \frac{\partial u}{\partial y}\Delta y + \varepsilon_1\Delta x + \varepsilon_2\Delta y\right) + \mathrm{i}\left(\frac{\partial v}{\partial x}\Delta x + \frac{\partial v}{\partial y}\Delta y + \varepsilon_3\Delta x + \varepsilon_4\Delta y\right)$$

再根据 $u(x,y)$，$v(x,y)$ 满足柯西-黎曼方程 $\frac{\partial u}{\partial x}=\frac{\partial v}{\partial y}$，$\frac{\partial u}{\partial y}=-\frac{\partial v}{\partial x}$，代入上式可得

$$\Delta w = \left(\frac{\partial u}{\partial x}\Delta x - \frac{\partial v}{\partial x}\Delta y + \varepsilon_1\Delta x + \varepsilon_2\Delta y\right) + \mathrm{i}\left(\frac{\partial v}{\partial x}\Delta x + \frac{\partial u}{\partial x}\Delta y + \varepsilon_3\Delta x + \varepsilon_4\Delta y\right)$$
$$= \frac{\partial u}{\partial x}(\Delta x + \mathrm{i}\Delta y) + \frac{\partial v}{\partial x}(-\Delta y + \mathrm{i}\Delta x) + (\varepsilon_1 + \mathrm{i}\varepsilon_3)\Delta x + (\varepsilon_2 + \mathrm{i}\varepsilon_4)\Delta y$$
$$= \left(\frac{\partial u}{\partial x} + \mathrm{i}\frac{\partial v}{\partial x}\right)(\Delta x + \mathrm{i}\Delta y) + (\varepsilon_1 + \mathrm{i}\varepsilon_3)\Delta x + (\varepsilon_2 + \mathrm{i}\varepsilon_4)\Delta y$$

$$\frac{\Delta w}{\Delta z} = \frac{\partial u}{\partial x} + \mathrm{i}\frac{\partial v}{\partial x} + (\varepsilon_1 + \mathrm{i}\varepsilon_3)\frac{\Delta x}{\Delta z} + (\varepsilon_2 + \mathrm{i}\varepsilon_4)\frac{\Delta y}{\Delta z}$$

因为 $\left|\frac{\Delta x}{\Delta z}\right| \leqslant 1$，$\left|\frac{\Delta y}{\Delta z}\right| \leqslant 1$，且 $\lim\limits_{\substack{\Delta x \to 0 \\ \Delta y \to 0}}\varepsilon_k=0(k=1,2,3,4)$，所以

$$\lim_{\Delta z \to 0}(\varepsilon_1 + \mathrm{i}\varepsilon_3)\frac{\Delta x}{\Delta z}=0 \quad \lim_{\Delta z \to 0}(\varepsilon_2 + \mathrm{i}\varepsilon_4)\frac{\Delta y}{\Delta z}=0$$

于是有

$$\lim_{\Delta z \to 0} \frac{\Delta w}{\Delta z} = \frac{\partial u}{\partial x} + i\frac{\partial v}{\partial x}$$

即 $f(z)=u(x,y)+iv(x,y)$ 在 $z=x+iy$ 可导,且

$$f'(z) = \frac{\partial u}{\partial x} + i\frac{\partial v}{\partial x} \tag{2.4}$$

根据柯西-黎曼方程,式(2.4)还可改写为

$$f'(z) = \frac{\partial v}{\partial y} - i\frac{\partial u}{\partial y} \tag{2.5}$$

定理 2.3 给出了判断函数在一点可导需要两个条件:一是需判断该函数的实部与虚部是否可微;二是需判断函数的实部与虚部是否满足柯西-黎曼方程。判断函数是否可导时,两个条件缺一不可。

由函数在区域内可导和在区域内解析的等价关系及定理 2.3,可得定理 2.4。

定理 2.4 设函数 $f(z)=u(x,y)+iv(x,y)$ 在区域 D 内有定义,则 $f(z)$ 在区域 D 内解析的充要条件是 $u(x,y)$ 和 $v(x,y)$ 在 D 内可微,并且满足柯西-黎曼方程。

例 2.7 讨论下列函数的可导性与解析性。

(1) $f(z) = e^x(\cos y + i\sin y)$ (2) $f(z) = z\mathrm{Re}(z)$ (3) $f(z) = x^3 - i(y^3 - 3y)$

解:(1) 由题意,$u=e^x\cos y$,$v=e^x\sin y$,对 u,v 求偏导数,得

$$\frac{\partial u}{\partial x} = e^x\cos y \qquad \frac{\partial u}{\partial y} = -e^x\sin y$$

$$\frac{\partial v}{\partial x} = e^x\sin y \qquad \frac{\partial v}{\partial y} = e^x\cos y$$

显然,上面四个一阶偏导数 $\frac{\partial u}{\partial x}, \frac{\partial u}{\partial y}, \frac{\partial v}{\partial x}, \frac{\partial v}{\partial y}$ 都连续,所以 u,v 可微,且柯西-黎曼方程 $\frac{\partial u}{\partial x} = \frac{\partial v}{\partial y}$,$\frac{\partial u}{\partial y} = -\frac{\partial v}{\partial x}$ 处处成立,所以 $f(z)=e^x(\cos y+i\sin y)$ 在复平面内处处可导、处处解析,且

$$f'(z) = \frac{\partial u}{\partial x} + i\frac{\partial v}{\partial x} = e^x(\cos y + i\sin y) = f(z)$$

(2) 因为 $f(z) = z\mathrm{Re}(z) = (x+iy)x = x^2 + ixy$,所以

$$u = x^2 \qquad v = xy$$

对 u,v 求偏导数,得

$$\frac{\partial u}{\partial x} = 2x \qquad \frac{\partial u}{\partial y} = 0$$

$$\frac{\partial v}{\partial x} = y \qquad \frac{\partial v}{\partial y} = x$$

因为四个一阶偏导数 $\frac{\partial u}{\partial x}, \frac{\partial u}{\partial y}, \frac{\partial v}{\partial x}, \frac{\partial v}{\partial y}$ 连续,所以 u,v 可微。

若 u,v 满足柯西-黎曼方程 $\frac{\partial u}{\partial x} = \frac{\partial v}{\partial y}$,$\frac{\partial u}{\partial y} = -\frac{\partial v}{\partial x}$,则必有

$$2x = x \qquad y = 0$$

解得

$$x = 0 \quad y = 0$$

故函数 $f(z) = z\operatorname{Re}(z)$ 仅在 $z=0$ 处可导,但在复平面内处处不解析。

(3) 因为 $f(z) = x^3 - \mathrm{i}(y^3 - 3y)$,所以
$$u = x^3 \quad v = -y^3 + 3y$$

对 u, v 求偏导数,得
$$\frac{\partial u}{\partial x} = 3x^2 \quad \frac{\partial u}{\partial y} = 0$$
$$\frac{\partial v}{\partial x} = 0 \quad \frac{\partial v}{\partial y} = -3y^2 + 3$$

因为四个一阶偏导数 $\frac{\partial u}{\partial x}, \frac{\partial u}{\partial y}, \frac{\partial v}{\partial x}, \frac{\partial v}{\partial y}$ 连续,所以 u, v 可微。

若 u, v 满足柯西-黎曼方程 $\frac{\partial u}{\partial x} = \frac{\partial v}{\partial y}, \frac{\partial u}{\partial y} = -\frac{\partial v}{\partial x}$ 则必有
$$3x^2 = -3y^2 + 3$$

即
$$x^2 + y^2 = 1$$

故函数 $f(z) = x^3 - \mathrm{i}(y^3 - 3y)$ 在圆 $x^2 + y^2 = 1$ 上可导,在复平面内处处不解析。

例 2.8 证明:如果函数 $f(z) = u + \mathrm{i}v$ 在区域 D 内解析,并满足下列条件之一,那么 $f(z)$ 在 D 内为一常数。

(1) $f'(z) = 0$;

(2) $|f(z)|$ 在 D 内是一常数。

证:(1) 因为
$$f'(z) = \frac{\partial u}{\partial x} + \mathrm{i}\frac{\partial v}{\partial x} = \frac{\partial v}{\partial y} - \mathrm{i}\frac{\partial u}{\partial y} = 0$$

所以
$$\frac{\partial u}{\partial x} = \frac{\partial u}{\partial y} = \frac{\partial v}{\partial x} = \frac{\partial v}{\partial y} = 0$$

故 $u = $ 常数, $v = $ 常数,因此 $f(z) = u + \mathrm{i}v$ 在 D 内是常数。

(2) 因为 $|f(z)| = \sqrt{u^2 + v^2}$ 在 D 内是一常数,所以 $|f(z)|^2 = u^2 + v^2$ 在 D 内也是一常数。令 $u^2 + v^2 = C$(C 为实常数),若 $C = 0$,则 $u = v = 0$,故 $f(z) = 0$ 为常数。下面证明 $C \neq 0$ 时的情况。

将式 $u^2 + v^2 = C$ 两端分别对 x 和 y 求偏导数,得
$$2u\frac{\partial u}{\partial x} + 2v\frac{\partial v}{\partial x} = 0 \quad 2u\frac{\partial u}{\partial y} + 2v\frac{\partial v}{\partial y} = 0$$

化简得
$$u\frac{\partial u}{\partial x} + v\frac{\partial v}{\partial x} = 0 \quad u\frac{\partial u}{\partial y} + v\frac{\partial v}{\partial y} = 0$$

因为函数 $f(z) = u + \mathrm{i}v$ 在区域 D 内解析,所以 u, v 满足柯西-黎曼方程 $\frac{\partial u}{\partial x} = \frac{\partial v}{\partial y}, \frac{\partial u}{\partial y} =$

$-\dfrac{\partial v}{\partial x}$,代入上式得

$$u\dfrac{\partial u}{\partial x} + v\dfrac{\partial v}{\partial x} = 0 \quad -u\dfrac{\partial v}{\partial x} + v\dfrac{\partial u}{\partial x} = 0$$

进一步有

$$u^2\dfrac{\partial u}{\partial x} + uv\dfrac{\partial v}{\partial x} = 0 \quad -uv\dfrac{\partial v}{\partial x} + v^2\dfrac{\partial u}{\partial x} = 0$$

两式相加得

$$(u^2 + v^2)\dfrac{\partial u}{\partial x} = 0$$

因为 $u^2 + v^2 = C \neq 0$,所以 $\dfrac{\partial u}{\partial x} = 0$,可解得 $\dfrac{\partial v}{\partial x} = 0$。再由柯西-黎曼方程可得 $\dfrac{\partial u}{\partial y} = 0, \dfrac{\partial v}{\partial y} = 0$,故 $u = $ 常数,$v = $ 常数,因此 $f(z) = u + iv$ 在 D 内是常数。

例 2.9 设 $f(z) = u + iv$ 为一解析函数,且在 $z_0 = x_0 + iy_0$ 处 $f'(z_0) \neq 0$,试证曲线

$$u(x, y) = u(x_0, y_0) \quad v(x, y) = v(x_0, y_0)$$

在交点 (x_0, y_0) 处正交。

证:因为

$$f'(z_0) = v_y(x_0, y_0) - iu_y(x_0, y_0) \neq 0$$

所以 $u_y(x_0, y_0), v_y(x_0, y_0)$ 不全为零。

(1) 若 $u_y(x_0, y_0), v_y(x_0, y_0)$ 都不为零,由隐函数求导法则,在交点 (x_0, y_0) 处的切线斜率分别为

$$k_1 = -\dfrac{u_x(x_0, y_0)}{u_y(x_0, y_0)} \quad k_2 = -\dfrac{v_x(x_0, y_0)}{v_y(x_0, y_0)}$$

由柯西-黎曼方程 $\dfrac{\partial u}{\partial x} = \dfrac{\partial v}{\partial y}, \dfrac{\partial u}{\partial y} = -\dfrac{\partial v}{\partial x}$ 有

$$k_1 \cdot k_2 = \left[-\dfrac{u_x(x_0, y_0)}{u_y(x_0, y_0)}\right] \cdot \left[-\dfrac{v_x(x_0, y_0)}{v_y(x_0, y_0)}\right]$$

$$= \left[-\dfrac{v_y(x_0, y_0)}{-v_x(x_0, y_0)}\right] \cdot \left[-\dfrac{v_x(x_0, y_0)}{v_y(x_0, y_0)}\right] = -1$$

即曲线 $u(x, y) = u(x_0, y_0)$ 与 $v(x, y) = v(x_0, y_0)$ 在交点 (x_0, y_0) 处正交。

(2) 若 $u_y(x_0, y_0), v_y(x_0, y_0)$ 中有一个为零,则另一个必不为零,容易知道 $u(x, y) = u(x_0, y_0)$ 与 $v(x, y) = v(x_0, y_0)$ 在交点 (x_0, y_0) 处的切线一条是水平的,另一条是铅直的,因此它们仍正交。

第三节 初 等 函 数

复变函数的初等函数是实变函数中基本初等函数的推广,本节将研究这些初等函数的性质及解析性。

一、指数函数

在例 2.7 可知，函数 $f(z)=\mathrm{e}^x(\cos y+\mathrm{i}\sin y)$ 在复平面内处处解析，并且 $f'(z)=f(z)$，当 $\mathrm{Im}(z)=y=0$，即 $z=\mathrm{Re}(z)=x\in\mathbf{R}$ 时，$f(z)=\mathrm{e}^x$ 与高等数学中所学的指数函数一致。于是，我们定义 $f(z)=\mathrm{e}^x(\cos y+\mathrm{i}\sin y)$ 为复变量 z 的指数函数，记作

$$\exp z = \mathrm{e}^x(\cos y + \mathrm{i}\sin y) \tag{2.6}$$

或简记为

$$\mathrm{e}^z = \mathrm{e}^x(\cos y + \mathrm{i}\sin y)$$

显然，有

$$|\exp z| = \mathrm{e}^x$$
$$\mathrm{Arg}(\exp z) = y + 2k\pi, \quad k \in \mathbf{Z}$$

由指数函数的定义可以得到下列性质。

(1) 指数函数在整个复平面上有定义，且由 $|\exp z|=\mathrm{e}^x>0$ 知

$$\exp z \neq 0$$

(2) 指数函数 e^z 在整个复平面上解析，且

$$(\mathrm{e}^z)' = \mathrm{e}^z$$

(3) 实指数函数服从加法定理，同样，复指数函数也服从加法定理

$$\exp z_1 \cdot \exp z_2 = \exp(z_1 + z_2)$$

(4) 指数函数 e^z 是以 $2k\pi\mathrm{i}$（k 为整数）为周期的周期函数，即

$$\mathrm{e}^{z+2k\pi\mathrm{i}} = \mathrm{e}^z$$

二、对数函数

同一元实函数一样，指数函数的反函数称为对数函数，即把满足方程 $\mathrm{e}^w=z(z\neq 0)$ 的函数 $w=f(z)$ 称为对数函数，记作 $w=\mathrm{Ln}z$。

令 $z=r\mathrm{e}^{\mathrm{i}\theta}, w=u+\mathrm{i}v$，则

$$\mathrm{e}^{u+\mathrm{i}v} = r\mathrm{e}^{\mathrm{i}\theta}$$

于是

$$\mathrm{e}^u = r \quad v = \theta + 2k\pi \quad (k=0,\pm 1,\pm 2,\cdots)$$

从而

$$w = u + \mathrm{i}v = \ln r + \mathrm{i}(\theta + 2k\pi)$$

即

$$\mathrm{Ln}z = \ln|z| + \mathrm{i}\mathrm{Arg}z \tag{2.7}$$

由于 $\mathrm{Arg}z$ 是多值函数，所以对数函数 $w=\mathrm{Ln}z$ 也是多值函数。若将式(2.7)中 $\mathrm{Arg}z$ 取主值 $\arg z$，则 $\mathrm{Ln}z$ 为单值函数，记作 $\ln z$，称为 $\mathrm{Ln}z$ 的主值

$$\ln z = \ln|z| + \mathrm{i}\arg z \tag{2.8}$$

且有

$$\mathrm{Ln}z = \ln z + 2k\pi\mathrm{i} \quad (k=0,\pm 1,\pm 2,\cdots) \tag{2.9}$$

对于每一个固定的 k，式(2.9)为一单值函数，称为 $\mathrm{Ln}z$ 的一个分支。

特别地，当 $z=x>0$ 时，Lnz 的主值 $lnz=lnx$ 就是实对数函数。

例 2.10 求 $Ln3, Ln(-1), Ln(2i)$ 以及它们相应的主值。

解：(1) 因为 $|3|=3, arg3=0$，所以
$$Ln3 = \ln|3| + i(arg3 + 2k\pi)$$
$$= \ln 3 + 2k\pi i \quad (k=0,\pm 1,\pm 2,\cdots)$$

$Ln3$ 的主值为 $\ln 3$。

(2) 因为 $|-1|=1, arg(-1)=\pi$，所以
$$Ln(-1) = \ln|-1| + i[arg(-1) + 2k\pi]$$
$$= \ln 1 + i(\pi + 2k\pi)$$
$$= (2k+1)\pi i \quad (k=0,\pm 1,\pm 2,\cdots)$$

$Ln(-1)$ 的主值为 $\ln(-1)=\pi i$。

(3) 因为 $|2i|=2, arg(2i)=\dfrac{\pi}{2}$，所以
$$Ln(2i) = \ln|2i| + i[arg(2i) + 2k\pi]$$
$$= \ln 2 + i\left(\dfrac{\pi}{2} + 2k\pi\right) \quad (k=0,\pm 1,\pm 2,\cdots)$$

$Ln(2i)$ 的主值为
$$Ln(2i) = \ln 2 + \dfrac{\pi}{2}i$$

对数函数 Lnz 有下列性质：

(1) 复对数函数保持了实对数函数的基本性质：
$$Ln(z_1 z_2) = Lnz_1 + Lnz_2$$
$$Ln\dfrac{z_1}{z_2} = Lnz_1 - Lnz_2$$

注意：上面两个等式两边都是无穷多个复数值的集合，等号成立是指两边的集合相等，即右边 Lnz_1 的每一个值加上（或减去）Lnz_2 的任意一个值都与左边的某个分支相等。对于主值 lnz，上述两个等式未必成立，而且等式

$$Lnz^n = nLnz \quad Ln\sqrt[n]{z} = \dfrac{1}{n}Lnz (n \text{ 为大于 1 的整数})$$

不再成立。

(2) Lnz 的主值 $lnz = \ln|z| + i argz$ 在复平面上除去原点和负实轴的区域
$$\begin{cases} |z| > 0 \\ -\pi < argz < \pi \end{cases}$$
内解析，且
$$(lnz)' = \dfrac{1}{z}$$

Lnz 的各个分支在除去原点和负实轴的区域内也解析，并且有相同的导数值。

三、乘幂 a^b 与幂函数

在实变函数中我们知道,当 $a>0$,b 为任一实数时,$a^b=e^{b\ln a}$。下面将这一结果推广到复变函数中。

设 a 为不等于零的一个复数,b 为任意一个复数,定义乘幂 a^b 为 $e^{b\text{Ln}a}$,即

$$a^b = e^{b\text{Ln}a} \tag{2.10}$$

由于

$$\text{Ln}a = \ln|a| + i\text{Arg}a = \ln|a| + i(\arg a + 2k\pi) \quad (k=0,\pm 1,\pm 2,\cdots)$$

所以

$$a^b = e^{b\text{Ln}a} = e^{b[\ln|a|+i(\arg a+2k\pi)]} \quad (k=0,\pm 1,\pm 2,\cdots)$$

由 $\text{Ln}a$ 的多值性可知,乘幂 a^b 也是多值函数。

(1) 当 $b=n$(n 为正整数)时,有

$$a^b = a^n = e^{n\text{Ln}a} = e^{\text{Ln}a+\text{Ln}a+\cdots+\text{Ln}a}$$

$$= \underbrace{e^{\text{Ln}a} \cdot e^{\text{Ln}a} \cdot \cdots \cdot e^{\text{Ln}a}}_{n\text{个}}$$

$$= \underbrace{a \cdot a \cdot \cdots \cdot a}_{n\text{个}}$$

此时 $a^b=a^n$ 是单值函数。当 $a=z$ 为一复变数时,$a^b=z^n$ 在整个复平面内解析。

(2) 当 $b=-n$(n 为正整数)时,有

$$a^b = a^{-n} = \frac{1}{a^n}$$

也是单值函数。当 $a=z$ 为一复变数时,$a^b=\dfrac{1}{z^n}$ 在除去原点的复平面内解析。

(3) 当 $b=\dfrac{1}{n}$(n 为正整数)时,有

$$a^b = a^{\frac{1}{n}} = e^{\frac{1}{n}\text{Ln}a} = e^{\frac{1}{n}[\ln|a|+i(\arg a+2k\pi)]}$$

$$= e^{\frac{1}{n}\ln|a|}\left(\cos\frac{\arg a+2k\pi}{n} + i\sin\frac{\arg a+2k\pi}{n}\right)$$

$$= |a|^{\frac{1}{n}}\left(\cos\frac{\arg a+2k\pi}{n} + i\sin\frac{\arg a+2k\pi}{n}\right)$$

$$= \sqrt[n]{a}$$

它在 $k=0,1,\cdots,n-1$ 时取不同的值,是具有 n 个分支的多值函数。当 $a=z$ 为一复变数时,$a^b=\sqrt[n]{z}$,它的各个分支在除去原点和负实轴的复平面内解析。

(4) 当 $b=\dfrac{m}{n}$(m 和 n 为互质的整数且 $n>0$)时,有

$$a^b = a^{\frac{m}{n}} = e^{\frac{m}{n}\text{Ln}a} = e^{\frac{m}{n}[\ln|a|+i(\arg a+2k\pi)]}$$

$$= e^{\frac{m}{n}\ln|a|}\left[\cos\frac{m}{n}(\arg a+2k\pi) + i\sin\frac{m}{n}(\arg a+2k\pi)\right]$$

它在 $k=0,1,\cdots,n-1$ 时取不同的值,是具有 n 个分支的多值函数。当 $a=z$ 为一复变数时,它的各个分支在除去原点和负实轴的复平面内解析。

当 $a=z$ 为一复变数时,$a^b=z^b$ 就是一般的幂函数。

例 2.11 求 $2^{1+i},1^{\sqrt{3}},i^i$ 的值及主值。

解:
$$\begin{aligned}2^{1+i}&=e^{(1+i)\text{Ln}2}=e^{(1+i)(\ln 2+2k\pi i)}=e^{(\ln 2-2k\pi)+i(\ln 2+2k\pi)}\\&=e^{\ln 2-2k\pi}[\cos(\ln 2+2k\pi)+i\sin(\ln 2+2k\pi)]\\&=e^{\ln 2-2k\pi}(\cos\ln 2+i\sin\ln 2)\quad(k=0,\pm 1,\pm 2,\cdots)\end{aligned}$$

2^{1+i} 的主值为 $2(\cos\ln 2+i\sin\ln 2)$。

$$\begin{aligned}1^{\sqrt{3}}&=e^{\sqrt{3}\text{Ln}1}=e^{\sqrt{3}(\ln 1+2k\pi i)}=e^{2\sqrt{3}k\pi i}\\&=\cos(2\sqrt{3}k\pi)+i\sin(2\sqrt{3}k\pi)\quad(k=0,\pm 1,\pm 2,\cdots)\end{aligned}$$

$1^{\sqrt{3}}$ 的主值为 1。

$$i^i=e^{i\text{Ln}i}=e^{i\left[\ln 1+i\left(\frac{\pi}{2}+2k\pi\right)\right]}=e^{-\frac{\pi}{2}-2k\pi}\quad(k=0,\pm 1,\pm 2,\cdots)$$

i^i 的主值为 $e^{-\frac{\pi}{2}}$。

四、三角函数与双曲函数

1. 三角函数

由欧拉公式有
$$e^{ix}=\cos x+i\sin x\quad e^{-ix}=\cos x-i\sin x$$
其中 x 为实数,将以上两式相加、相减得到
$$\cos x=\frac{e^{ix}+e^{-ix}}{2}\quad \sin x=\frac{e^{ix}-e^{-ix}}{2i}$$

将以上两式由实变量 x 推广到复变量 z,便得到复变函数中余弦函数与正弦函数的定义:
$$\cos z=\frac{e^{iz}+e^{-iz}}{2} \tag{2.11}$$

$$\sin z=\frac{e^{iz}-e^{-iz}}{2i} \tag{2.12}$$

由余弦函数与正弦函数的定义,不难得到以下性质。

(1) $\cos z,\sin z$ 都是以 2π 为周期的周期函数,即
$$\cos(z+2\pi)=\cos z\quad \sin(z+2\pi)=\sin z$$

(2) $\cos z$ 是偶函数,$\sin z$ 是奇函数,即
$$\cos(-z)=\cos z\quad \sin(-z)=-\sin z$$

(3) $\cos z,\sin z$ 都是复平面内的解析函数,且
$$(\cos z)'=-\sin z\quad (\sin z)'=\cos z$$

(4) 实变函数中关于余弦函数和正弦函数的很多公式在复变函数中仍然成立,即
$$\sin^2 z+\cos^2 z=1$$
$$\sin\left(z+\frac{\pi}{2}\right)=\cos z\quad \cos\left(z+\frac{\pi}{2}\right)=-\sin z$$
$$\sin(z_1+z_2)=\sin z_1\cos z_2+\cos z_1\sin z_2$$

$$\cos(z_1+z_2) = \cos z_1 \cos z_2 - \sin z_1 \sin z_2$$

(5) $|\sin z| \leqslant 1$ 和 $|\cos z| \leqslant 1$ 在复数范围不再成立,即 $|\sin z|$ 和 $|\cos z|$ 都是无界的。

其他三角函数的定义如下:

$$\tan z = \frac{\sin z}{\cos z} \quad \cot z = \frac{\cos z}{\sin z} \quad \sec z = \frac{1}{\cos z} \quad \csc z = \frac{1}{\sin z}$$

分别称为正切函数、余切函数、正割函数和余割函数。它们都在复平面上分母不为零的点处解析,且

$$(\tan z)' = \sec^2 z \quad (\cot z)' = -\csc^2 z$$
$$(\sec z)' = \sec z \tan z \quad (\csc z)' = -\csc z \cot z$$

例 2.12 计算 $\cos(\pi+5i)$ 的值。

解:由余弦函数定义,有

$$\cos(\pi+5i) = \frac{e^{i(\pi+5i)} + e^{-i(\pi+5i)}}{2}$$
$$= \frac{1}{2}[e^{-5}(\cos\pi + i\sin\pi) + e^{5}(\cos\pi - i\sin\pi)]$$
$$= -\frac{1}{2}(e^{-5} + e^{5}) = -\cosh 5$$

2. 双曲函数

双曲函数的定义与一元实函数的情形相同,定义如下:

$$\sinh z = \frac{e^z - e^{-z}}{2} \quad \cosh z = \frac{e^z + e^{-z}}{2}$$
$$\tanh z = \frac{\sinh z}{\cosh z} \quad \coth z = \frac{\cosh z}{\sinh z}$$

它们分别称为双曲正弦函数、双曲余弦函数、双曲正切函数和双曲余切函数。

双曲函数具有下列性质。

(1) $\sinh z$ 和 $\cosh z$ 在整个复平面内解析,且

$$(\sinh z)' = \cosh z \quad (\cosh z)' = \sinh z$$

$\tanh z$ 和 $\coth z$ 在复平面上分母不为零的点处解析。

(2) $\sinh z$ 和 $\cosh z$ 都是以 $2\pi i$ 为周期的周期函数,即

$$\sinh(z+2\pi i) = \sinh z \quad \cosh(z+2\pi i) = \cosh z$$

(3) $\sinh z$ 是奇函数,$\cosh z$ 是偶函数,即

$$\sinh(-z) = -\sinh z \quad \cosh(-z) = \cosh z$$

(4) 三角函数与双曲函数有如下关系:

$$\sin iz = i\sinh z \quad \cos iz = \cosh z$$
$$\sinh iz = i\sin z \quad \cosh iz = \cos z$$

另外,还有

$$\cosh^2 z - \sinh^2 z = 1$$

例 2.13 试求出方程 $\sin z = 0$ 的全部解。

解:由

$$\sin z = \sin(x+iy) = \sin x \cos iy + \cos x \sin iy = \sin x \cosh y + i\cos x \sinh y = 0$$

可得
$$\begin{cases} \sin x \cosh y = 0 \\ \cos x \sinh y = 0 \end{cases}$$

由于 $\cosh y \neq 0$,所以 $\sin x = 0$,解得
$$x = k\pi \quad (k = 0, \pm 1, \pm 2, \cdots)$$

代入得
$$\cos k\pi \sinh y = 0$$

而 $\cos k\pi \neq 0$,故 $\sinh y = 0$,解得
$$y = 0$$

因此,方程 $\sin z = 0$ 的全部解为
$$z = x + iy = k\pi \quad (k = 0, \pm 1, \pm 2, \cdots)$$

例 2.14 计算 $\cosh(1+i)$ 的值。

解:$\cosh(1+i) = \dfrac{e^{1+i} + e^{-(1+i)}}{2} = \dfrac{1}{2}[e(\cos 1 + i\sin 1) + e^{-1}(\cos 1 - i\sin 1)]$

$= \dfrac{e + e^{-1}}{2}\cos 1 + i\dfrac{e - e^{-1}}{2}\sin 1 = \cosh 1 \cos 1 + i\sinh 1 \sin 1$

五、反三角函数与反双曲函数

三角函数的反函数称为反三角函数,双曲函数的反函数称为反双曲函数。

设 $z = \sin w$,由正弦函数的定义有
$$z = \sin w = \frac{e^{iw} - e^{-iw}}{2i}$$

由上式可得关于 e^{iw} 的二次方程为
$$e^{2iw} - 2iz e^{iw} - 1 = 0$$

解得
$$e^{iw} = iz + \sqrt{1 - z^2}$$

其中,$\sqrt{1-z^2}$ 为双值函数。上式两端取对数,得
$$w = -i\text{Ln}(iz + \sqrt{1 - z^2})$$

这就是正弦函数的反函数,称为反正弦函数。记作 $w = \arcsin z$。

反三角函数和反双曲函数的具体表达式如下。

反正弦函数
$$\arcsin z = -i\text{Ln}(iz + \sqrt{1 - z^2})$$

反余弦函数
$$\arccos z = -i\text{Ln}(z + \sqrt{z^2 - 1})$$

反正切函数
$$\arctan z = -\frac{i}{2}\text{Ln}\frac{1 + iz}{1 - iz}$$

反双曲正弦函数
$$\operatorname{arsinh} z = \operatorname{Ln}\left(z + \sqrt{z^2 + 1}\right)$$

反双曲余弦函数
$$\operatorname{arcosh} z = \operatorname{Ln}\left(z + \sqrt{z^2 + 1}\right)$$

反双曲正切函数
$$\operatorname{artanh} z = \frac{1}{2} \operatorname{Ln} \frac{1+z}{1-z}$$

例 2.15 求 $\arctan \dfrac{\mathrm{i}}{3}$ 的值。

解：$\arctan \dfrac{\mathrm{i}}{3} = -\dfrac{\mathrm{i}}{2} \operatorname{Ln} \dfrac{1 + \mathrm{i} \cdot \frac{\mathrm{i}}{3}}{1 - \mathrm{i} \cdot \frac{\mathrm{i}}{3}} = -\dfrac{\mathrm{i}}{2} \operatorname{Ln} \dfrac{1 - \frac{1}{3}}{1 + \frac{1}{3}} = -\dfrac{\mathrm{i}}{2} \operatorname{Ln} \dfrac{1}{2} = -\dfrac{\mathrm{i}}{2}\left(\ln \dfrac{1}{2} + 2k\pi \mathrm{i}\right)$

$= k\pi + \dfrac{\mathrm{i}}{2}\ln 2 \quad (k = 0, \pm 1, \pm 2, \cdots)$

章 末 总 结

解析函数是复变函数的主要研究对象。本章的重点是正确理解复变函数的导数与解析函数等基本概念，掌握判别复变函数可导与解析的方法，熟悉复变初等函数的定义和性质。特别要注意的是，复变初等函数与相应的实变初等函数有哪些性质不同。

读者可结合下面的思维导图进行复习巩固。

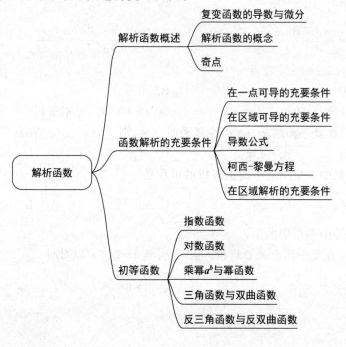

习 题 二

一、填空题

1. 若 $f(z)=z^2+2z+1$,则 $f'(z)=$ _____。
2. 若 $f(z)$ 在点 $z=1$ _____,则 $f(z)$ 在点 $z=1$ 解析。
3. $f(z)=u(x,y)+iv(x,y)$ 在区域 D 内解析的充要条件是 _____。
4. 设 $f(0)=1, f'(0)=1+i$,则 $\lim\limits_{z\to 0}\dfrac{f(z)-1}{z}=$ _____。
5. 对数函数 $\text{Ln}z$ 的主值在除 _____ 外解析。
6. 方程 $\cos z=0$ 的全部解为 _____。
7. 指数函数 e^z 的周期为 _____。
8. 设 $z=(-i)^i$,则 $|z|=$ _____。
9. 函数 $\dfrac{z+1}{z(z^2+4)}$ 的奇点为 _____。
10. 设 $f(z)=u(x,y)+iv(x,y)$ 在区域 D 内解析,如果 $u+v$ 是实常数,那么 $f(z)$ 在 D 内是 _____。

二、单项选择题

1. 若 $f(z)=x^2-y^2+2xyi$,则 $f'(z)=($)。
   A. $2x$ B. $2y$ C. $2x-2y-2yi$ D. $2x+2yi$

2. 若 $f(z)=u(x,y)+iv(x,y)$,则柯西-黎曼方程为( )。
   A. $\dfrac{\partial u}{\partial x}=\dfrac{\partial u}{\partial y},\dfrac{\partial v}{\partial x}=\dfrac{\partial v}{\partial y}$
   B. $\dfrac{\partial u}{\partial x}=\dfrac{\partial v}{\partial y},\dfrac{\partial v}{\partial x}=\dfrac{\partial u}{\partial y}$
   C. $\dfrac{\partial u}{\partial y}=-\dfrac{\partial v}{\partial x},\dfrac{\partial u}{\partial x}=\dfrac{\partial v}{\partial x}$
   D. $\dfrac{\partial u}{\partial x}=\dfrac{\partial v}{\partial y},\dfrac{\partial u}{\partial y}=-\dfrac{\partial v}{\partial x}$

3. 函数 $f(z)=3|z|^2$ 在点 $z=0$ 处( )。
   A. 解析 B. 可导
   C. 不可导 D. 既不可导,也不解析

4. 若 $f(z)$ 在复平面解析,$g(z)$ 在复平面连续,则 $f(z)+g(z)$ 在复平面( )。
   A. 解析 B. 可导 C. 连续 D. 不连续

5. 下列函数中在整个复平面上解析的函数是( )。
   A. $w=z^2$ B. $w=\dfrac{1}{z}$ C. $w=\bar{z}$ D. $w=\text{Ln}z$

6. 下列命题中不正确的是( )。
   A. $\sin z$ 在复平面上处处解析 B. $\sin z$ 以 2π 为周期
   C. $\sin z=\dfrac{e^{iz}-e^{-iz}}{2i}$ D. $|\sin z|\leqslant 1$

7. 在下列复数中,使 $e^z=2$ 成立的是( )。
   A. $z=2$ B. $z=\ln 2+2\pi i$
   C. $z=\sqrt{2}$ D. $z=\ln 2+\pi i$

8. 下列说法中正确的是( )。
   A. 函数的连续点一定不是奇点
   B. 可微的点一定不是奇点
   C. $f(z)$ 在区域 D 内解析,则 $f(z)$ 在 D 内无奇点
   D. 不存在处处不可导的函数

9. 下列命题中正确的是( )。
   A. 设 x,y 为实数,则 $|\cos(x+iy)|\leqslant 1$
   B. 若 z_0 是函数 $f(z)$ 的奇点,则 $f(z)$ 在 z_0 不可导
   C. 若 u,v 在区域 D 内满足柯西-黎曼方程,则 $f(z)=u+iv$ 在 D 内解析
   D. 若 $f(z)$ 在区域 D 内解析,则 $\overline{if(z)}$ 在 D 内也解析

10. 函数 $e^{\bar{z}}$ 在复平面上( )。
    A. 无可导点   B. 有可导点,但不解析
    C. 有可导点,且在可导点集上解析   D. 处处解析

三、判断题

1. 如果 $f(z)$ 在 z_0 连续,那么 $f'(z_0)$ 存在。 ( )
2. 如果 $f'(z_0)$ 存在,那么 $f(z)$ 在 z_0 解析。 ( )
3. 如果 z_0 是 $f(z)$ 的奇点,那么 $f(z)$ 在 z_0 不可导。 ( )
4. 如果 $f(z)$ 在区域 D 内解析,则 $f(z)$ 在区域 D 内连续。 ( )
5. 如果 $u(x,y)$ 和 $v(x,y)$ 可导(指偏导数存在),那么 $f(z)=u+iv$ 也可导。 ( )
6. 如果 $f(z)$ 在区域 D 内可导,则 $f(z)$ 在区域 D 内解析。 ( )

四、计算题

1. 指出下列函数在何处可导、何处解析。
   (1) $f(z)=x^2-iy$ (2) $f(z)=z|z|$
   (3) $f(z)=xy^2+ix^2y$ (4) $f(z)=x^3-y^3+2x^2y^2i$

2. 指出下列函数的解析性区域,并求出其导数。
   (1) $f(z)=z^2+2iz$ (2) $f(z)=\dfrac{z}{z^2+1}$
   (3) $f(z)=\dfrac{1}{z-1}+2\cos z$ (4) $f(z)=\dfrac{az+b}{cz+d}$(c,d 中至少有一个不为 0)

3. 判断下列关系是否正确。
   (1) $\overline{e^z}=e^{\bar{z}}$ (2) $\overline{\cos z}=\cos\bar{z}$ (3) $\overline{\sin z}=\sin\bar{z}$

4. 求下列方程的全部解。
   (1) $e^z+1=0$ (2) $\sinh z=0$ (3) $\cosh z=0$ (4) $\sin z+\cos z=0$
   (5) $2\ln z=\pi i$ (6) $e^z=1+\sqrt{3}i$

5. 求下列复数。

(1) $e^{-\frac{\pi}{2}i}$ (2) e^{2+i} (3) 3^i

(4) $(1+i)^i$ (5) $\text{Ln}1$ (6) $\text{Ln}(-3+4i)$

6. 说明下列等式是否正确。

(1) $\text{Ln}z^2=2\text{Ln}z$ (2) $\text{Ln}\sqrt{z}=\dfrac{1}{2}\text{Ln}z$

五、证明题

1. 如果 $f(z)=u+iv$ 在区域 D 内解析，并且满足下列条件之一，试证 $f(z)$ 在 D 内是一常数。

(1) u 为常数或 v 为常数。

(2) $\overline{f(z)}$ 在 D 内解析。

(3) $|f(z)|$ 在 D 内是一常数。

(4) $\arg f(z)$ 在 D 内是一常数。

(5) $au+bv=c$，其中 a,b,c 为不全为零的实常数。

2. 证明下列等式成立。

(1) $\cos(z_1+z_2)=\cos z_1\cos z_2-\sin z_1\sin z_2$
$\sin(z_1+z_2)=\sin z_1\cos z_2+\cos z_1\sin z_2$

(2) $\sin 2z=2\sin z\cos z$

(3) $\sin^2 z+\cos^2 z=1$

(4) $|\cos z|^2=\cos^2 x+\sinh^2 y$ $|\sin z|^2=\sin^2 x+\sinh^2 y$

(5) $\cosh^2 z-\sinh^2 z=1$

(6) $\sinh(z_1+z_2)=\sinh z_1\cosh z_2+\cosh z_1\sinh z_2$
$\cosh(z_1+z_2)=\cosh z_1\cosh z_2+\sinh z_1\sinh z_2$

(7) $\text{Ln}(z_1z_2)=\text{Ln}z_1+\text{Ln}z_2$

(8) $\text{Ln}\dfrac{z_1}{z_2}=\text{Ln}z_1-\text{Ln}z_2$

第三章 复变函数的积分

复变函数的积分是实积分在复数域的推广,是复变函数论的重要内容之一。复变函数的积分是研究解析函数的重要工具,也是解决许多理论及实际问题的重要工具。本章首先介绍复变函数积分的概念、性质和计算方法,然后重点介绍关于解析函数积分的柯西-古萨基本定理及其推广——复合闭路定理、柯西积分公式和高阶导数公式,最后利用高阶导数的解析性推出解析函数与调和函数的关系。

第一节 复变函数积分的概念

一、积分的定义

设 C 为复平面上给定的一条光滑或按段光滑曲线,A 与 B 为曲线 C 的两个端点,如果把从 A 到 B 的方向作为曲线 C 的正方向,那么从 B 到 A 的方向就是曲线 C 的负方向,记作 C^-。我们把带有方向的曲线称为有向曲线。曲线的两个端点分别记作起点和终点,如无特殊说明,正方向总是指从起点到终点的方向。简单闭曲线 C 的正方向是指当曲线 C 上的点 P 顺着该方向沿曲线前进时,邻近 P 点的曲线内部始终位于 P 点的左边,相反的方向规定为 C 的负方向。

定义 3.1 设函数 $w=f(z)$ 在区域 D 内有定义,C 为 D 内的一条以 A 为起点、B 为终点的光滑的有向曲线,把曲线 C 任意分成 n 个弧段,设分点为
$$A=z_0,z_1,z_2,\cdots,z_{k-1},z_k,\cdots,z_n=B$$
在每个弧段 $\widehat{z_{k-1}z_k}$ $(k=1,2,\cdots,n)$ 上任意取一点 ζ_k(图 3.1),并作和式
$$S_n=\sum_{k=1}^{n}f(\zeta_k)(z_k-z_{k-1})=\sum_{k=1}^{n}f(\zeta_k)\Delta z_k$$
其中 $\Delta z_k=z_k-z_{k-1}$,记 Δs_k 为 $\widehat{z_{k-1}z_k}$ 的长度,$\delta=\max_{1\leqslant k\leqslant n}\{\Delta s_k\}$。当 n 无限增加,且 δ 趋于零时,如果不论对 C 的分法及 ζ_k 的取法如何,S_n 有唯一极限,那么称该极限值为函数 $f(z)$ 沿曲线 C 的积分,记作
$$\int_C f(z)\mathrm{d}z=\lim_{n\to\infty}\sum_{k=1}^{n}f(\zeta_k)\Delta z_k \tag{3.1}$$

注 1:如果 $\int_C f(z)\mathrm{d}z$ 存在,一般不能写成定积分的形式,但当 C 是 x 轴上的区间 $a\leqslant x\leqslant b$,$f(z)=R(x)$ 时,上述积分定义就是一元实变函数定积分的定义。

注 2:如果 C 为闭曲线,那么沿此闭曲线的积分记作 $\oint_C f(z)\mathrm{d}z$。

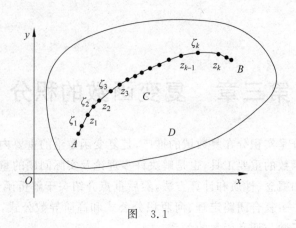

图 3.1

复变函数的积分定义主要分为以下三部分。

(1) 分割：把曲线 C 任意分割成 n 个小弧段，记分点为
$$A = z_0, z_1, z_2, \cdots, z_{k-1}, z_k, \cdots, z_n = B$$
其中 $z_k = x_k + \mathrm{i} y_k$。

(2) 求和：在每个小弧段上，任取一点 ζ_k，记 $\Delta z_k = z_k - z_{k-1}$，作和式 $\sum_{k=1}^{n} f(\zeta_k) \Delta z_k$。

(3) 取极限：令 δ 为所有小弧段的弧长的最大值，如果当 $\delta \to 0$ 时，上面和式 $\sum_{k=1}^{n} f(\zeta_k) \Delta z_k$ 的极限存在，且此极限值不依赖 ζ_k 的选取和对曲线 C 的分法，那么此极限值即为 $f(z)$ 沿曲线 C 的复积分。

例 3.1 求 $\int_C \mathrm{d}z$，其中 C 是连接起点 α 和终点 β 的任意一条按段光滑曲线。

解：把曲线 C 任意分成 n 个弧段，设分点为
$$\alpha = z_0, z_1, z_2, \cdots, z_{k-1}, z_k, \cdots, z_n = \beta$$
因为 $f(z) \equiv 1$，所以有
$$\sum_{k=1}^{n} f(\zeta_k) \Delta z_k = \sum_{k=1}^{n} \Delta z_k = z_n - z_0 = \beta - \alpha$$
故
$$\int_C \mathrm{d}z = \lim_{n \to \infty} \sum_{k=1}^{n} f(\zeta_k) \Delta z_k = \beta - \alpha$$

二、积分存在的条件及其计算方法

在实积分中，我们知道并非所有的函数都可积，函数可积需满足一定的条件。复变函数的积分与实变函数的积分类似，函数 $f(z)$ 及曲线 C 需满足一定的条件，积分 $\int_C f(z) \mathrm{d}z$ 才存在，那么，积分 $\int_C f(z) \mathrm{d}z$ 存在的条件是什么呢？复变函数积分的存在性由下面的定理给出。

定理 3.1 设函数 $f(z) = u(x,y) + \mathrm{i} v(x,y)$ 在光滑曲线 C 上连续，则 $f(z)$ 沿曲线 C

的积分存在,且有

$$\int_C f(z)\mathrm{d}z = \int_C u(x,y)\mathrm{d}x - v(x,y)\mathrm{d}y + \mathrm{i}\int_C v(x,y)\mathrm{d}x + u(x,y)\mathrm{d}y \quad (3.2)$$

证：设

$$z_k = x_k + \mathrm{i}y_k \quad \Delta z_k = z_k - z_{k-1} = \Delta x_k + \mathrm{i}\Delta y_k \quad \zeta_k = \xi_k + \mathrm{i}\eta_k$$

则有

$$\sum_{k=1}^n f(\zeta_k)\Delta z_k = \sum_{k=1}^n [u(\xi_k,\eta_k) + \mathrm{i}v(\xi_k,\eta_k)](\Delta x_k + \mathrm{i}\Delta y_k)$$

$$= \sum_{k=1}^n [u(\xi_k,\eta_k)\Delta x_k - v(\xi_k,\eta_k)\Delta y_k] + \mathrm{i}\sum_{k=1}^n [v(\xi_k,\eta_k)\Delta x_k + u(\xi_k,\eta_k)\Delta y_k]$$

由 $f(z)=u(x,y)+\mathrm{i}v(x,y)$ 在 C 上连续,可知 $u(x,y),v(x,y)$ 在 C 上连续,根据线积分的存在定理,当 n 无限增大而弧段长度的最大值趋于零时,不论对 C 的分法如何,点 (ξ_k,η_k) 的取法如何,上式右端的两个和式的极限都存在,因此 $\int_C f(z)\mathrm{d}z$ 必存在,且有

$$\int_C f(z)\mathrm{d}z = \int_C u(x,y)\mathrm{d}x - v(x,y)\mathrm{d}y + \mathrm{i}\int_C v(x,y)\mathrm{d}x + u(x,y)\mathrm{d}y$$

公式(3.2)说明：当 $f(z)$ 是连续函数,且 C 为光滑曲线时,积分 $\int_C f(z)\mathrm{d}z$ 一定存在；$\int_C f(z)\mathrm{d}z$ 可通过两个二元实变函数的曲线积分来计算。

公式(3.2)在形式上可以看作函数 $f(z)=u(x,y)+\mathrm{i}v(x,y)$ 与 $\mathrm{d}z=\mathrm{d}x+\mathrm{i}\mathrm{d}y$ 相乘后求积分得到的结果,即

$$\int_C f(z)\mathrm{d}z = \int_C [u(x,y) + \mathrm{i}v(x,y)](\mathrm{d}x + \mathrm{i}\mathrm{d}y)$$

$$= \int_C [u(x,y)\mathrm{d}x - v(x,y)\mathrm{d}y] + \mathrm{i}[u(x,y)\mathrm{d}y + v(x,y)\mathrm{d}x]$$

$$= \int_C u(x,y)\mathrm{d}x - v(x,y)\mathrm{d}y + \mathrm{i}\int_C v(x,y)\mathrm{d}x + u(x,y)\mathrm{d}y$$

设光滑曲线 C 的参数方程为

$$z = z(t) = x(t) + \mathrm{i}y(t) \quad (\alpha \leqslant t \leqslant \beta)$$

其中,参数 α,β 分别对应曲线的起点和终点,正方向为参数增加的方向,且 $z'(t)\neq 0 (\alpha < t < \beta)$。

根据线积分的计算方法,有

$$\int_C f(z)\mathrm{d}z = \int_\alpha^\beta \{u[x(t),y(t)]x'(t) - v[x(t),y(t)]y'(t)\}\mathrm{d}t +$$

$$\mathrm{i}\int_\alpha^\beta \{v[x(t),y(t)]x'(t) + u[x(t),y(t)]y'(t)\}\mathrm{d}t$$

$$= \int_\alpha^\beta \{u[x(t),y(t)] + \mathrm{i}v[x(t),y(t)]\}[x'(t) + \mathrm{i}y'(t)]\mathrm{d}t$$

$$= \int_\alpha^\beta f[z(t)]z'(t)\mathrm{d}t$$

如果曲线 C 是按段光滑曲线，C 由 $C_1, C_2, \cdots, C_n$ 等光滑曲线段依次连接组成，那么
$$\int_C f(z)\mathrm{d}z = \int_{C_1} f(z)\mathrm{d}z + \int_{C_2} f(z)\mathrm{d}z + \cdots + \int_{C_n} f(z)\mathrm{d}z$$
本书中所讨论的积分，如无特别声明，总假定被积函数是连续的，曲线 C 是光滑的或按段光滑的。

例 3.2 计算积分 $\int_C (\bar{z})^2 \mathrm{d}z$，其中 C 为

(1) 从 $A = \mathrm{i}$ 到 $B = 1 + 2\mathrm{i}$ 的抛物线 $y = x^2 + 1$（图 3.2(a)）；

(2) 从 $A = \mathrm{i}$ 到 $Q = 1 + \mathrm{i}$ 再到 $B = 1 + 2\mathrm{i}$ 的折线段（图 3.2(b)）。

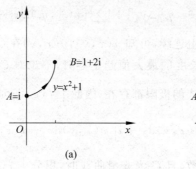
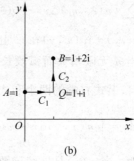

图 3.2

解：(1) 抛物线 $y = x^2 + 1$ 的参数方程为
$$\begin{cases} x = t \\ y = t^2 + 1 \end{cases} \quad (0 \leqslant t \leqslant 1)$$
或
$$z = t + \mathrm{i}(t^2 + 1) \quad (0 \leqslant t \leqslant 1)$$
在抛物线上，有
$$\bar{z} = t - \mathrm{i}(t^2 + 1) \quad \mathrm{d}z = (1 + 2t\mathrm{i})\mathrm{d}t$$
于是
$$\begin{aligned}
\int_C (\bar{z})^2 \mathrm{d}z &= \int_0^1 [t - \mathrm{i}(t^2 + 1)]^2 (1 + 2t\mathrm{i}) \mathrm{d}t \\
&= \int_0^1 (3t^4 + 3t^2 - 1)\mathrm{d}t + \mathrm{i}\int_0^1 (-2t^5 - 4t^3 - 4t)\mathrm{d}t \\
&= \frac{3}{5} - \frac{10}{3}\mathrm{i}
\end{aligned}$$

(2) 如图 3.2(b) 所示，C_1 的参数方程为
$$\begin{cases} x = t \\ y = 1 \end{cases} \quad (0 \leqslant t \leqslant 1)$$
或
$$z = t + \mathrm{i} \quad (0 \leqslant t \leqslant 1)$$
在 C_1 上，有
$$\bar{z} = t - \mathrm{i} \quad \mathrm{d}z = \mathrm{d}t$$

C_2 的参数方程为

$$\begin{cases} x=1 \\ y=t \end{cases} \quad (1 \leqslant t \leqslant 2)$$

或

$$z = 1 + \mathrm{i}t \quad (1 \leqslant t \leqslant 2)$$

在 C_2 上,有

$$\overline{z} = 1 - \mathrm{i}t \quad \mathrm{d}z = \mathrm{i}\mathrm{d}t$$

所以

$$\begin{aligned}
\int_C (\overline{z})^2 \mathrm{d}z &= \int_{C_1} (\overline{z})^2 \mathrm{d}z + \int_{C_2} (\overline{z})^2 \mathrm{d}z \\
&= \int_0^1 (t^2 - 1 - 2t\mathrm{i})\mathrm{d}t + \int_1^2 [2t + (1 - t^2)\mathrm{i}]\mathrm{d}t \\
&= \frac{7}{3} - \frac{7}{3}\mathrm{i}
\end{aligned}$$

例 3.3 计算积分 $\int_C |z| \, \mathrm{d}z$,其中 C 为

(1) 从 $A = -\mathrm{i}$ 到 $B = \mathrm{i}$ 的直线段(图 3.3(a));

(2) 从 $A = -\mathrm{i}$ 到 $B = \mathrm{i}$ 的、以原点为中心的左半单位圆(图 3.3(b));

(3) 从 $A = -\mathrm{i}$ 到 $B = \mathrm{i}$ 的、以原点为中心的右半单位圆(图 3.3(c))。

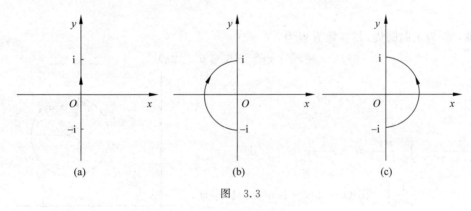

图 3.3

解:(1) C 的参数方程为

$$z = \mathrm{i}t \quad (-1 \leqslant t \leqslant 1)$$

于是

$$|z| = |\mathrm{i}t| = |t| \quad \mathrm{d}z = \mathrm{i}\mathrm{d}t$$

所以

$$\int_C |z| \, \mathrm{d}z = \int_{-1}^1 |t| \, \mathrm{i}\mathrm{d}t = 2\mathrm{i}\int_0^1 t \, \mathrm{d}t = \mathrm{i}t^2 \bigg|_0^1 = \mathrm{i}$$

(2) C 的参数方程为

$$z = \mathrm{e}^{-\mathrm{i}t} \quad \left(\frac{1}{2}\pi \leqslant t \leqslant \frac{3}{2}\pi\right)$$

于是
$$|z|=|e^{-it}|=1 \quad dz=-ie^{-it}dt$$

所以
$$\int_C |z|\,dz = \int_{\frac{\pi}{2}}^{\frac{3\pi}{2}} -ie^{-it}dt = -i\int_{\frac{\pi}{2}}^{\frac{3\pi}{2}}(\cos t - i\sin t)dt$$
$$= -\int_{\frac{\pi}{2}}^{\frac{3\pi}{2}}\sin t\,dt - i\int_{\frac{\pi}{2}}^{\frac{3\pi}{2}}\cos t\,dt = 2i$$

（3）C 的参数方程为
$$z = e^{it} \quad \left(-\frac{1}{2}\pi \leqslant t \leqslant \frac{1}{2}\pi\right)$$

于是
$$|z|=|e^{it}|=1 \quad dz=ie^{it}dt$$

所以
$$\int_C |z|\,dz = \int_{-\frac{\pi}{2}}^{\frac{\pi}{2}} ie^{it}dt = i\int_{-\frac{\pi}{2}}^{\frac{\pi}{2}}(\cos t + i\sin t)dt$$
$$= -\int_{-\frac{\pi}{2}}^{\frac{\pi}{2}}\sin t\,dt + i\int_{-\frac{\pi}{2}}^{\frac{\pi}{2}}\cos t\,dt = 2i$$

例 3.4 计算 $\oint_C \dfrac{dz}{(z-z_0)^n}$，其中 C 为以 z_0 为中心、r 为半径的正向圆周（图 3.4），n 为整数。

解：C 为正向圆周，其参数方程为
$$z = z_0 + re^{i\theta} \quad (0 \leqslant \theta \leqslant 2\pi)$$

显然有
$$dz = ire^{i\theta}d\theta$$

于是
$$\oint_C \frac{dz}{(z-z_0)^n} = \int_0^{2\pi} \frac{ire^{i\theta}}{r^n e^{in\theta}}d\theta = \frac{i}{r^{n-1}}\int_0^{2\pi} e^{-i(n-1)\theta}d\theta$$
$$= \frac{i}{r^{n-1}}\int_0^{2\pi}[\cos(n-1)\theta - i\sin(n-1)\theta]d\theta$$
$$= \begin{cases} 2\pi i & (n=1) \\ 0 & (n \neq 1) \end{cases}$$

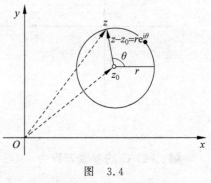

图 3.4

本例的特点是，积分结果与积分路径圆周的中心和半径无关。此结果应熟记，以后会经常用到。

三、积分的性质

由复变函数积分的定义可以推出复积分的一些简单性质，这些性质与一元实函数定积分的性质类似。

（1） $\int_C f(z)dz = -\int_{C^-} f(z)dz$

(2) $\int_C kf(z)\mathrm{d}z = k\int_C f(z)\mathrm{d}z$ (k 为常数)

(3) $\int_C [f(z) \pm g(z)]\mathrm{d}z = \int_C f(z)\mathrm{d}z \pm \int_C g(z)\mathrm{d}z$

(4) $\int_C f(z)\mathrm{d}z = \int_{C_1} f(z)\mathrm{d}z + \int_{C_2} f(z)\mathrm{d}z + \cdots + \int_{C_n} f(z)\mathrm{d}z$

其中,$C = C_1 + C_2 + \cdots + C_n$。

(5) 设曲线 C 的长度为 L,函数 $f(z)$ 在 C 上满足 $|f(z)| \leqslant M$,则有

$$\left|\int_C f(z)\mathrm{d}z\right| \leqslant \int_C |f(z)|\,\mathrm{d}s \leqslant ML$$

利用复积分的定义或曲线积分的有关性质,容易证得性质(1)~(4),下面来证明性质(5)。

证:因为

$$\left|\sum_{k=1}^n f(\zeta_k)\Delta z_k\right| \leqslant \sum_{k=1}^n |f(\zeta_k)||\Delta z_k| \leqslant \sum_{k=1}^n |f(\zeta_k)|\Delta s_k$$

其中,$|\Delta z_k|$ 和 Δs_k 分别表示曲线 C 上弧段 $\widehat{z_{k-1}z_k}$ 对应的弦长和弧长。

将上述不等式两边取极限,得

$$\left|\int_C f(z)\mathrm{d}z\right| \leqslant \int_C |f(z)|\,\mathrm{d}s$$

特别地,若在曲线 C 上 $|f(z)| \leqslant M$,L 为曲线 C 的长度时,有

$$\left|\int_C f(z)\mathrm{d}z\right| \leqslant \int_C |f(z)|\,\mathrm{d}s \leqslant ML$$

例 3.5 证明:

(1) $\left|\int_C (x^2 + \mathrm{i}y^2)\mathrm{d}z\right| \leqslant 2$,其中 C 为连接 $-\mathrm{i}$ 到 i 的线段;

(2) $\left|\int_C \dfrac{1}{z^2}\mathrm{d}z\right| \leqslant 1$,其中 C 为连接 i 到 $\mathrm{i}+1$ 的线段。

证:(1) 由题意易知,如图 3.3(a)所示,曲线 C 的长度 $L = 2$。

曲线 C 的参数方程为

$$\begin{cases} x = 0 \\ y = t \end{cases} \quad (-1 \leqslant t \leqslant 1)$$

在 C 上,有

$$f(z) = x^2 + \mathrm{i}y^2 = \mathrm{i}t^2 \quad (-1 \leqslant t \leqslant 1)$$
$$|f(z)| = |\mathrm{i}t^2| = t^2 \leqslant 1$$

故

$$M = 1$$

由性质(5),有

$$\left|\int_C (x^2 + \mathrm{i}y^2)\mathrm{d}z\right| \leqslant ML = 2$$

(2) 由题意易知,如图 3.5 所示,曲线 C 的长度 $L = 1$。
曲线 C 的参数方程为

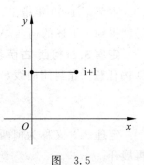

图 3.5

$$\begin{cases} x = t \\ y = 1 \end{cases} \quad (0 \leqslant t \leqslant 1)$$

在 C 上,有

$$f(z) = \frac{1}{z^2} = \frac{1}{(x+\mathrm{i}y)^2} = \frac{1}{(t+\mathrm{i})^2} \quad (0 \leqslant t \leqslant 1)$$

$$|f(z)| = \left|\frac{1}{(t+\mathrm{i})^2}\right| = \frac{1}{|t+\mathrm{i}|^2} = \frac{1}{t^2+1} \leqslant 1$$

故

$$M = 1$$

由性质(5),有

$$\left|\int_C \frac{1}{z^2}\mathrm{d}z\right| \leqslant ML = 1$$

第二节 柯西-古萨基本定理及其推广

一、柯西-古萨基本定理

在实变函数中,若 D 是一个单连通区域,$P(x,y)$,$Q(x,y)$ 在 D 内具有一阶连续偏导数,则曲线积分 $\int_C P(x,y)\mathrm{d}x + Q(x,y)\mathrm{d}y$ 在 D 内与路径无关的充要条件是 $\frac{\partial P}{\partial y} = \frac{\partial Q}{\partial x}$ 在 D 内恒成立。

由公式(3.2)知,复变函数积分可以通过两个二元实变函数的曲线积分来计算:

$$\int_C f(z)\mathrm{d}z = \int_C u(x,y)\mathrm{d}x - v(x,y)\mathrm{d}y + \mathrm{i}\int_C v(x,y)\mathrm{d}x + u(x,y)\mathrm{d}y$$

因此,复变函数积分与积分路径关系问题的研究,可以转化为实变函数曲线积分与路径关系问题的研究。那么,在什么条件下,积分 $\int_C f(z)\mathrm{d}z$ 与路径无关?定理 3.2 回答了这一问题。

定理 3.2 如果函数 $f(z)$ 在单连通区域 D 内解析,且 $f'(z)$ 在 D 内连续,则 $f(z)$ 沿 D 内任意一条简单闭曲线 C 的积分为零,即

$$\oint_C f(z)\mathrm{d}z = 0$$

古萨于 1900 年指出,定理 3.2 中的假设"$f'(z)$ 在 D 内连续"这一条件是多余的。于是就得到了下述的柯西-古萨基本定理。

定理 3.3(柯西-古萨基本定理) 如果函数 $f(z)$ 在单连通区域 D 内解析,则 $f(z)$ 沿 D 内任意一条封闭曲线 C 的积分为零,即

$$\oint_C f(z)\mathrm{d}z = 0$$

定理 3.3 又称为柯西积分定理。它的证明比较复杂,感兴趣的读者可以自学,此处不再展开。

柯西-古萨基本定理的条件之一是 $f(z)$ 在 C 上解析,事实上这个条件可以用较弱的条件来代替。

定理 3.4 如果曲线 C 是单连通区域 D 的边界,函数 $f(z)$ 在 D 内与 C 上解析,那么
$$\oint_C f(z)\mathrm{d}z = 0$$

定理 3.5 如果曲线 C 是单连通区域 D 的边界,函数 $f(z)$ 在 D 内解析,在闭区域 $\overline{D}$ 连续,那么
$$\oint_C f(z)\mathrm{d}z = 0$$

例 3.6 计算 $\oint_{|z|=1} \sin z\,\mathrm{d}z$。

解:因为 $\sin z$ 在整个复平面上都解析,$|z|=1$ 是复平面上的一条简单闭曲线,所以由柯西-古萨基本定理知
$$\oint_{|z|=1} \sin z\,\mathrm{d}z = 0$$

例 3.7 计算 $\oint_{|z|=1} \dfrac{1}{z-3\mathrm{i}}\mathrm{d}z$。

解:因为 $\dfrac{1}{z-3\mathrm{i}}$ 在曲线 $|z|=1$ 的内部及曲线上都解析($\dfrac{1}{z-3\mathrm{i}}$ 的奇点 $z=3\mathrm{i}$ 在曲线 $|z|=1$ 的外部),所以由柯西-古萨基本定理知
$$\oint_{|z|=1} \frac{1}{z-3\mathrm{i}}\mathrm{d}z = 0$$

二、基本定理的推广——复合闭路定理

将柯西-古萨基本定理推广到多连通域的情形,得到下面的定理。

定理 3.6(复合闭路定理) 设 C 为多连通域 D 内的一条简单闭曲线,$C_1, C_2, \cdots, C_n$ 是在 C 内部的简单闭曲线,它们互不包含也互不相交,并且以 $C, C_1, C_2, \cdots, C_n$ 为边界的区域全含于 D(图 3.6),如果 $f(z)$ 在 D 内解析,那么

(1) $\oint_C f(z)\mathrm{d}z = \sum\limits_{k=1}^{n} \oint_{C_k} f(z)\mathrm{d}z$,其中 C 及 C_k 均取正方向;

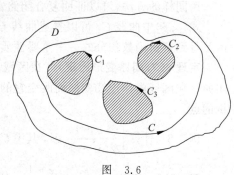

图 3.6

(2) $\oint_\Gamma f(z)\mathrm{d}z = 0$。其中 Γ 为由 C 及 $C_k(k=1, 2,\cdots,n)$ 所组成的复合闭路(其方向是 C 按逆时针进行,C_k 按顺时针进行)。

证:先证较简单的情形。假设 C 及 C_1 为 D 内的任意两条简单闭曲线,C_1 在 C 的内部,且以 C 及 C_1 为边界的区域 D_1 全含于 D。

如图 3.7 所示,作弧段 $\widehat{AA'}$ 及 $\widehat{BB'}$, $\widehat{AA'}$ 连接 C 上某一点 A 与 C_1 上某一点 A', $\widehat{BB'}$ 连接 C 上某一点 B 与 C_1 上某一点 B',两弧段不相交,且除去端点外全含于 D_1。因此,$AEBB'E'A'A$ 及 $AA'F'B'BFA$ 为两条全在 D 内的简单闭曲线,它们的内部全含于 D。由柯西-古萨基本定理可知

$$\oint_{AEBB'E'A'A} f(z)\mathrm{d}z = 0 \tag{3.3}$$

$$\oint_{AA'F'B'BFA} f(z)\mathrm{d}z = 0 \tag{3.4}$$

将式(3.3)与式(3.4)相加,得

$$\oint_C f(z)\mathrm{d}z + \oint_{C_1^-} f(z)\mathrm{d}z = 0 \tag{3.5}$$

或

$$\oint_C f(z)\mathrm{d}z = \oint_{C_1} f(z)\mathrm{d}z \tag{3.6}$$

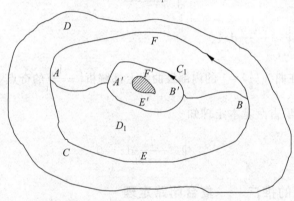

图 3.7

用同样的方法,可以证明复合闭路定理的其他情形。

式(3.6)中曲线 C_1 可以看成曲线 C 经过连续变形(不离开区域 D)而得到的,我们也由此得到解析函数积分的一个重要性质。

定理 3.7(闭路变形原理) 在区域 D 内的一个解析函数 $f(z)$ 沿闭曲线的积分,不因闭曲线在区域内作连续变形而改变它的值,只需在变形过程中曲线不经过函数 $f(z)$ 不解析的点。

例 3.8 计算 $\oint_C \dfrac{z+1}{2(z^2-z)}\mathrm{d}z$,其中 $C:|z|=2$。

解:显然,函数 $f(z)=\dfrac{z+1}{2(z^2-z)}$ 在复平面内除 $z=0, z=1$ 两个奇点外是处处解析的。如图 3.8 所示,在 C 内作两个互不包含也不相交的正向圆周 C_1, C_2, C_1 只包含奇点 $z=0$, C_2 只包含奇点 $z=1$。

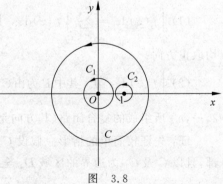

图 3.8

根据复合闭路定理,得

$$\oint_C \frac{z+1}{2(z^2-z)}dz = \oint_{C_1} \frac{z+1}{2(z^2-z)}dz + \oint_{C_2} \frac{z+1}{2(z^2-z)}dz$$

$$= \oint_{C_1} \left(\frac{1}{z-1} - \frac{1}{2z}\right)dz + \oint_{C_2} \left(\frac{1}{z-1} - \frac{1}{2z}\right)dz$$

$$= \oint_{C_1} \frac{1}{z-1}dz - \frac{1}{2}\oint_{C_1} \frac{1}{z}dz + \oint_{C_2} \frac{1}{z-1}dz - \frac{1}{2}\oint_{C_2} \frac{1}{z}dz$$

$$= 0 - \frac{1}{2} \cdot 2\pi i + 2\pi i - 0 = \pi i$$

在计算较复杂的函数的积分时,常常可以利用复合闭路定理,将积分转化为比较简单的函数的积分进行计算,这是复积分计算常用的一种方法。

第三节 原函数与不定积分

根据柯西-古萨基本定理,如果函数 $f(z)$ 在单连通区域 D 内解析,那么积分 $\int_C f(z)dz$ 只与曲线 C 的起点和终点有关,而与连结起点与终点的路线 C 无关。因此,如果固定起点 z_0,而让终点 z 在区域 D 内变动,那么积分 $\int_C f(z)dz$ 就在 D 内确定了一个单值函数 $F(z)$,即

$$F(z) = \int_C f(z)dz = \int_{z_0}^z f(\zeta)d\zeta$$

关于函数 $F(z)$,我们有如下定理。

定理 3.8 设函数 $f(z)$ 是单连通区域 D 内的解析函数,则

$$F(z) = \int_{z_0}^z f(\zeta)d\zeta$$

也是 D 内的解析函数,且

$$F'(z) = f(z)$$

证:设 z 为 D 内任意一点,作以 z 为中心含于 D 内的小圆 K,取 $|\Delta z|$ 充分小使 $z+\Delta z$ 在 K 内,如图 3.9 所示。

由 $F(z) = \int_{z_0}^z f(\zeta)d\zeta$ 得

$$F(z+\Delta z) - F(z) = \int_{z_0}^{z+\Delta z} f(\zeta)d\zeta - \int_{z_0}^z f(\zeta)d\zeta$$

由于积分与路线无关,所以积分 $\int_{z_0}^{z+\Delta z} f(\zeta)d\zeta$ 的积分路线可取先从 z_0 到 z,然后再从 z 沿直线段到 $z+\Delta z$。从 z_0 到 z 的积分路线与积分 $\int_{z_0}^z f(\zeta)d\zeta$ 的积分路线相同,于是有

$$F(z+\Delta z) - F(z) = \int_z^{z+\Delta z} f(\zeta)d\zeta$$

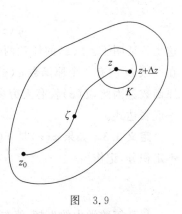

图 3.9

进一步有

$$\frac{F(z+\Delta z)-F(z)}{\Delta z}-f(z)=\frac{F(z+\Delta z)-F(z)-f(z)\Delta z}{\Delta z}$$

$$=\frac{\int_z^{z+\Delta z}f(\zeta)\mathrm{d}\zeta-\int_z^{z+\Delta z}f(z)\mathrm{d}\zeta}{\Delta z}$$

$$=\frac{1}{\Delta z}\int_z^{z+\Delta z}[f(\zeta)-f(z)]\mathrm{d}\zeta$$

因为 $f(z)$ 在 D 内解析,所以 $f(z)$ 在 D 内连续。

由 $f(z)$ 的连续性可知,对于任意给定的 $\varepsilon>0$,存在 $\delta>0$,使得当 $|\zeta-z|<\delta$ 时,有

$$|f(\zeta)-f(z)|<\varepsilon$$

因此,当 $|\Delta z|<\delta$ 时,由积分的估值性质,有

$$\left|\frac{F(z+\Delta z)-F(z)}{\Delta z}-f(z)\right|=\frac{1}{|\Delta z|}\left|\int_z^{z+\Delta z}[f(\zeta)-f(z)]\mathrm{d}\zeta\right|$$

$$\leqslant\frac{1}{|\Delta z|}\int_z^{z+\Delta z}|f(\zeta)-f(z)||\mathrm{d}\zeta|$$

$$\leqslant\frac{1}{|\Delta z|}\cdot\varepsilon\cdot|\Delta z|=\varepsilon$$

这就证明了

$$F'(z)=f(z)$$

定理 3.8 与高等数学中的实变上限积分的求导定理类似,由此也可以得出类似于高等数学中的积分的基本定理和牛顿-莱布尼茨公式。下面先来引入原函数和不定积分的定义。

定义 3.2 如果函数 $\varphi(z)$ 在区域 D 内的导数等于 $f(z)$,即

$$\varphi'(z)=f(z)\quad(z\in D)$$

则称 $\varphi(z)$ 为 $f(z)$ 在区域 D 内的原函数。

设 $\varphi(z)$ 和 $\psi(z)$ 是 $f(z)$ 在区域 D 内的任意两个原函数,则有

$$[\varphi(z)-\psi(z)]'=\varphi'(z)-\psi'(z)=f(z)-f(z)=0$$

于是有

$$\varphi(z)-\psi(z)=C\quad(C\text{ 为任意常数})$$

这也就证明了: $f(z)$ 的任意两个原函数之间仅相差一个常数。也就是说,如果函数 $f(z)$ 在区域 D 内有一个原函数 $\varphi(z)$,那么 $\varphi(z)+C(C$ 为任意常数)也是 $f(z)$ 在区域 D 内的原函数。因此, $f(z)$ 就有无穷多个原函数, $\varphi(z)+C(C$ 为任意常数)称为 $f(z)$ 的原函数的一般表达式。

定义 3.3 如果 $\varphi(z)$ 是 $f(z)$ 的一个原函数,则称 $\varphi(z)+C(C$ 为任意常数)为 $f(z)$ 的不定积分,记作

$$\int f(z)\mathrm{d}z=\varphi(z)+C$$

与高等数学中的牛顿-莱布尼茨公式类似,有如下定理。

定理 3.9 如果 $f(z)$ 在单连通区域 D 内解析, $\varphi(z)$ 为 $f(z)$ 的一个原函数,那么

$$\int_{z_0}^{z_1} f(z)\mathrm{d}z = \varphi(z_1) - \varphi(z_0)$$

其中 z_0, z_1 为 D 内任意两点。

例 3.9 计算积分 $\int_0^{1+\mathrm{i}} z\mathrm{d}z$。

解：函数 $f(z) = z$ 在整个复平面内解析，它的一个原函数为 $\frac{1}{2}z^2$，所以

$$\int_0^{1+\mathrm{i}} z\mathrm{d}z = \frac{1}{2}z^2 \Big|_0^{1+\mathrm{i}} = \frac{1}{2}(1+\mathrm{i})^2 = \mathrm{i}$$

例 3.10 试沿区域 $\mathrm{Re}(z) \geqslant 0, \mathrm{Im}(z) \geqslant 0$ 内的圆弧 $|z| = 1$ 计算积分 $\int_1^{\mathrm{i}} \frac{\ln(z+1)}{z+1}\mathrm{d}z$。

解：函数 $f(z) = \frac{\ln(z+1)}{z+1}$ 的奇点在所设区域的外部，所以在所设区域内 $f(z)$ 解析，它的一个原函数为 $\frac{1}{2}\ln^2(z+1)$，所以

$$\int_1^{\mathrm{i}} \frac{\ln(z+1)}{z+1}\mathrm{d}z = \frac{1}{2}\ln^2(z+1)\Big|_1^{\mathrm{i}} = \frac{1}{2}[\ln^2(1+\mathrm{i}) - \ln^2 2]$$
$$= \frac{1}{2}\left[\left(\frac{1}{2}\ln 2 + \frac{\pi}{4}\mathrm{i}\right)^2 - \ln^2 2\right] = -\frac{\pi^2}{32} - \frac{3}{8}\ln^2 2 + \frac{\pi\ln 2}{8}\mathrm{i}$$

例 3.11 计算积分 $\int_{-\pi\mathrm{i}}^{\pi\mathrm{i}} \sin^2 z\mathrm{d}z$。

解：函数 $f(z) = \sin^2 z$ 在整个复平面内解析，所以

$$\int_{-\pi\mathrm{i}}^{\pi\mathrm{i}} \sin^2 z\mathrm{d}z = \int_{-\pi\mathrm{i}}^{\pi\mathrm{i}} \frac{1-\cos 2z}{2}\mathrm{d}z = \frac{1}{2}\left|\left(z - \frac{1}{2}\sin 2z\right)\right|_{-\pi\mathrm{i}}^{\pi\mathrm{i}}$$
$$= \pi\mathrm{i} - \frac{1}{2}\sin 2\pi\mathrm{i} = \left(\pi - \frac{\mathrm{e}^{2\pi} - \mathrm{e}^{-2\pi}}{4}\right)\mathrm{i}$$

第四节　柯西积分公式

柯西-古萨基本定理是解析函数的基本定理，柯西积分公式则是应用这个定理的具体体现。

设函数 $f(z)$ 在单连通区域 D 内解析，C 为 D 内的任意一条正向简单闭曲线，显然，由柯西-古萨基本定理，$\oint_C f(z)\mathrm{d}z = 0$。如果 z_0 为 C 内的一点，那么积分 $\oint_C \frac{f(z)}{z-z_0}\mathrm{d}z$ 一般不为零。

根据闭路变形原理，积分 $\oint_C \frac{f(z)}{z-z_0}\mathrm{d}z$ 的值沿任意一条围绕 z_0 的简单闭曲线都是相同的。因此，选取以 z_0 为中心，半径为 R 的很小的正向圆周 C_R，于是有

$$\oint_C \frac{f(z)}{z-z_0}\mathrm{d}z = \oint_{C_R} \frac{f(z)}{z-z_0}\mathrm{d}z$$

由于 $f(z)$ 的连续性，在 C_R 上 $f(z)$ 的值将随着 R 的缩小而逐渐接近于它在圆心 z_0 的值，

因此猜想积分 $\oint_{C_R} \dfrac{f(z)}{z-z_0} \mathrm{d}z$ 的值将随着 R 的缩小而接近于

$$\oint_{C_R} \frac{f(z_0)}{z-z_0} \mathrm{d}z = f(z_0) \oint_{C_R} \frac{1}{z-z_0} \mathrm{d}z = 2\pi\mathrm{i} f(z_0)$$

事实上，两者是相等的，定理 3.10 给出了肯定的回答。

定理 3.10（柯西积分公式） 如果 $f(z)$ 在区域 D 内处处解析，C 为 D 内的任何一条正向简单闭曲线，它的内部完全含于 D，z_0 为 C 内的任一点，则

$$f(z_0) = \frac{1}{2\pi\mathrm{i}} \oint_C \frac{f(z)}{z-z_0} \mathrm{d}z \tag{3.7}$$

证：由于 $f(z)$ 在 D 内处处解析，z_0 在 D 的内部，所以 $f(z)$ 在 z_0 解析。又由函数的解析性和连续性的关系可知，$f(z)$ 在 z_0 连续，于是，由连续的定义，对于任意 $\varepsilon > 0$，存在 $\delta(\varepsilon) > 0$，当 $|z-z_0| < \delta$ 时，$|f(z) - f(z_0)| < \varepsilon$。设以 z_0 为中心，R 为半径的圆周 $C_R: |z-z_0| = R$ 全部在 C 的内部，且 $R < \delta$，如图 3.10 所示。

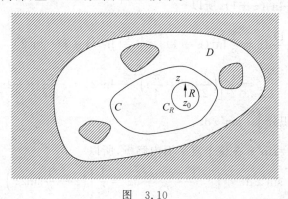

图 3.10

由复合闭路定理，得

$$\oint_C \frac{f(z)}{z-z_0} \mathrm{d}z = \oint_{C_R} \frac{f(z)}{z-z_0} \mathrm{d}z = \oint_{C_R} \frac{f(z_0)}{z-z_0} \mathrm{d}z + \oint_{C_R} \frac{f(z)-f(z_0)}{z-z_0} \mathrm{d}z$$

$$= 2\pi\mathrm{i} f(z_0) + \oint_{C_R} \frac{f(z)-f(z_0)}{z-z_0} \mathrm{d}z$$

下面只要证明 $\oint_{C_R} \dfrac{f(z)-f(z_0)}{z-z_0} \mathrm{d}z = 0$。事实上

$$\left| \oint_{C_R} \frac{f(z)-f(z_0)}{z-z_0} \mathrm{d}z \right| \leqslant \oint_{C_R} \frac{|f(z)-f(z_0)|}{|z-z_0|} \mathrm{d}s < \frac{\varepsilon}{R} \oint_{C_R} \mathrm{d}s = 2\pi\varepsilon$$

这表明不等式左端积分的模可以任意小，而只有当积分值为零时才有可能，故

$$\oint_{C_R} \frac{f(z)-f(z_0)}{z-z_0} \mathrm{d}z = 0$$

因此，公式 (3.7) 成立。

公式 (3.7) 称为柯西积分公式。这个公式不但为计算某些复变函数沿闭曲线的积分提供了简便方法，而且解析函数的这个积分表达式也成为研究解析函数的有力工具。

柯西积分公式常写成
$$\oint_C \frac{f(z)}{z-z_0}dz = 2\pi i f(z_0)$$
我们常常利用这个公式计算积分。

例 3.12 求积分 $\oint_{|z|=2} \frac{\sin z}{z}dz$（沿圆周正向）的值。

解：因为 $\sin z$ 在 $|z|=2$ 内解析，$z=0$ 在 $|z|=2$ 的内部，所以由柯西积分公式得
$$\oint_{|z|=2} \frac{\sin z}{z}dz = 2\pi i \sin z \Big|_{z=0} = 2\pi i \sin 0 = 0$$

例 3.13 求积分 $\oint_{|z+i|=1} \frac{z}{z^2+1}dz$（沿圆周正向）的值。

解：函数 $g(z) = \frac{z}{z^2+1}$ 有奇点 $z=i$ 和 $z=-i$，其中 $z=-i$ 在 $|z+i|=1$ 的内部，$z=i$ 在 $|z+i|=1$ 的外部，于是有
$$g(z) = \frac{z}{z^2+1} = \frac{z}{(z+i)(z-i)} = \frac{\frac{z}{z-i}}{z+i}$$

由柯西积分公式得

$$\oint_{|z+i|=1} \frac{z}{z^2+1}dz = \oint_{|z+i|=1} \frac{\frac{z}{z-i}}{z+i}dz = 2\pi i \cdot \frac{z}{z-i}\Big|_{z=-i} = 2\pi i \cdot \frac{-i}{-i-i} = \pi i$$

例 3.14 求积分 $\oint_C \frac{e^z}{z^2+1}dz$，其中 C 为正向圆周 $|z|=2$。

解：函数 $\frac{e^z}{z^2+1}$ 有奇点 $z=i$ 和 $z=-i$，且两个奇点都在曲线 C 的内部，如图 3.11 所示，在 C 的内部分别围绕 $z=i$ 和 $z=-i$ 作正向简单闭曲线 C_1 和 C_2，它们互不包含，也不相交，于是有

$$\oint_C \frac{e^z}{z^2+1}dz = \oint_{C_1} \frac{e^z}{z^2+1}dz + \oint_{C_2} \frac{e^z}{z^2+1}dz$$

$$= \oint_{C_1} \frac{\frac{e^z}{z+i}}{z-i}dz + \oint_{C_2} \frac{\frac{e^z}{z-i}}{z+i}dz$$

$$= 2\pi i \cdot \frac{e^z}{z+i}\Big|_{z=i} + 2\pi i \cdot \frac{e^z}{z-i}\Big|_{z=-i}$$

$$= 2\pi i \cdot \frac{e^i}{i+i} + 2\pi i \cdot \frac{e^{-i}}{-i-i}$$

$$= 2\pi i \cdot \frac{e^i - e^{-i}}{2i} = 2\pi i \sin 1$$

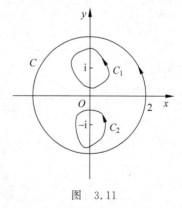

图 3.11

柯西积分公式告诉我们，只要知道解析函数 $f(z)$ 在边界 C 上的值，由柯西积分公式右端的积分就可以得到 $f(z)$ 在 C 内任何一点的值。

推论（平均值公式） 设函数 $f(z)$ 在圆域 $|z-z_0|<R$ 内解析，在圆周 $|z-z_0|=R$ 上连续，则

$$f(z_0) = \frac{1}{2\pi}\int_0^{2\pi} f(z_0 + Re^{i\theta})d\theta$$

也就是说，一个解析函数在圆心处的值等于它在圆周上的平均值。

第五节 解析函数的高阶导数

解析函数的各阶导数都存在，并且导数值也可以由函数在边界上的值通过积分求得。这一点与实变函数完全不同。

关于解析函数的高阶导数有以下定理。

定理 3.11 解析函数 $f(z)$ 的导数仍为解析函数，它的 n 阶导数为

$$f^{(n)}(z_0) = \frac{n!}{2\pi i}\oint_C \frac{f(z)}{(z-z_0)^{n+1}}dz \quad (n=1,2,\cdots) \tag{3.8}$$

其中，C 为在函数 $f(z)$ 的解析区域 D 内围绕 z_0 的任何一条正向简单闭曲线，其内部完全含于 D。

证：设 z_0 为 D 内任意一点，先证一阶导数，即

$$f'(z_0) = \frac{1}{2\pi i}\oint_C \frac{f(z)}{(z-z_0)^2}dz$$

根据导数定义

$$f'(z_0) = \lim_{\Delta z \to 0} \frac{f(z_0+\Delta z) - f(z_0)}{\Delta z}$$

由柯西积分公式有

$$f(z_0) = \frac{1}{2\pi i}\oint_C \frac{f(z)}{z-z_0}dz$$

$$f(z_0+\Delta z) = \frac{1}{2\pi i}\oint_C \frac{f(z)}{z-z_0-\Delta z}dz$$

于是有

$$\frac{f(z_0+\Delta z)-f(z_0)}{\Delta z} = \frac{1}{2\pi i \Delta z}\left[\oint_C \frac{f(z)}{z-z_0-\Delta z}dz - \oint_C \frac{f(z)}{z-z_0}dz\right]$$

$$= \frac{1}{2\pi i}\oint_C \frac{f(z)}{(z-z_0)(z-z_0-\Delta z)}dz$$

$$= \frac{1}{2\pi i}\oint_C \frac{f(z)}{(z-z_0)^2}dz + \frac{1}{2\pi i}\oint_C \frac{\Delta z f(z)}{(z-z_0)^2(z-z_0-\Delta z)}dz$$

记

$$I = \frac{1}{2\pi i}\oint_C \frac{\Delta z f(z)}{(z-z_0)^2(z-z_0-\Delta z)}dz$$

则
$$|I| = \frac{1}{2\pi}\left|\oint_C \frac{\Delta z f(z)}{(z-z_0)^2(z-z_0-\Delta z)}dz\right| \leqslant \frac{1}{2\pi}\oint_C \frac{|\Delta z||f(z)|}{|z-z_0|^2|z-z_0-\Delta z|}ds$$

因为 $f(z)$ 在 C 上解析，所以 $f(z)$ 在 C 上连续，进一步可知，$f(z)$ 在 C 上有界，即存在 $M>0$，使得在 C 上有 $|f(z)| \leqslant M$。设 d 为从 z_0 到 C 上各点的最短距离，则有 $d>0$，取 $|\Delta z|$ 足够小，使其满足 $|\Delta z| < \frac{1}{2}d$，于是就有

$$|z-z_0| \geqslant d \quad \frac{1}{|z-z_0|} \leqslant \frac{1}{d}$$

$$|z-z_0-\Delta z| \geqslant |z-z_0|-|\Delta z| > \frac{d}{2} \quad \frac{1}{|z-z_0-\Delta z|} < \frac{2}{d}$$

所以
$$|I| \leqslant \frac{1}{2\pi}\oint_C \frac{|\Delta z||f(z)|}{|z-z_0|^2|z-z_0-\Delta z|}ds < |\Delta z|\frac{ML}{\pi d^3}$$

这里的 L 为 C 的长度。当 $\Delta z \to 0$ 时，$I \to 0$，于是有

$$f'(z_0) = \lim_{\Delta z \to 0}\frac{f(z_0+\Delta z)-f(z_0)}{\Delta z} = \frac{1}{2\pi i}\oint_C \frac{f(z)}{(z-z_0)^2}dz$$

同理可证
$$f''(z_0) = \lim_{\Delta z \to 0}\frac{f'(z_0+\Delta z)-f'(z_0)}{\Delta z} = \frac{2!}{2\pi i}\oint_C \frac{f(z)}{(z-z_0)^3}dz$$

这就证明了一个解析函数的导数仍然是解析函数。

以此类推，用数学归纳法可以证明

$$f^{(n)}(z_0) = \frac{n!}{2\pi i}\oint_C \frac{f(z)}{(z-z_0)^{n+1}}dz$$

由高阶导数公式有

$$\oint_C \frac{f(z)}{(z-z_0)^{n+1}}dz = \frac{2\pi i}{n!}f^{(n)}(z_0) \tag{3.9}$$

高阶导数公式的作用不在于通过积分来求导数，而在于通过求导数来求积分。

例 3.15 计算积分 $\oint_C \frac{\sin z}{(z-i)^5}dz$，其中 C 为正向圆周：$|z|=3$。

解：函数 $\sin z$ 在 C 内处处解析，奇点 $z=i$ 在 C 的内部，由式(3.9)，有

$$\oint_C \frac{\sin z}{(z-i)^5}dz = \frac{2\pi i}{4!}(\sin z)^{(4)}\bigg|_{z=i} = \frac{\pi i}{12}\sin i = -\frac{\pi}{12}\sinh 1$$

例 3.16 计算积分 $\oint_C \frac{e^z}{z^3(z+1)}dz$，其中 C 为正向圆周：$|z|=r, r \neq 1$。

解：函数 e^z 在 C 内处处解析，被积函数有奇点 $z=0, z=-1$。

当 $0<r<1$ 时，如图 3.12(a)所示，奇点 $z=0$ 在 C 的内部，$z=-1$ 在 C 的外部，由式(3.9)，有

$$\oint_C \frac{e^z}{z^3(z+1)} dz = \oint_C \frac{\frac{e^z}{z+1}}{z^3} dz = \frac{2\pi i}{2!} \left(\frac{e^z}{z+1}\right)''\bigg|_{z=0} = \pi i$$

当 $r>1$ 时,如图 3.12(b)所示,奇点 $z=0,z=-1$ 都在 C 的内部,在 C 的内部分别围绕 $z=0$ 和 $z=-1$ 作正向简单闭曲线 C_1,C_2,它们互不包含,也不相交。由复合闭路定理,有

$$\oint_C \frac{e^z}{z^3(z+1)} dz = \oint_{C_1} \frac{e^z}{z^3(z+1)} dz + \oint_{C_2} \frac{e^z}{z^3(z+1)} dz$$

再由式(3.9),有

$$\oint_C \frac{e^z}{z^3(z+1)} dz = \oint_{C_1} \frac{\frac{e^z}{z+1}}{z^3} dz + \oint_{C_2} \frac{\frac{e^z}{z^3}}{z+1} dz = \frac{2\pi i}{2!} \left(\frac{e^z}{z+1}\right)''\bigg|_{z=0} + 2\pi i \left(\frac{e^z}{z^3}\right)\bigg|_{z=-1}$$
$$= \pi i - 2\pi i e^{-1} = (1 - 2e^{-1})\pi i$$

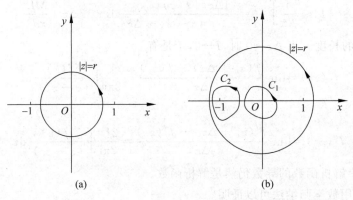

图 3.12

定理 3.12[摩拉(Morera)定理] 如果函数 $f(z)$ 在单连通区域 D 内连续,且对 D 内任意简单闭曲线 C 都有 $\oint_C f(z) dz = 0$,则 $f(z)$ 在区域 D 内解析。

证:由题设知 $f(z)$ 沿区域 D 内曲线积分与路径无关。固定 $z_0 \in D$,令

$$F(z) = \int_{z_0}^{z} f(\zeta) d\zeta \quad (z \in D)$$

可以用类似于定理 3.8 的证明方法证明

$$F'(z) = f(z) \quad (z \in D)$$

再由解析函数的导数仍为解析函数知 $f(z)$ 在 D 内解析。

第六节 解析函数与调和函数的关系

前文已经证明了解析函数的导数仍然是解析函数,本节将利用这一结论来讨论解析函数与调和函数的关系。

定义 3.4 如果二元实变函数 $\varphi(x,y)$ 在区域 D 内具有二阶连续偏导数并且满足拉普

拉斯(Laplace)方程

$$\frac{\partial^2 \varphi}{\partial x^2} + \frac{\partial^2 \varphi}{\partial y^2} = 0$$

那么称 $\varphi(x,y)$ 为区域 D 内的调和函数。

定理 3.13 任意在区域 D 内解析的函数，它的实部和虚部都是 D 内的调和函数。

证：设 $f(z)=u+\mathrm{i}v$ 为区域 D 内的一个解析函数，那么

$$\frac{\partial u}{\partial x} = \frac{\partial v}{\partial y} \quad \frac{\partial u}{\partial y} = -\frac{\partial v}{\partial x}$$

于是有

$$\frac{\partial^2 u}{\partial x^2} = \frac{\partial^2 v}{\partial y \partial x} \quad \frac{\partial^2 u}{\partial y^2} = -\frac{\partial^2 v}{\partial x \partial y}$$

由解析函数的高阶导数定理可知，$f(z)$ 的各阶导数仍然是解析函数。进一步可知，u 和 v 具有任意阶连续偏导数，所以

$$\frac{\partial^2 v}{\partial y \partial x} = \frac{\partial^2 v}{\partial x \partial y}$$

于是有

$$\frac{\partial^2 u}{\partial x^2} + \frac{\partial^2 u}{\partial y^2} = 0$$

同理

$$\frac{\partial^2 v}{\partial x^2} + \frac{\partial^2 v}{\partial y^2} = 0$$

所以 u 和 v 都是调和函数。

定义 3.5 设 $u(x,y), v(x,y)$ 是区域 D 内的调和函数，且 $u+\mathrm{i}v$ 为 D 内的解析函数，则称函数 v 是 u 的共轭调和函数。

由定义 3.5 可知，区域 D 内的解析函数的虚部为实部的共轭调和函数。

解析函数与调和函数的上述关系使得有关调和函数的求解问题可借助于解析函数的理论加以解决。

例 3.17 验证 $u(x,y)=2(x-1)y$ 为调和函数，并求其共轭调和函数 $v(x,y)$ 和由它们所构成的解析函数 $f(z)=u(x,y)+\mathrm{i}v(x,y)$。

解：(1) 显然 $u(x,y)=2(x-1)y$ 具有二阶连续偏导数。

又因为

$$\frac{\partial u}{\partial x} = 2y \quad \frac{\partial^2 u}{\partial x^2} = 0,$$

$$\frac{\partial u}{\partial y} = 2x-2 \quad \frac{\partial^2 u}{\partial y^2} = 0$$

所以

$$\frac{\partial^2 u}{\partial x^2} + \frac{\partial^2 u}{\partial y^2} = 0$$

这就证明了 $u(x,y)=2(x-1)y$ 为调和函数。

(2) 求 $v(x,y)$。

解法 1（偏积分法）：由 $f(z)=u(x,y)+iv(x,y)$ 解析可知 u,v 可微，并且满足柯西-黎曼方程

$$\frac{\partial u}{\partial x}=\frac{\partial v}{\partial y} \quad \frac{\partial u}{\partial y}=-\frac{\partial v}{\partial x}$$

由 $\dfrac{\partial v}{\partial y}=\dfrac{\partial u}{\partial x}=2y$ 得

$$v=\int 2y\,dy=y^2+g(x)$$

$$\frac{\partial v}{\partial x}=g'(x)$$

又因为

$$\frac{\partial v}{\partial x}=-\frac{\partial u}{\partial y}=2-2x$$

所以

$$g'(x)=2-2x$$

于是

$$g(x)=\int(2-2x)dx=2x-x^2+C$$

因此

$$v(x,y)=y^2+2x-x^2+C$$

由 u,v 所构成的解析函数为

$$f(z)=u+iv=2(x-1)y+i(y^2+2x-x^2+C)$$

该函数还可化为

$$f(z)=i(-z^2+2z+C)$$

解法 2（不定积分法）：由导数公式，有

$$f'(z)=\frac{\partial u}{\partial x}+i\frac{\partial v}{\partial x}=\frac{\partial u}{\partial x}-i\frac{\partial u}{\partial y}=2y-i(2x-2)=-2i(z-1)$$

故

$$f(z)=\int f'(z)dz=\int [-2i(z-1)]dz=i(-z^2+2z+C)$$

将 $z=x+iy$ 代入上式有

$$f(z)=i[-(x+iy)^2+2(x+iy)+C]=2(x-1)y+i(y^2+2x-x^2+C)$$

因此有

$$v(x,y)=y^2+2x-x^2+C$$

例 3.18 验证 $u(x,y)=e^x(x\cos y-y\sin y)$ 为调和函数，并求解析函数 $f(z)=u(x,y)+iv(x,y)$，使得 $f(0)=0$。

解：(1) 显然 $u(x,y)$ 具有二阶连续偏导数。

又因为

$$\frac{\partial u}{\partial x} = e^x(x\cos y - y\sin y) + e^x\cos y = e^x(x\cos y + \cos y - y\sin y)$$

$$\frac{\partial^2 u}{\partial x^2} = e^x(x\cos y + \cos y - y\sin y) + e^x\cos y = e^x(x\cos y + 2\cos y - y\sin y)$$

$$\frac{\partial u}{\partial y} = e^x(-x\sin y - \sin y - y\cos y)$$

$$\frac{\partial^2 u}{\partial y^2} = e^x(-x\cos y - \cos y - \cos y + y\sin y) = e^x(-x\cos y - 2\cos y + y\sin y)$$

所以

$$\frac{\partial^2 u}{\partial x^2} + \frac{\partial^2 u}{\partial y^2} = 0$$

这就证明了 $u(x,y) = e^x(x\cos y - y\sin y)$ 为调和函数。

(2) 求解析函数 $f(z) = u + \mathrm{i}v$。

解法 1(偏积分法)：由 $f(z) = u + \mathrm{i}v$ 解析可知 u,v 可微，且满足柯西-黎曼方程

$$\frac{\partial u}{\partial x} = \frac{\partial v}{\partial y} \quad \frac{\partial u}{\partial y} = -\frac{\partial v}{\partial x}$$

由 $\dfrac{\partial v}{\partial y} = \dfrac{\partial u}{\partial x} = e^x(x\cos y + \cos y - y\sin y)$，得

$$v = \int [e^x(x\cos y + \cos y - y\sin y)]\mathrm{d}y = e^x(x\sin y + y\cos y) + g(x)$$

$$\frac{\partial v}{\partial x} = e^x(x\sin y + y\cos y + \sin y) + g'(x)$$

又因为

$$\frac{\partial v}{\partial x} = -\frac{\partial u}{\partial y} = e^x(x\sin y + \sin y + y\cos y)$$

所以

$$g'(x) = 0$$

于是

$$g(x) = C$$

因此

$$v(x,y) = e^x(x\sin y + y\cos y) + C$$

由 u,v 所构成的解析函数为

$$f(z) = u + \mathrm{i}v = e^x(x\cos y - y\sin y) + \mathrm{i}[e^x(x\sin y + y\cos y) + C] = ze^z + \mathrm{i}C$$

将 $f(0) = 0$ 代入上式，得 $C = 0$，所以

$$f(z) = ze^z$$

解法 2(不定积分法)：由导数公式，有

$$f'(z) = \frac{\partial u}{\partial x} + \mathrm{i}\frac{\partial v}{\partial x} = \frac{\partial u}{\partial x} - \mathrm{i}\frac{\partial u}{\partial y}$$

$$= e^x(x\cos y + \cos y - y\sin y) - \mathrm{i}e^x(-x\sin y - \sin y - y\cos y)$$

$$= e^x(x\cos y + \cos y - y\sin y) + \mathrm{i}e^x(x\sin y + \sin y + y\cos y)$$

$$= e^z(z+1)$$

所以
$$f(z) = ze^z + C$$
又 $f(0)=0$，所以 $C=0$，因此
$$f(z) = ze^z$$

如果已知调和函数 $v(x,y)$，同样可用偏积分法或不定积分法求解析函数 $f(z)=u(x,y)+iv(x,y)$。

章 末 总 结

本章将一元实变函数积分学推广到复变函数，包括复变函数积分的定义、性质、基本计算方法、解析函数积分的基本理论和方法，以及解析函数与调和函数的关系三部分内容。解析函数的积分具有许多良好的性质，有比较系统而完整的理论和方法，是整个复变函数理论的基础，是应当重点掌握的一个重要内容。读者可结合下面的思维导图进行复习巩固。

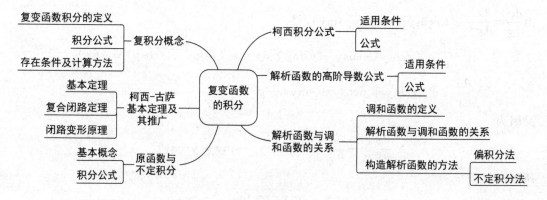

习 题 三

一、填空题

1. 若 $f(z)$ 与 $g(z)$ 沿曲线 C 可积，则 $\int_C [f(z)+g(z)]dz = $ _____。

2. 设 L 为曲线 C 的长度，若 $f(z)$ 沿 C 可积，且在 C 上满足 $|f(z)| \leqslant M$，则 $\left| \int_C f(z)dz \right| \leqslant $ _____。

3. $\int_i^1 7z\, dz = $ _____。

4. $2i \int_0^i \cos z\, dz = $ _____。

5. 设 C 为正向圆周 $\left| z - \dfrac{\pi}{4}i \right| = 1$，则积分 $\oint_C \dfrac{1}{\cos z}dz = $ _____。

6. 设 C_1 为正向圆周 $|z-2|=1$,C_2 为正向圆周 $|z|=1$,则积分 $\dfrac{1}{2\pi i}\oint_{C_1}\dfrac{z^3+1}{z-2}dz+\dfrac{1}{2\pi i}\oint_{C_2}\dfrac{\cos z}{z-2}dz=$ _____。

7. 沿指定曲线正向的积分 $\oint_{|z|=1}\dfrac{e^z}{z^2+4}dz=$ _____。

8. 设 C 为正向圆周 $|\xi|=2$,$f(z)=\oint_C \dfrac{\sin\dfrac{\pi\xi}{3}}{\xi-z}d\xi(|z|<2)$,则 $f'(1)=$ _____。

二、单项选择题

1. 设曲线 C 为从原点沿 $y^2=x$ 至 $1+i$ 的弧段,则 $\int_C(x+iy^2)dz=(\quad)$。

   A. $\dfrac{1}{6}-\dfrac{5}{6}i$ B. $-\dfrac{1}{6}+\dfrac{5}{6}i$ C. $-\dfrac{1}{6}-\dfrac{5}{6}i$ D. $\dfrac{1}{6}+\dfrac{5}{6}i$

2. 设曲线 C 为从原点至 $1+i$ 的直线段,则 $\int_C 2dz=(\quad)$。

   A. 0   B. 1   C. 2i   D. $2(1+i)$

3. $\oint_{|z|=5}\dfrac{5}{z}dz=(\quad)$。

   A. i   B. $10\pi i$ C. $10i$ D. 0

4. 下列积分中积分值不为零的是( )。

   A. $\oint_C(z^3+2z+2)dz$,其中 C 为正向圆周 $|z-1|=2$

   B. $\oint_C e^z dz$,其中 C 为正向圆周 $|z|=5$

   C. $\oint_C \dfrac{\sin z}{z}dz$,其中 C 为正向圆周 $|z|=1$

   D. $\oint_C \dfrac{\cos z}{z-1}dz$,其中 C 为正向圆周 $|z|=2$

5. 若 $f(z)$ 在单连通区域 D 内解析,$F(z)$ 为 $f(z)$ 的一个原函数,则( )。

   A. $f'(z)=F(z)$ B. $f''(z)=F(z)$
   C. $F'(z)=f(z)$ D. $F''(z)=f(z)$

6. 设 C 为正向圆周 $|z|=1$,则积分 $\oint_C \dfrac{z+1}{z^2}dz=(\quad)$。

   A. $2+\pi i$ B. $2\pi i$ C. 2π D. -2π

7. 设 C 为正向圆周 $|z|=1$,则积分 $\oint_C \dfrac{1}{(z-1+i)^2}dz=(\quad)$。

   A. 0   B. $\dfrac{1}{2\pi i}$ C. $2\pi i$ D. πi

8. 设 $f(z)$ 在单连通区域 D 内处处解析且不为零，C 为 D 内任意一条正向简单闭曲线，则积分 $\oint_C \dfrac{f''(z)+2f'(z)+f(z)}{f(z)} dz = ($ $)$。

  A. $2\pi i$ B. $-2\pi i$ C. 0   D. 不能确定

9. $\oint_{|z|=3} \dfrac{2\sin z}{\left(z-\dfrac{3}{2}\right)^2} dz = ($ $)$。

  A. $4\pi i \cos\dfrac{3}{2}$ B. $4\pi i$ C. $2\pi i$ D. $-2\pi i$

10. 下列说法中正确的是（   ）。

  A. $f(z)=u+iv$ 在区域 D 内解析，则 u,v 都是调和函数

  B. 如果 u,v 都是区域 D 内的调和函数，那么 $u+iv$ 是 D 内的解析函数

  C. 如果 u,v 满足 $C-R$ 方程，则 u,v 都是调和函数

  D. $u+iv$ 是解析函数的充要条件是 u,v 都是调和函数

三、判断题

1. 若 C 为 $f(z)$ 的解析性区域 D 内的任意一条简单闭曲线，则 $\oint_C f(z)dz = 0$。（   ）

2. 若在区域 D 内有 $f'(z)=g(z)$，则在 D 内 $g'(z)$ 必存在且解析。（   ）

3. 若 $f(z)=u+iv$ 在区域 D 内解析，则 $\dfrac{\partial u}{\partial y}$ 必为 D 内的调和函数。（   ）

4. 积分 $\oint_{|z-a|=r} \dfrac{1}{(z-a)^n} dz$ 的值与半径 $r(r>0)$ 的大小无关，但与 n 的取值有关。

                          （   ）

5. 设 $f(z) = \oint_{|\xi|=r} \dfrac{\sin\dfrac{\pi}{2}\xi}{\xi - z} d\xi$，其中 $|z| \neq r$，则 $f'(z)$ 必存在且其值与半径 r 无关。

                          （   ）

四、计算题

1. 沿下列路径计算积分 $\int_0^{2+i} (z^2+1) dz$。

（1）自原点至 $2+i$ 的直线段。

（2）自原点沿虚轴至 i，再由 i 沿水平方向向右至 $2+i$。

（3）自原点沿实轴至 2，再由 2 沿竖直方向向上至 $2+i$。

2. 沿下列路径计算积分 $\int_0^{2+i} \mathrm{Im}z\, dz$。

（1）自原点至 $2+i$ 的直线段。

（2）自原点沿实轴至 2，再由 2 沿竖直方向向上至 $2+i$。

3. 计算积分 $\oint_C \dfrac{\bar{z}}{|z|} dz$ 的值，其中 C 为正向圆周。

（1）$|z|=2$ （2）$|z|=4$

4. 试用观察法得出下列积分的值，并说明观察时的依据。其中，C 是正向圆周 $|z|=1$。

(1) $\oint_C \dfrac{1}{z-3}dz$ 　　　　　　　　(2) $\oint_C \dfrac{1}{z^2+2z+4}dz$

(3) $\oint_C z\sin z\, dz$ 　　　　　　　　(4) $\oint_C \dfrac{1}{\cos z}dz$

(5) $\oint_C \dfrac{1}{z-\frac{1}{5}}dz$ 　　　　　　　　(6) $\oint_C \dfrac{1}{z(z+3)}dz$

5. 沿指定曲线的正向计算下列各积分。

(1) $\oint_C \dfrac{z^3 e^z}{z-\frac{1}{2}}dz\left(C: \left|z-\dfrac{1}{2}\right|=1\right)$ 　　(2) $\oint_C \dfrac{dz}{z^2-a^2}(C:|z-a|=a)$

(3) $\oint_C \dfrac{\sin z}{z^2+1}dz\,(C:|z-2i|=2)$ 　　(4) $\oint_C \dfrac{z}{z-5}dz\,(C:|z|=2)$

(5) $\oint_C e^z \sin z\, dz\,(C:|z-i|=3)$ 　　(6) $\oint_C \dfrac{1}{(z^3-1)(z^4+1)}dz\left(C:|z|=\dfrac{1}{4}\right)$

(7) $\oint_C \dfrac{1}{(z^2+1)(z^2+9)}dz\left(C:|z|=\dfrac{5}{2}\right)$ 　　(8) $\oint_C \dfrac{\sin z}{z}dz\left(C:|z|=\dfrac{1}{2}\right)$

(9) $\oint_C \dfrac{\sin z}{\left(z-\frac{\pi}{6}\right)^2}dz\,(C:|z|=1)$ 　　(10) $\oint_C \dfrac{e^z}{z^5}dz\,(C:|z|=1)$

6. 计算下列各积分。

(1) $\displaystyle\int_{-\pi i}^{3\pi i} e^{2z}dz$ 　　　　　　　　(2) $\displaystyle\int_{\frac{\pi}{6}i}^{0} \cosh 3z\, dz$

(3) $\displaystyle\int_{-\pi i}^{\pi i} \sin^2 z\, dz$ 　　　　　　　　(4) $\displaystyle\int_{0}^{1} z\sin z\, dz$

7. 计算积分 $\oint_{C=C_1+C_2} \dfrac{\cos z}{z^3}dz$，其中，$C_1:|z|=2$ 为正向，$C_2:|z|=3$ 为负向。

8. 设 C 为不经过 α 与 $-\alpha$ 的正向简单闭曲线，α 为不等于零的任意复数，试就 α 与 $-\alpha$ 跟 C 的各种不同位置，计算积分 $\oint_C \dfrac{z}{z^2-\alpha^2}dz$ 的值。

9. 设 $f(z)$ 在单连通区域 B 内处处解析，且不为零，C 为 B 内任意一条简单闭曲线，那么积分 $\oint_C \dfrac{f'(z)}{f(z)}dz$ 是否等于零？为什么？

10. 函数 $v=x+y$ 是 $u=x+y$ 的共轭调和函数吗？为什么？

11. 设 $v=e^{px}\sin y$，求 p 的值使 v 为调和函数，并求出解析函数 $f(z)=u+iv$。

五、证明题

1. 证明：当 C 为任何不通过原点的简单闭曲线时，$\oint_C \dfrac{1}{z^2}dz=0$。

2. 先计算积分 $\oint_{|z|=1} \dfrac{1}{z+2}dz$，并由此证明 $\displaystyle\int_0^{\pi} \dfrac{1+2\cos\theta}{5+4\cos\theta}d\theta=0$。

3. 设 C_1 与 C_2 为相交于 M,N 两点的简单闭曲线，它们所围的区域分别为 B_1 与 B_2。B_1 与 B_2 的公共部分为 B。如果 $f(z)$ 在 B_1-B 与 B_2-B 内解析，在 C_1，C_2 上也解析，证明：$\oint_{C_1} f(z)\mathrm{d}z = \oint_{C_2} f(z)\mathrm{d}z$。

4. 设 $f(z)$ 在单连通区域 B 内解析，且满足 $|1-f(z)|<1 (z\in B)$，试证：对于区域 B 内任意一条闭曲线 C，都有 $\oint_C \dfrac{f''(z)}{f(z)}\mathrm{d}z = 0$。

5. 证明：一对共轭调和函数的乘积仍为调和函数。

6. 如果 $f(z)=u+\mathrm{i}v$ 是一解析函数，试证：

(1) $\overline{\mathrm{i}\overline{f(z)}}$ 也是解析函数。

(2) $-u$ 是 v 的共轭调和函数。

(3) $\dfrac{\partial^2 |f(z)|^2}{\partial x^2} + \dfrac{\partial^2 |f(z)|^2}{\partial y^2} = 4(u_x^2+v_x^2) = 4|f'(z)|^2$。

第四章 解析函数的级数理论

级数是高等数学中的重要内容,也是一种有力工具。在复数范围内把解析函数表示为级数不但有理论意义,而且有实际应用的意义。例如利用级数可计算函数、积分的近似值,在解微分方程时也要用到级数。

本章着重介绍复变函数项级数中的幂级数、泰勒级数和洛朗级数。它们都是研究解析函数的重要工具,也是学习下一章的必要基础。在学习本章内容时,大家可以结合高等数学中级数部分的内容学习,发现关于复数项级数和复变函数项级数的某些概念与定理都是实数范围内的相应内容在复数范围内的直接推广。在学习过程中,大家要善于对比,更要注意它们的区别。

第一节 复数项级数

一、复数序列的极限

给定一个复数序列 $\{\alpha_n\}$:$\alpha_1=a_1+ib_1,\alpha_2=a_2+ib_2,\cdots,\alpha_n=a_n+ib_n,\cdots$。按照 $\{|\alpha_n|\}$ 是有界或无界序列,称 $\{\alpha_n\}$ 为有界或无界复数序列。

定义 4.1 设 $\{\alpha_n=a_n+ib_n\}(n=1,2,\cdots)$ 为一个复数序列,$\alpha_0=a+ib$ 是一个确定的复常数。如果对于任意给定的 $\varepsilon>0$,总可以找到一个正数 N,使得当 $n>N$ 时
$$|\alpha_n-\alpha_0|<\varepsilon$$
即
$$\sqrt{(a_n-a)^2+(b_n-b)^2}<\varepsilon$$
那么就称 $\{\alpha_n\}$ 收敛或 $\{\alpha_n\}$ 有极限为 α_0,把 $\{\alpha_n\}$ 称作收敛序列,并且收敛于 α_0,记作
$$\lim_{n\to\infty}\alpha_n=\alpha_0 \quad \text{或} \quad \alpha_n\to\alpha_0 \quad (n\to\infty)$$
如果序列 $\{\alpha_n\}$ 不收敛,则称 $\{\alpha_n\}$ 发散,或者说它是发散序列。

注意:要想利用定义证明复数序列的收敛性,就需要通过不等式 $|\alpha_n-\alpha_0|<\varepsilon$ 来解 N,最终会发现 N 是依赖于 ε 存在的,因此也往往将 N 记作 $N(\varepsilon)$,这与高等数学里极限的证明方法是相似的,但在复变函数里,我们一般不做这样的证明。

由复数序列 $\{\alpha_n\}$ 收敛的定义容易得出下面的定理。

定理 4.1 $\lim\limits_{n\to\infty}\alpha_n=\alpha_0 \Leftrightarrow \lim\limits_{n\to\infty}|\alpha_n-\alpha_0|=0$

由不等式
$$|a_n-a|\leqslant|\alpha_n-\alpha_0|\leqslant|a_n-a|+|b_n-b|$$
$$|b_n-b|\leqslant|\alpha_n-\alpha_0|\leqslant|a_n-a|+|b_n-b|$$

容易看出，$\lim\limits_{n\to\infty}\alpha_n=\alpha_0$ 等价于下列两极限式

$$\lim_{n\to\infty}a_n=a \quad \lim_{n\to\infty}b_n=b \tag{4.1}$$

因此，有下面的定理。

定理 4.2 复数序列 $\{\alpha_n\}$ 收敛（于 α_0）的充分必要条件是实数序列 $\{a_n\}$ 收敛（于 a）以及实数序列 $\{b_n\}$ 收敛（于 b），即

$$\lim_{n\to\infty}\alpha_n=\alpha_0 \Leftrightarrow \lim_{n\to\infty}a_n=a \quad \lim_{n\to\infty}b_n=b$$

证：(1) 必要性。若复数序列 $\{\alpha_n\}$ 收敛于 α_0，即 $\lim\limits_{n\to\infty}\alpha_n=\alpha_0$，由定义 4.1 可知，对于任意给定的 $\varepsilon>0$，存在 N，当 $n>N$ 时，$|\alpha_n-\alpha_0|<\varepsilon$，即 $\sqrt{(a_n-a)^2+(b_n-b)^2}<\varepsilon$，于是

$$|a_n-a|\leqslant\sqrt{(a_n-a)^2+(b_n-b)^2}<\varepsilon$$

$$|b_n-b|\leqslant\sqrt{(a_n-a)^2+(b_n-b)^2}<\varepsilon$$

根据实数序列收敛的定义，有

$$\lim_{n\to\infty}a_n=a \quad \lim_{n\to\infty}b_n=b$$

(2) 充分性。如果 $\lim\limits_{n\to\infty}a_n=a$，$\lim\limits_{n\to\infty}b_n=b$，则对于任意给定的 $\varepsilon>0$，存在 N_1,N_2，当 $n>N_1$ 时有 $|a_n-a|<\dfrac{\varepsilon}{2}$，当 $n>N_2$ 时有 $|b_n-b|<\dfrac{\varepsilon}{2}$，取 $N=\max\{N_1,N_2\}$，则当 $n>N$ 时，就有

$$|\alpha_n-\alpha_0|=\sqrt{(a_n-a)^2+(b_n-b)^2}<\frac{\varepsilon}{2}+\frac{\varepsilon}{2}=\varepsilon$$

所以，当 $n>N$ 时，$|\alpha_n-\alpha_0|<\varepsilon$ 成立，由定义 4.1 得 $\lim\limits_{n\to\infty}\alpha_n=\alpha_0$。

利用两个实数序列的相应的结果，可以证明两个收敛复数序列的和、差、积、商仍收敛，并且其极限是相应极限的和、差、积、商。

例 4.1 判别下列复数序列是否收敛？若收敛，求出其极限。

(1) $\alpha_n=\dfrac{\cos n}{(1+\mathrm{i})^n}$ \quad (2) $\alpha_n=(-1)^n+\dfrac{n}{1+n}\mathrm{i}$ \quad (3) $\alpha_n=\dfrac{1+n\mathrm{i}}{1-n\mathrm{i}}$

(4) $\alpha_n=\cos(\mathrm{i}n)$ \quad (5) $\alpha_n=\left(\dfrac{1+\mathrm{i}}{2}\right)^n$

解：(1) 因 $\lim\limits_{n\to\infty}|\alpha_n|=\lim\limits_{n\to\infty}\dfrac{|\cos n|}{\sqrt{2}^n}=0$，由定理 4.1 知复数序列 $\alpha_n=\dfrac{\cos n}{(1+\mathrm{i})^n}$ 收敛，且有 $\lim\limits_{n\to\infty}\alpha_n=0$。

(2) 因 $\alpha_n=(-1)^n+\dfrac{n}{1+n}\mathrm{i}$，所以 $a_n=(-1)^n$，$b_n=\dfrac{n}{1+n}$。由于 $\lim\limits_{n\to\infty}a_n$ 不存在，$\lim\limits_{n\to\infty}b_n=1$，由定理 4.2 可知复数序列 $\alpha_n=(-1)^n+\dfrac{n}{1+n}\mathrm{i}$ 发散。

(3) 因 $\alpha_n=\dfrac{1+n\mathrm{i}}{1-n\mathrm{i}}=\dfrac{1-n^2}{1+n^2}+\dfrac{2n}{1+n^2}\mathrm{i}$，所以 $a_n=\dfrac{1-n^2}{1+n^2}$，$b_n=\dfrac{2n}{1+n^2}$。由于 $\lim\limits_{n\to\infty}a_n=-1$，$\lim\limits_{n\to\infty}b_n=0$，由定理 4.2 可知复数序列 $\alpha_n=\dfrac{1+n\mathrm{i}}{1-n\mathrm{i}}$ 收敛，且有 $\lim\limits_{n\to\infty}\alpha_n=-1$。

(4) 因为 $\alpha_n = \cos(in) = \mathrm{ch}\, n = \dfrac{e^n + e^{-n}}{2}$，于是有 $\lim\limits_{n\to\infty}\alpha_n = \lim\limits_{n\to\infty}\dfrac{e^n + e^{-n}}{2} = \infty$，故复数序列 $\alpha_n = \cos(in)$ 发散。

(5) $\alpha_n = \left(\dfrac{1+i}{2}\right)^n = \left[\dfrac{\sqrt{2}}{2}\left(\cos\dfrac{\pi}{4} + i\sin\dfrac{\pi}{4}\right)\right]^n = \dfrac{1}{2^{\frac{n}{2}}}\left(\cos\dfrac{n\pi}{4} + i\sin\dfrac{n\pi}{4}\right)$，因为 $\lim\limits_{n\to\infty}\dfrac{1}{2^{\frac{n}{2}}}\cos\dfrac{n\pi}{4} = 0$，$\lim\limits_{n\to\infty}\dfrac{1}{2^{\frac{n}{2}}}\sin\dfrac{n\pi}{4} = 0$，所以 $\alpha_n = \left(\dfrac{1+i}{2}\right)^n$ 收敛，且有 $\lim\limits_{n\to\infty}\alpha_n = 0$。

二、复数项级数的收敛性及其判别法

定义 4.2 设 $\{\alpha_n = a_n + ib_n\}$ $(n = 1, 2, \cdots)$ 为一个复数序列，表达式

$$\sum_{n=1}^{\infty}\alpha_n = \alpha_1 + \alpha_2 + \cdots + \alpha_n + \cdots$$

称为复数项级数，也可记为 $\sum\alpha_n$。

定义其前 n 项和序列为

$$s_n = \alpha_1 + \alpha_2 + \cdots + \alpha_n$$

如果序列 $\{s_n\}$ 收敛，即 $\lim\limits_{n\to\infty}s_n$ 存在，则级数 $\sum\alpha_n$ 收敛；如果序列 $\{s_n\}$ 发散，即 $\lim\limits_{n\to\infty}s_n$ 不存在，则级数 $\sum\alpha_n$ 发散。若 $\lim\limits_{n\to\infty}s_n = s$，则 $\sum\alpha_n$ 的和是 s，或 $\sum\alpha_n$ 收敛于 s，记作

$$\sum_{n=1}^{\infty}\alpha_n = s$$

注：如果级数 $\sum\alpha_n$ 收敛，那么 $\lim\limits_{n\to\infty}\alpha_n = \lim\limits_{n\to\infty}(s_n - s_{n-1}) = 0$。

由于 $s_n = \sum\limits_{k=1}^{n}a_k + i\sum\limits_{k=1}^{n}b_k$，若级数 $\sum\alpha_n$ 收敛（于 s），则有

$$\lim_{n\to\infty}s_n = \lim_{n\to\infty}\sum_{k=1}^{n}a_k + i\lim_{n\to\infty}\sum_{k=1}^{n}b_k = s = a + ib$$

因此，级数 $\sum\alpha_n$ 收敛（于 s）的充分必要条件是级数 $\sum a_n$ 收敛（于 a）以及级数 $\sum b_n$ 收敛（于 b）。这说明，复数项级数的收敛与发散问题可以转化为实数项级数的收敛与发散问题，于是有如下定理。

定理 4.3 级数 $\sum\limits_{n=1}^{\infty}\alpha_n$ 收敛的充要条件是级数 $\sum\limits_{n=1}^{\infty}a_n$ 和 $\sum\limits_{n=1}^{\infty}b_n$ 都收敛。

定理 4.4 复数项级数 $\sum\limits_{n=1}^{\infty}\alpha_n$ 收敛的必要条件是 $\lim\limits_{n\to\infty}\alpha_n = 0$。

证：因复数项级数 $\sum\limits_{n=1}^{\infty}\alpha_n$ 收敛，由定理 4.3 知实数项级数 $\sum\limits_{n=1}^{\infty}a_n$ 和 $\sum\limits_{n=1}^{\infty}b_n$ 均收敛，再由实数项级数收敛的必要条件有 $\lim\limits_{n\to\infty}a_n = 0$ 和 $\lim\limits_{n\to\infty}b_n = 0$，从而推出 $\lim\limits_{n\to\infty}\alpha_n = 0$。

例 4.2 判别下列级数的敛散性。

(1) $\sum\limits_{n=1}^{\infty}\left(\dfrac{1}{n} + \dfrac{i}{n^2}\right)$ 　　　　(2) $\sum\limits_{n=0}^{\infty}\dfrac{\mathrm{ch}\,n}{2^n}$

解：(1) $\sum_{n=1}^{\infty}\left(\dfrac{1}{n}+\dfrac{\mathrm{i}}{n^2}\right)=\sum_{n=1}^{\infty}\dfrac{1}{n}+\mathrm{i}\sum_{n=1}^{\infty}\dfrac{1}{n^2}$，由调和级数 $\sum_{n=1}^{\infty}\dfrac{1}{n}$ 发散可知此级数发散。

(2) 由双曲余弦的定义式，有

$$\dfrac{\mathrm{ch}\,n}{2^n}=\dfrac{\mathrm{e}^n+\mathrm{e}^{-n}}{2^{n+1}}=\dfrac{1}{2}\left[\left(\dfrac{\mathrm{e}}{2}\right)^n+\left(\dfrac{1}{2\mathrm{e}}\right)^n\right]>\dfrac{1}{2}\left(\dfrac{\mathrm{e}}{2}\right)^n>\dfrac{1}{2}$$

从而有 $\lim\limits_{n\to\infty}\dfrac{\mathrm{ch}\,n}{2^n}\neq 0$，由定理 4.4 知此级数发散。

三、复数项级数的绝对收敛与条件收敛

与实数项级数相类似，复数项级数也存在绝对收敛与条件收敛。

定理 4.5 如果 $\sum_{n=1}^{\infty}|\alpha_n|$ 收敛，那么 $\sum_{n=1}^{\infty}\alpha_n$ 也收敛，且不等式 $\left|\sum_{n=1}^{\infty}\alpha_n\right|\leqslant\sum_{n=1}^{\infty}|\alpha_n|$ 成立。

证：由于 $|\alpha_n|=\sqrt{a_n^2+b_n^2}$，而

$$|a_n|\leqslant\sqrt{a_n^2+b_n^2}\qquad |b_n|\leqslant\sqrt{a_n^2+b_n^2}$$

根据实数项级数的比较准则，由 $\sum_{n=1}^{\infty}|\alpha_n|$ 收敛可知级数 $\sum_{n=1}^{\infty}|a_n|$ 及 $\sum_{n=1}^{\infty}|b_n|$ 都收敛，因而 $\sum_{n=1}^{\infty}a_n$ 和 $\sum_{n=1}^{\infty}b_n$ 也都收敛，则 $\sum_{n=1}^{\infty}\alpha_n$ 是收敛的。

对于级数 $\sum_{n=1}^{\infty}\alpha_n$ 和 $\sum_{n=1}^{\infty}|\alpha_n|$ 的部分和成立的不等式 $\left|\sum_{k=1}^{n}\alpha_k\right|\leqslant\sum_{k=1}^{n}|\alpha_k|$，可以得出

$$\lim_{n\to\infty}\left|\sum_{k=1}^{n}\alpha_k\right|\leqslant\lim_{n\to\infty}\sum_{k=1}^{n}|\alpha_k|\qquad \text{或}\qquad \left|\sum_{k=1}^{\infty}\alpha_k\right|\leqslant\sum_{k=1}^{\infty}|\alpha_k|$$

如果 $\sum_{n=1}^{\infty}|\alpha_n|$ 收敛，称级数 $\sum_{n=1}^{\infty}\alpha_n$ 绝对收敛。

由于 $\sqrt{a_n^2+b_n^2}\leqslant|a_n|+|b_n|$，因此

$$\sum_{n=1}^{\infty}\sqrt{a_n^2+b_n^2}\leqslant\sum_{n=1}^{\infty}|a_n|+\sum_{n=1}^{\infty}|b_n|$$

所以当 $\sum_{n=1}^{\infty}a_n$ 与 $\sum_{n=1}^{\infty}b_n$ 绝对收敛时，$\sum_{n=1}^{\infty}\alpha_n$ 也绝对收敛。结合定理 4.3 可得 $\sum_{n=1}^{\infty}\alpha_n$ 绝对收敛的充分必要条件是级数 $\sum_{n=1}^{\infty}a_n$ 与 $\sum_{n=1}^{\infty}b_n$ 都绝对收敛。

绝对收敛的级数必收敛，收敛的级数却未必绝对收敛。如果 $\sum_{n=1}^{\infty}\alpha_n$ 收敛，而 $\sum_{n=1}^{\infty}|\alpha_n|$ 不收敛，则称级数 $\sum_{n=1}^{\infty}\alpha_n$ 是条件收敛的。

另外，因为 $\sum_{n=1}^{\infty}|\alpha_n|$ 的各项都是非负的实数，所以它的收敛性可用正项级数的判定法来判定。

例 4.3 判断下列级数是否收敛。若收敛,是否为绝对收敛?

(1) $\sum_{n=1}^{\infty} \dfrac{(3+5\mathrm{i})^n}{n!}$ 　　(2) $\sum_{n=1}^{\infty} \dfrac{\mathrm{i}^n}{n}$

解:(1) 因为级数 $\sum_{n=1}^{\infty} \left|\dfrac{(3+5\mathrm{i})^n}{n!}\right| = \sum_{n=1}^{\infty} \dfrac{34^{\frac{n}{2}}}{n!}$,由正项级数的比值判别法知 $\sum_{n=1}^{\infty} \dfrac{34^{\frac{n}{2}}}{n!}$ 收敛,所以原级数 $\sum_{n=1}^{\infty} \dfrac{(3+5\mathrm{i})^n}{n!}$ 绝对收敛。

(2) 因为级数 $\sum_{n=1}^{\infty} \left|\dfrac{\mathrm{i}^n}{n}\right| = \sum_{n=1}^{\infty} \left|\dfrac{1}{n}\right|$ 发散,故级数 $\sum_{n=1}^{\infty} \dfrac{\mathrm{i}^n}{n}$ 非绝对收敛。又因为 $\dfrac{\mathrm{i}^n}{n} = \dfrac{1}{n}\left(\cos\dfrac{n}{2}\pi + \mathrm{i}\sin\dfrac{n}{2}\pi\right) = \dfrac{(-1)^n}{2n} + \mathrm{i}\dfrac{(-1)^{n-1}}{2n-1}$,所以 $\sum_{n=1}^{\infty}\dfrac{\mathrm{i}^n}{n} = \sum_{n=1}^{\infty}\dfrac{(-1)^n}{2n} + \mathrm{i}\sum_{n=1}^{\infty}\dfrac{(-1)^{n-1}}{2n-1}$,由莱布尼茨判别法知 $\sum_{n=1}^{\infty}\dfrac{(-1)^n}{2n}$ 和 $\sum_{n=1}^{\infty}\dfrac{(-1)^{n-1}}{2n-1}$ 都收敛,所以级数 $\sum_{n=1}^{\infty}\dfrac{\mathrm{i}^n}{n}$ 收敛。

综上,级数 $\sum_{n=1}^{\infty}\dfrac{\mathrm{i}^n}{n}$ 条件收敛。

第二节 幂 级 数

一、复变函数项级数

设 $\{f_n(z)\}(n=1,2,\cdots)$ 为区域 E 内的复变函数序列,表达式

$$\sum_{n=1}^{\infty} f_n(z) = f_1(z) + f_2(z) + \cdots + f_n(z) + \cdots$$

称为区域 E 内的复变函数项级数,记作 $\sum_{n=1}^{\infty} f_n(z)$。该级数前 n 项和

$$s_n(z) = f_1(z) + f_2(z) + \cdots + f_n(z)$$

称为级数的部分和。

如果对于 E 内的某一点 z_0,极限 $\lim_{n\to\infty} s_n(z_0) = s(z_0)$ 存在,那么称复变函数项级数 $\sum_{n=1}^{\infty} f_n(z)$ 在点 z_0 收敛,点 z_0 称为收敛点,而 $s(z_0)$ 称为它的和。反之,$\sum_{n=1}^{\infty} f_n(z)$ 在点 z_0 发散。复变函数项级数 $\sum_{n=1}^{\infty} f_n(z)$ 可能在区域 E 内某些点处收敛,某些点处发散,将它的收敛点的全体记为收敛域 D,则级数在区域 D 内处处收敛,那么它的和一定成为 z 的一个函数 $s(z)$:

$$s(z) = f_1(z) + f_2(z) + \cdots + f_n(z) + \cdots$$

$s(z)$ 称为级数 $\sum_{n=1}^{\infty} f_n(z)$ 的和函数。

常见的函数项级数有幂级数、三角级数和洛朗级数等,下面先讨论最简单的复变函数

项级数——幂级数。

二、幂级数的概念

形如

$$\sum_{n=0}^{\infty} c_n(z-z_0)^n = c_0 + c_1(z-z_0) + c_2(z-z_0)^2 + \cdots + c_n(z-z_0)^n + \cdots \quad (4.2)$$

或

$$\sum_{n=0}^{\infty} c_n z^n = c_0 + c_1 z + c_2 z^2 + \cdots + c_n z^n + \cdots \quad (4.3)$$

的复函数项级数称为幂级数。其中,$c_n(n=0,1,2,\cdots)$ 及 z_0 均为复常数。

若令 $z-z_0=\zeta$,则式(4.2)左侧为 $\sum_{n=0}^{\infty} c_n \zeta^n$,这就是式(4.3)的形式。今后,式(4.2)的幂级数问题可转化为式(4.3)的幂级数来讨论。

首先研究幂级数的收敛域。显然,当 $z=0$ 时幂级数式(4.3)一定收敛。而该幂级数在其他点处的敛散性同实变量幂级数一样,有如下定理。

定理 4.6[阿贝尔(Abel)定理] 如果级数 $\sum_{n=0}^{\infty} c_n z^n$ 在 $z=z_0(z_0 \neq 0)$ 处收敛,那么对满足 $|z|<|z_0|$ 的 z,级数必绝对收敛;如果级数 $\sum_{n=0}^{\infty} c_n z^n$ 在 $z=z_0$ 处发散,那么对满足 $|z|>|z_0|$ 的 z,级数必发散。

三、幂级数的收敛圆与收敛半径

对于一个形如式(4.2)的幂级数,在 $z=z_0$ 这一点总是收敛的,当 $z \neq z_0$ 时,可能有下述三种情况。

(1) 对任意的 z,级数 $\sum_{n=0}^{\infty} c_n (z-z_0)^n$ 均发散。

例 4.4 对级数 $1+z+2^2 z^2+\cdots+n^n z^n+\cdots$,当 $z \neq 0$ 时,通项不趋于零,故发散。

(2) 对任意的 z,级数 $\sum_{n=0}^{\infty} c_n (z-z_0)^n$ 均收敛。

例 4.5 对级数 $1+z+\dfrac{z^2}{2^2}+\cdots+\dfrac{z^n}{n^n}+\cdots$,对任意固定的 z,从某个 n 开始,以后总有 $\dfrac{|z|}{n}<\dfrac{1}{2}$,于是有 $\left|\dfrac{z^n}{n^n}\right|<\left(\dfrac{1}{2}\right)^n$,故所给级数对任意的 z 均收敛。

(3) 存在一点 $z_1 \neq z_0$,使 $\sum_{n=0}^{\infty} c_n (z_1-z_0)^n$ 收敛(此时,根据定理 4.6 的第一部分知,它必在圆周 $|z-z_0|=|z_1-z_0|=R_1$ 内部绝对收敛),另外又存在一点 z_2,使 $\sum_{n=0}^{\infty} c_n (z_2-z_0)^n$ 发散,它必在圆周 $|z-z_0| \geqslant |z_2-z_0|=R_2$ 外部发散。显然,$R_1<R_2$。否则,级数将在 z_1 处发散。而对于 $|z_1-z_0|<|z-z_0|<|z_2-z_0|$ 中的任意点 z,若为收敛点,则 R_1 增大;若

为发散点,则 R_2 减小,直到存在一个有限正数 R,使得 $\sum_{n=0}^{\infty} c_n(z-z_0)^n$ 在圆周 $|z-z_0|=R$ 内部绝对收敛,在圆周 $|z-z_0|=R$ 的外部发散。把这个分界圆周 $|z-z_0|=R$ 记为 C_R,称为幂级数的收敛圆,R 称为此幂级数的收敛半径。

在第一种情况下,约定 $R=0$。在第二种情况下,约定 $R=+\infty$,并也称它们为收敛半径。通过以上分析可知,幂级数式(4.2)的收敛范围是以 $z=z_0$ 为中心的圆域,幂级数式(4.3)的收敛范围是以原点为中心的圆域。

例 4.6 求幂级数 $\sum_{n=0}^{\infty} z^n = 1+z+z^2+\cdots+z^n+\cdots$ 的收敛范围与和函数。

解:级数的部分和

$$s_n = 1+z+z^2+\cdots+z^{n-1} = \frac{1-z^n}{1-z} \quad (z \neq 1)$$

当 $|z|<1$ 时,由于 $\lim_{n\to\infty} z^n = 0$,从而有 $\lim s^n = \frac{1}{1-z}$,即当 $|z|<1$ 时,级数 $\sum_{n=0}^{\infty} z^n$ 收敛,和函数为 $\frac{1}{1-z}$;当 $|z|>1$ 时,由于 $n\to\infty$ 时级数的一般项 z^n 不趋于零,故级数发散。由阿贝尔定理知级数的收敛范围为一单位圆 $|z|<1$,在此圆域内,级数不仅收敛,而且绝对收敛,收敛半径为 1,并有 $\frac{1}{1-z} = 1+z+z^2+\cdots+z^n+\cdots$。

注:一个幂级数在其收敛圆周上的敛散性不确定,一般来说有三种可能,即处处收敛;处处发散;既有收敛点又有发散点。我们要具体问题具体分析。

下面给出关于幂级数收敛半径的求法。

定理 4.7(比值法) 若

$$\lim_{n\to\infty} \left|\frac{c_{n+1}}{c_n}\right| = \lambda \tag{4.4}$$

则幂级数 $\sum_{n=0}^{\infty} c_n(z-z_0)^n$ 或幂级数 $\sum_{n=0}^{\infty} c_n z^n$ 的收敛半径 $R=\frac{1}{\lambda}(0<\lambda<\infty)$。特别约定,当 $\lambda=0$ 时,$R=\infty$;当 $\lambda=\infty$ 时,$R=0$。

定理 4.8(根值法) 若

$$\lim_{n\to\infty} \sqrt[n]{|c_n|} = \lambda \tag{4.5}$$

则幂级数 $\sum_{n=0}^{\infty} c_n(z-z_0)^n$ 或幂级数 $\sum_{n=0}^{\infty} c_n z^n$ 的收敛半径 $R=\frac{1}{\lambda}(0<\lambda<\infty)$。特别约定,当 $\lambda=0$ 时,$R=\infty$;当 $\lambda=\infty$ 时,$R=0$。

例 4.7 试求下列幂级数的收敛半径 R。

(1) $\sum_{n=0}^{\infty} \frac{z^n}{n^2}$　　(2) $\sum_{n=0}^{\infty} \frac{z^n}{n!}$　　(3) $\sum_{n=0}^{\infty} z^n n!$　　(4) $\sum_{n=0}^{\infty} (n+a^n) z^n$

解:(1) 因为 $\lim_{n\to\infty} \left|\frac{c_{n+1}}{c_n}\right| = \lim_{n\to\infty} \left|\frac{n^2}{(n+1)^2}\right| = 1$,所以 $R=1$。

(2) 因为 $\lim_{n\to\infty} \left|\frac{c_{n+1}}{c_n}\right| = \lim_{n\to\infty} \left|\frac{n!}{(n+1)!}\right| = 0$,所以 $R=\infty$。

（3）因为 $\lim\limits_{n\to\infty}\left|\dfrac{c_{n+1}}{c_n}\right|=\lim\limits_{n\to\infty}\left|\dfrac{(n+1)!}{n!}\right|=\infty$，所以 $R=0$。

由于 $R=\dfrac{1}{\lambda}$，也可以这样求解收敛半径

$$R=\lim_{n\to\infty}\left|\dfrac{c_n}{c_{n+1}}\right|$$

（4）因为 $c_n=n+a^n$，所以 $R=\lim\limits_{n\to\infty}\left|\dfrac{c_n}{c_{n+1}}\right|=\lim\limits_{n\to\infty}\left|\dfrac{n+a^n}{(n+1)+a^{n+1}}\right|$，而 a 是不确定的，需要讨论 a 取不同值时 R 的情况。

① 当 $|a|\leqslant 1$ 时，$\lim\limits_{n\to\infty}\dfrac{a^n}{n}=0$，$\lim\limits_{n\to\infty}\dfrac{a^{n+1}}{n}=0$，故 $R=1$。

② 当 $|a|>1$ 时，$R=\lim\limits_{n\to\infty}\left|\dfrac{1+\dfrac{n}{a^n}}{\dfrac{n}{a^n}+\dfrac{1}{a^n}+a}\right|=\left|\dfrac{1}{a}\right|$。

例 4.8 试求幂级数 $\sum\limits_{n=0}^{\infty}\dfrac{(z-1)^n}{n}$ 的收敛半径，并讨论 $z=0$ 和 $z=2$ 时级数的收敛性。

解：因为 $\lim\limits_{n\to\infty}\left|\dfrac{c_{n+1}}{c_n}\right|=\lim\limits_{n\to\infty}\dfrac{n}{n+1}=1$，故 $R=1$。

在收敛圆周 $|z-1|=1$ 上，当 $z=0$ 时，原级数为 $\sum\limits_{n=0}^{\infty}\dfrac{(-1)^n}{n}$，级数收敛；当 $z=2$ 时，原级数为 $\sum\limits_{n=0}^{\infty}\dfrac{1}{n}$，级数发散。

这个例子表明，相较于实变量级数在区间端点的收敛性判断，复变量级数在收敛圆周上的情况比较复杂，有可能收敛，也有可能发散，要根据级数的情况进行具体分析。

例 4.9 求幂级数 $\sum\limits_{k=1}^{\infty}z^{2k}$ 的收敛半径。

解：因为级数是缺项级数，即 $c_n=\begin{cases}0 & (n\neq 2k)\\1 & (n=2k)\end{cases}$，因此不能直接使用比值法或根值法求解收敛半径，由于

$$\lim_{n\to\infty}\dfrac{|z^{2(k+1)}|}{|z^{2k}|}=|z^2|=|z|^2<1$$

则 $|z|<1$ 时，判断幂级数收敛，故收敛半径 $R=1$。

注：对于缺项幂级数的收敛半径的求解过程可仿照定理 4.7 的证明过程获得。

四、幂级数的运算和性质

与实变幂级数一样，复变幂级数也能进行有理运算。

若

$$f(z) = \sum_{n=0}^{\infty} a_n z^n \quad (|z| < r_1) \qquad g(z) = \sum_{n=0}^{\infty} b_n z^n \quad (|z| < r_2)$$

则在 $|z| < R = \min\{r_1, r_2\}$ 内，这两个幂级数可以进行加、减、乘运算，即

$$f(z) \pm g(z) = \sum_{n=0}^{\infty} a_n z^n \pm \sum_{n=0}^{\infty} b_n z^n$$

$$f(z)g(z) = \left(\sum_{n=0}^{\infty} a_n z^n\right)\left(\sum_{n=0}^{\infty} b_n z^n\right)$$

$$= \sum_{n=0}^{\infty}(a_n b_0 + a_{n-1}b_1 + a_{n-2}b_2 + \cdots + a_0 b_n)z^n \quad (|z| < R)$$

例 4.10 设有幂级数 $\sum_{n=0}^{\infty} z^n$ 与 $\sum_{n=0}^{\infty} \dfrac{1}{1+a^n} z^n \,(0 < a < 1)$，求 $\sum_{n=0}^{\infty} z^n - \sum_{n=0}^{\infty} \dfrac{1}{1+a^n} z^n = \sum_{n=0}^{\infty} \dfrac{a^n}{1+a^n} z^n$ 的收敛半径。

解：经过计算可得 $\sum_{n=0}^{\infty} z^n$ 与 $\sum_{n=0}^{\infty} \dfrac{1}{1+a^n} z^n$ 的收敛半径都为 1。对于幂级数 $\sum_{n=0}^{\infty} \dfrac{a^n}{1+a^n} z^n$ 的收敛半径，有

$$R = \lim_{n \to \infty}\left|\frac{\dfrac{a^n}{1+a^n}}{\dfrac{a^{n+1}}{1+a^{n+1}}}\right| = \lim_{n \to \infty} \frac{1+a^{n+1}}{a(1+a^n)} = \frac{1}{a} > 1$$

可以看出，$\sum_{n=0}^{\infty} \dfrac{a^n}{1+a^n} z^n$ 自身的收敛圆域大于 $\sum_{n=0}^{\infty} z^n$ 与 $\sum_{n=0}^{\infty} \dfrac{1}{1+a^n} z^n$ 的公共收敛圆域 $|z| < 1$。但应注意，使等式

$$\sum_{n=0}^{\infty} z^n - \sum_{n=0}^{\infty} \frac{1}{1+a^n} z^n = \sum_{n=0}^{\infty} \frac{a^n}{1+a^n} z^n$$

成立的收敛圆域仍应为 $|z| < 1$，不能扩大。

幂级数更重要的一种运算是代换运算，就是当 $|z| < r$ 时，$f(z) = \sum_{n=0}^{\infty} a_n z^n$，又设在 $|z| < R$ 内 $g(z)$ 解析且满足 $|g(z)| < r$，那么当 $|z| < R$ 时，$f[g(z)] = \sum_{n=0}^{\infty} a_n [g(z)]^n$。这个代换运算在把函数展开成幂级数时有着广泛的应用。例如，由

$$\frac{1}{1-z} = 1 + z + z^2 + \cdots + z^n + \cdots \quad (|z| < 1)$$

可以得出

$$\frac{1}{1+z} = 1 - z + z^2 - \cdots + (-1)^n z^n + \cdots \quad (|z| < 1)$$

一般地，我们利用已知函数的幂级数展开式，经过恒等变形和幂级数的四则运算，也可以间接地求此函数的幂级数展开式。

例 4.11 将函数 $\dfrac{1}{z-2}$ 表示成形如 $\sum_{n=0}^{\infty} c_n (z-1)^n$ 的幂级数。

解：将函数 $\dfrac{1}{z-2}$ 改写成如下形式：

$$\frac{1}{z-2}=\frac{1}{(z-1)-1}=-\frac{1}{1-(z-1)}$$

由例 4.6 知，当 $|z-1|<1$ 时，有

$$\frac{1}{1-(z-1)}=1+(z-1)+(z-1)^2+\cdots+(z-1)^n+\cdots$$

从而得到

$$\frac{1}{z-2}=-1-(z-1)-(z-1)^2-\cdots-(z-1)^n-\cdots$$

通过观察本题的解题步骤可以看出：若想将函数 $\dfrac{1}{z-b}$ 表示成形如 $\sum\limits_{n=0}^{\infty}c_n(z-a)^n$ 的幂级数，首先要把函数作代数变形，将复变量 z 化为 $z-a$，再将 $\dfrac{1}{z-b}$ 变形为 $\dfrac{1}{1-g(z)}$，其中 $g(z)=\dfrac{z-a}{b-a}$。利用 $\dfrac{1}{1-z}$ 的展开式，将其中的复变量 z 换成 $g(z)$ 便得到所求的幂级数。

必须注意，只有 $|g(z)|<1$ 时才能使用 $\dfrac{1}{1-z}$ 的展开式。

这种展开方法在将函数展开成幂级数时常会用到，与实变量函数中将函数间接展开成幂级数的方法相同。

复变量幂级数的和函数也与实变量幂级数的和函数一样，在其收敛圆内有如下性质。

定理 4.9 设幂级数 $\sum\limits_{n=0}^{\infty}c_n(z-z_0)^n$ 的收敛半径为 R，则

(1) 它的和函数 $f(z)=\sum\limits_{n=0}^{\infty}c_n(z-z_0)^n$ 是收敛圆 $|z-z_0|<R$ 内的解析函数。

(2) $f(z)$ 在收敛圆内的导数可通过将其幂级数逐项求导得到，即

$$f'(z)=\sum_{n=1}^{\infty}nc_n(z-z_0)^{n-1} \tag{4.6}$$

(3) $f(z)$ 在收敛圆内可以逐项积分，即

$$\int_C f(z)\mathrm{d}z=\sum_{n=0}^{\infty}c_n\int_C(z-z_0)^n\mathrm{d}z \tag{4.7}$$

或

$$\int_{z_0}^{z}f(\zeta)\mathrm{d}\zeta=\sum_{n=0}^{\infty}\frac{c_n}{n+1}(z-z_0)^{n+1}$$

其中，C 为区域 $|z-z_0|<R$ 内的一条曲线。

例 4.12 将函数 $f(z)=-\dfrac{1}{(1+z)^2}$ 表示为形如 $\sum\limits_{n=0}^{\infty}c_n z^n$ 的幂级数。

解：由求导公式及定理 4.9 得

$$-\frac{1}{(1+z)^2}=\left(\frac{1}{1+z}\right)'=[1-z+z^2-\cdots+(-1)^n z^n+\cdots]'$$

$$=\left[\sum_{n=0}^{\infty}(-1)z^n\right]'=\sum_{n=0}^{\infty}[(-1)z^n]'=\sum_{n=0}^{\infty}(-1)^{n+1}(n+1)z^n \quad (|z|<1)$$

也可以写作 $\sum_{n=1}^{\infty}(-1)^n n z^{n-1}\ (|z|<1)$。这里要注意 n 的初始值的选择对结论的影响。

例 4.13 将函数 $f(z)=\ln(1-z)$ 表示为形如 $\sum_{n=0}^{\infty}c_n z^n$ 的幂级数。

解：设 C 为区域 $|z|<1$ 内的任一光滑曲线，由定理 4.9 得

$$\ln(1-z)=\int_C \frac{1}{1-z}\mathrm{d}z=\int_C (1+z+z^2+\cdots+z^n+\cdots)\mathrm{d}z$$

$$=\int_C \sum_{n=0}^{\infty}z^n \mathrm{d}z=\sum_{n=0}^{\infty}\int_C z^n \mathrm{d}z=\sum_{n=0}^{\infty}\frac{z^{n+1}}{n+1}\quad(|z|<1)$$

第三节 泰勒级数

在上一节中，我们已经知道一个幂级数的和函数在它的收敛圆内部是一个解析函数。与此相对应的问题：任何一个解析函数是否能用幂级数来表达？这个问题不但具有理论意义，而且很有实用价值。

通过讨论我们可以得到下面的定理。

定理 4.10（泰勒展开定理） 设 $f(z)$ 在区域 D 内解析，$z_0\in D$，对于任意圆周 $C:|z-z_0|=r$，只要其内部 $|z-z_0|<r$ 含于 D，则 $f(z)$ 在 C 内能展开成幂级数

$$f(z)=\sum_{n=0}^{\infty}c_n(z-z_0)^n \tag{4.8}$$

其中，系数

$$c_n=\frac{1}{2\pi\mathrm{i}}\oint_K \frac{f(\zeta)}{(\zeta-z_0)^{n+1}}\mathrm{d}\zeta=\frac{f^{(n)}(z_0)}{n!}\quad(K:|\zeta-z_0|=r,n=0,1,2,\cdots)\tag{4.9}$$

且展开式是唯一的。

证：证明的关键是利用柯西积分公式及如下熟知的公式：

$$\frac{1}{1-z}=\sum_{n=0}^{\infty}z^n\quad(|z|<1)$$

设 z 为 C 内任一取定的点，总有一个正向圆周 $K:|\zeta-z_0|=r$，使点 z 含在 K 的内部，如图 4.1 所示。由柯西积分公式得 $f(z)=\frac{1}{2\pi\mathrm{i}}\oint_K \frac{f(\zeta)}{\zeta-z}\mathrm{d}\zeta$。假设将被积式 $\frac{f(\zeta)}{\zeta-z}$ 表示为含有 $z-z_0$ 的幂级数，则通过恒等变形有

$$\frac{f(\zeta)}{\zeta-z}=\frac{f(\zeta)}{\zeta-z_0-(z-z_0)}=\frac{f(\zeta)}{\zeta-z_0}\cdot\frac{1}{1-\frac{z-z_0}{\zeta-z_0}}$$

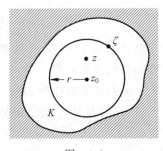

图 4.1

由于变量 ζ 取在圆周 K 上，点 z 在 C 的内部，所以有 $\left|\frac{z-z_0}{\zeta-z_0}\right|=\frac{|z-z_0|}{r}=q<1$，$q$ 是与积

分变量 ζ 无关的量,并且 $0 \leqslant q < 1$。应用熟知公式可得 $\dfrac{1}{1-\dfrac{z-z_0}{\zeta-z_0}} = \sum\limits_{n=0}^{\infty}\left(\dfrac{z-z_0}{\zeta-z_0}\right)^n$。右端的

级数在 K 上(关于 ζ)是收敛的,与 K 上的有界函数 $\dfrac{f(\zeta)}{\zeta-z_0}$ 相乘,仍然得到 K 上的收敛级数。于是

$$\frac{f(\zeta)}{\zeta-z} = \sum_{n=0}^{\infty}(z-z_0)^n \cdot \frac{f(\zeta)}{(\zeta-z_0)^{n+1}}$$

表示为 K 上的收敛级数。将上式沿 K 积分,并与 $\dfrac{1}{2\pi \mathrm{i}}$ 相乘即得结果。根据逐项积分定理得

$$f(z) = \frac{1}{2\pi \mathrm{i}}\oint_K \frac{f(\zeta)}{\zeta-z}\mathrm{d}\zeta = \sum_{n=0}^{\infty}\left[\frac{1}{2\pi \mathrm{i}}\oint_K \frac{f(\zeta)}{(\zeta-z_0)^{n+1}}\mathrm{d}\zeta\right](z-z_0)^n$$

$$= \sum_{n=0}^{N-1}\left[\frac{1}{2\pi \mathrm{i}}\oint_K \frac{f(\zeta)}{(\zeta-z_0)^{n+1}}\mathrm{d}\zeta\right](z-z_0)^n + \frac{1}{2\pi \mathrm{i}}\oint_K \left[\sum_{n=N}^{\infty}\frac{f(\zeta)}{(\zeta-z_0)^{n+1}}(z-z_0)^n\right]\mathrm{d}\zeta$$

由解析函数的高阶导公式

$$\sum_{n=0}^{N-1}\left[\frac{1}{2\pi \mathrm{i}}\oint_K \frac{f(\zeta)}{(\zeta-z_0)^{n+1}}\mathrm{d}\zeta\right](z-z_0)^n = \sum_{n=0}^{N-1}\frac{f^n(z_0)}{n!}(z-z_0)^n$$

设

$$R_N(z) = \frac{1}{2\pi \mathrm{i}}\oint_K \left[\sum_{n=N}^{\infty}\frac{f(\zeta)}{(\zeta-z_0)^{n+1}}(z-z_0)^n\right]\mathrm{d}\zeta$$

由于 K 含于 D 内,而 $f(z)$ 在 D 内解析,从而在 K 上连续,因此 $f(\zeta)$ 在 K 上有界,即存在一个正常数 M,在 K 上 $|f(\zeta)| \leqslant M$,因此有

$$|R_N(z)| \leqslant \left|\frac{1}{2\pi \mathrm{i}}\oint_K \sum_{n=N}^{\infty}\frac{f(\zeta)}{(\zeta-z_0)^{n+1}}(z-z_0)^n\right|\mathrm{d}s \leqslant \frac{1}{2\pi}\oint_K \left[\sum_{n=N}^{\infty}\frac{|f(\zeta)|}{|\zeta-z_0|}\left|\frac{z-z_0}{\zeta-z_0}\right|^n\right]\mathrm{d}s$$

$$\leqslant \frac{1}{2\pi} \cdot \sum_{n=N}^{\infty}\frac{M}{r}q^n \cdot 2\pi r = \frac{Mq^N}{1-q}$$

因为 $\lim\limits_{N \to \infty}q^N = 0$,所以 $\lim\limits_{N \to \infty}R_N(z) = 0$ 在 K 内成立,有

$$f(z) = \sum_{n=0}^{\infty}c_n(z-z_0)^n \quad c_n = \frac{1}{2\pi \mathrm{i}}\oint_K \frac{f(\zeta)}{(\zeta-z_0)^{n+1}}\mathrm{d}\zeta = \frac{f^{(n)}(z_0)}{n!}$$

这个公式称为 $f(z)$ 在 z_0 的泰勒展开式,式子右端的级数称为 $f(z)$ 在 z_0 的泰勒级数,与实变函数的情形相同。

上面的证明对任意 $z \in C$ 均成立,故定理的前半部分得证。下面证明展式是唯一的。

设 $f(z)$ 在点 z_0 处已用另外的方法展成幂级数

$$f(z) = a_0 + a_1(z-z_0) + \cdots + a_n(z-z_0)^n + \cdots$$

那么

$$f(z_0) = a_0$$

由定理 4.9 得

$$f'(z) = a_1 + 2a_2(z-z_0) + \cdots + na_n(z-z_0)^{n-1} + \cdots$$

于是
$$f'(z_0) = a_1$$
以此类推
$$f^{(n)}(z_0) = n!\, a_n$$
即得
$$a_n = \frac{1}{n!} f^{(n)}(z_0) \quad (n=0,1,2,\cdots)$$

由此可见，任何解析函数展开成幂级数的结果就是泰勒级数，而且是唯一的。

从定理证明过程中可以得出，如果 $f(z)$ 在点 z_0 解析，那么使 $f(z)$ 在点 z_0 的泰勒展开式成立的圆域的半径 R 就等于从点 z_0 到离点 z_0 最近的 $f(z)$ 的奇点 α 之间的距离，即 $R = |\alpha - z_0|$。因为 $f(z)$ 在收敛圆内解析，所以奇点 α 不可能在收敛圆内，而同时奇点 α 又不可能在收敛圆外，否则收敛半径还可以扩大，因此奇点 α 只能在收敛圆周上。

推论 1 幂级数是它的和函数 $f(z)$ 在收敛圆内的泰勒展开式，即
$$c_0 = f(z_0) \quad c_n = \frac{f^n(z_0)}{n!} \quad (n=1,2,\cdots)$$

推论 2 函数 $f(z)$ 在一点 z_0 解析 $\Leftrightarrow f(z)$ 在点 z_0 的某一邻域内有泰勒展开式。

由上面的讨论可以知道，若函数 $f(z)$ 在点 z_0 解析，那么 $f(z)$ 在以点 z_0 为圆心的解析圆内可以展开成泰勒级数，并且可以利用所给函数 $f(z)$ 的奇点得到泰勒展开式的收敛半径。又由于展开式的唯一性，不论用什么办法，只要运算合理，得到的 $f(z)$ 的幂级数展开式一定都是泰勒展开式。下面介绍将解析函数展开为泰勒级数的方法。

一、泰勒展开定理

利用泰勒展开式求解析函数 $f(z)$ 在点 z_0 附近的幂级数展开式，其本质问题是计算级数的系数 $c_0 = f(z_0), c_n = \frac{f^n(z_0)}{n!}(n=0,1,2,\cdots)$，即计算函数 $f(z)$ 在点 z_0 的各阶的导数。这是最基本也最直接的方法，因此也称为直接展开法。

例 4.14 求 $e^z, \cos z$ 及 $\sin z$ 在点 $z=0$ 处的泰勒展开式。

解：e^z 在整个复平面上处处解析。由于 $(e^z)^{(n)}\big|_{z=0} = e^z\big|_{z=0} = 1(n=0,1,2,\cdots)$，故
$$e^z = 1 + z + \frac{z^2}{2!} + \cdots + \frac{z^n}{n!} + \cdots \quad (|z| < \infty) \tag{4.10}$$

由于
$$(\sin z)' = \cos z = \sin\left(z + \frac{\pi}{2}\right)$$
$$(\sin z)'' = \cos\left(z + \frac{\pi}{2}\right) = \sin\left(z + 2 \cdot \frac{\pi}{2}\right)$$
$$(\sin z)^{(n)} = \sin\left(z + n \cdot \frac{\pi}{2}\right)$$

从而

$$(\sin z)^{(n)}\big|_{z=0} = \begin{cases} 0 & (n=2m) \\ (-1)^m & (n=2m+1) \end{cases}$$

于是

$$\sin z = z - \frac{z^3}{3!} + \cdots + (-1)^n \frac{z^{2n+1}}{(2n+1)!} + \cdots \quad (|z|<\infty) \tag{4.11}$$

同理可得

$$\cos z = 1 - \frac{z^2}{2!} + \frac{z^4}{4!} + \cdots + (-1)^n \frac{z^{2n}}{(2n)!} + \cdots \quad (|z|<\infty) \tag{4.12}$$

这三个级数都在整个复平面上收敛。

之前已知的结论还有

$$\frac{1}{1-z} = 1 + z + z^2 + z^3 + \cdots + z^n + \cdots \quad (|z|<1) \tag{4.13}$$

$$\frac{1}{1+z} = 1 - z + z^2 - z^3 + \cdots + (-1)^n z^n + \cdots \quad (|z|<1) \tag{4.14}$$

对于一般的函数 $f(z)$，求其 n 阶导数的通式是比较困难的，因此用直接展开法求函数的幂级数展开式是比较复杂的，因此我们往往采用间接展开法，即根据函数的幂级数展开式的唯一性，利用一些已知函数的幂级数展开式，再通过对幂级数进行变量代换、四则运算和分析运算（逐项积分、逐项求导等）等方法求出所给函数的幂级数展开式。为此必须掌握一些基本函数（如 $\frac{1}{1-z}, \frac{1}{1+z}, e^z, \sin z, \cos z$ 等）的幂级数展开式。

二、变量代换法

使用变量代换法求函数的幂级数展开式的举例如下。

例 4.15 将 $\frac{1}{1+z^2}$ 展开成 z 的幂级数。

解：利用

$$\frac{1}{1+z} = 1 - z + z^2 - \cdots + (-1)^n z^n + \cdots \quad (|z|<1)$$

变量代换后有

$$\frac{1}{1+z^2} = 1 - z^2 + z^4 - \cdots + (-1)^n z^{2n} + \cdots \quad (|z|<1)$$

三、运算性质法

使用运算性质法也可求函数的幂级数展开式，也可以称为级数带入法，举例如下。

例 4.16 将函数 $f(z) = \cos z$ 在点 $z=0$ 处展开成泰勒级数。

解：本例题之前已使用泰勒展开定理求解，现在利用幂级数的运算性质来求解。

$$f(z) = \cos z = \frac{e^{iz} + e^{-iz}}{2} = \frac{1}{2}\left[\sum_{n=0}^{\infty} \frac{1}{n!}(iz)^n + \sum_{n=0}^{\infty} \frac{1}{n!}(-iz)^n\right] = \sum_{n=0}^{\infty} \frac{(-1)^n}{(2n)!} z^{2n}$$

$$= 1 - \frac{z^2}{2!} + \frac{z^4}{4!} - \cdots + (-1)^n \frac{z^{2n}}{(2n)!} + \cdots \quad (|z|<\infty)$$

例 4.17 求函数 $f(z)=\mathrm{e}^{\frac{z}{z-1}}$ 在点 $z=0$ 处的泰勒展开式。

解：由

$$\frac{z}{z-1}=-z\cdot\frac{1}{1-z}=-z(1+z+z^2+z^3+\cdots)=-\sum_{n=0}^{\infty}z^{n+1}\quad(|z|<1)$$

有

$$\begin{aligned}\mathrm{e}^{\frac{z}{z-1}}&=\mathrm{e}^{-(z+z^2+z^3+\cdots)}\\&=1-(z+z^2+z^3+\cdots)+\frac{1}{2!}(z+z^2+z^3+\cdots)^2-\frac{1}{3!}(z+z^2+z^3+\cdots)^3-\cdots\\&=1-z-\frac{1}{2}z^2-\frac{1}{6}z^3-\cdots\quad(|z|<1)\end{aligned}$$

四、分析性质法

使用分析性质法求函数的幂级数展开式的举例如下。

例 4.18 求对数函数的主值 $\ln(1+z)$ 在点 $z=0$ 处的泰勒展开式。

解：因为 $\ln(1+z)$ 在从 -1 向左沿负实轴剪开的平面内是解析的，而距离点 $z=0$ 最近的奇点是 -1，其收敛半径为 $R=|-1-0|=1$，所以 $\ln(1+z)$ 在 $|z|<1$ 内可展成 z 的幂级数，并且有

$$[\ln(1+z)]'=\frac{1}{1+z}=\sum_{n=0}^{\infty}(-1)^n z^n\quad(|z|<1)$$

在 $|z|<1$ 内任取一条从 0 到 z 的积分路线 C，将上式两端沿 C 逐项积分得

$$\int_0^z\frac{1}{1+z}\mathrm{d}z=\sum_{n=0}^{\infty}\int_0^z(-1)^n z^n\mathrm{d}z$$

故有

$$\ln(1+z)=\sum_{n=0}^{\infty}(-1)^n\frac{z^{n+1}}{n+1}=z-\frac{z^2}{2}+\cdots+(-1)^n\frac{z^{n+1}}{n+1}+\cdots\quad(|z|<1)$$

例 4.16 中将函数 $f(z)=\cos z$ 在点 $z=0$ 处展开成泰勒级数，也可以使用分析性质法求解。由

$$\sin z=z-\frac{z^3}{3!}+\cdots+(-1)^n\frac{z^{2n+1}}{(2n+1)!}+\cdots\quad(|z|<\infty)$$

逐项求导，一样会得到

$$\cos z=(\sin z)'=1-\frac{z^2}{2!}+\frac{z^4}{4!}-\cdots+(-1)^n\frac{z^{2n}}{(2n)!}+\cdots\quad(|z|<\infty)$$

五、待定系数法

利用幂级数展开的唯一性，对比同类项系数可得到幂级数展开式。

例 4.19 求函数 $f(z)=\tan z$ 在点 $z=0$ 处的泰勒展开式。

解：由 $\tan z=\dfrac{\sin z}{\cos z}$ 推得 $\sin z=\tan z\cdot\cos z$。设

$$\tan z=a_0+a_1 z+a_2 z^2+\cdots+a_n z^n+\cdots$$

因为 $\tan z$ 在 $z=\pm\dfrac{\pi}{2}$ 处有奇点，因此 $\tan z$ 在 $|z|<\dfrac{\pi}{2}$ 内解析。由 $\sin z$ 和 $\cos z$ 在点 $z=0$ 处的泰勒展开式有

$$z-\frac{z^3}{3!}+\frac{z^5}{5!}-\cdots=(a_0+a_1z+a_2z^2+a_3z^3+a_4z^4+\cdots)\cdot\left(1-\frac{z^2}{2!}+\frac{z^4}{4!}-\cdots\right)$$

$$=a_0+a_1z+\left(a_2-\frac{a_0}{2!}\right)z^2+\left(a_3-\frac{a_1}{2!}\right)z^3+$$

$$\left(a_4-\frac{a_2}{2!}+\frac{a_0}{4!}\right)z^4+\left(a_5-\frac{a_3}{2!}+\frac{a_1}{4!}\right)z^5+\cdots$$

对比同类项系数得

$$a_0=0\quad a_1=1\quad a_2=0\quad a_3=-\frac{1}{3!}+\frac{a_1}{2!}=\frac{1}{3}\quad a_4=0\quad a_5=\frac{2}{15}\quad\cdots$$

因此

$$\tan z=z+\frac{1}{3}z^3+\frac{2}{15}z^5+\cdots\quad\left(|z|<\frac{\pi}{2}\right)$$

例 4.20 把幂级数 $(1+z)^\alpha$（α 为复常数）的主值支

$$f(z)=\mathrm{e}^{\alpha\ln(1+z)}\quad f(0)=1$$

展成 z 的幂级数。

解：由于 $f(z)$ 在从 -1 起向左沿负实轴剪开的复平面内解析，因此必能在 $|z|<1$ 内展开成 z 的幂级数。令

$$\varphi(z)=\ln(1+z)\quad 1+z=\mathrm{e}^{\varphi(z)}$$

则 $f(z)=\mathrm{e}^{\alpha\varphi(z)}$，求导得

$$f'(z)=\mathrm{e}^{\alpha\varphi(z)}\cdot\alpha\varphi'(z)=\alpha\mathrm{e}^{(\alpha-1)\varphi(z)}$$

$$f''(z)=\alpha(\alpha-1)\mathrm{e}^{(\alpha-2)\varphi(z)}$$

$$f^{(n)}(z)=\alpha(\alpha-1)\cdots(\alpha-n+1)\mathrm{e}^{(\alpha-n)\varphi(z)}$$

令 $z=0$ 得

$$(1+z)^\alpha=1+\alpha z+\frac{\alpha(\alpha-1)}{2!}z^2+\frac{\alpha(\alpha-1)(\alpha-2)}{3!}z^3+\cdots+$$

$$\frac{\alpha(\alpha-1)\cdots(\alpha-n+1)}{n!}z^n+\cdots\quad(|z|<1) \tag{4.15}$$

在今后的运算中，式(4.10)～式(4.15)可直接作为结论应用。

注：以下三种说法等价。

(1) 将函数 $f(z)$ 在点 $z=0$ 处展开为幂级数。

(2) 将函数 $f(z)$ 展开为 z 的幂级数。

(3) 求函数 $f(z)$ 在点 $z=0$ 处的泰勒展开式。

展开的通项为 $f(z)=\sum\limits_{n=0}^{\infty}a_nz^n$ 型，收敛范围为 $|z|<R$。

注：以下三种说法等价。

(1) 将函数 $f(z)$ 在点 $z=z_0$ 处展开为幂级数。

(2) 将函数 $f(z)$ 展开为 $z-z_0$ 的幂级数。

(3) 求函数 $f(z)$ 在点 $z=z_0$ 处的泰勒展开式。

展开的通项为 $f(z)=\sum_{n=0}^{\infty}a_n(z-z_0)^n$ 型，收敛范围为 $|z-z_0|<R$。

第四节 洛朗级数

泰勒展开定理告诉我们，一个在以点 z_0 为中心的圆域内解析的函数 $f(z)$，可以在该圆域内展开成 $z-z_0$ 的幂级数。而如果函数 $f(z)$ 在点 z_0 处不解析，还能不能够展开成 $z-z_0$ 的幂级数呢？如果能够展开，是在什么样的区域内展开呢？展开的方式和方法是什么？展开后的形式与泰勒级数有什么区别和联系？收敛问题又是如何解决的呢？本节将对以上问题进行讨论，得出对于在点 z_0 处不解析的函数 $f(z)$，存在以点 z_0 为圆心的解析圆环，使函数能够展开为洛朗级数的方法。

考虑级数
$$\beta_0+\beta_{-1}(z-z_0)^{-1}+\beta_{-2}(z-z_0)^{-2}+\cdots+\beta_{-n}(z-z_0)^{-n}+\cdots \tag{4.16}$$

的敛散性。其中，$z_0,\beta_0,\beta_{-1},\cdots,\beta_{-n},\cdots$ 是复常数。设 $\dfrac{1}{z-z_0}=\zeta$，则级数变为

$$\sum_{n=0}^{\infty}\beta_{-n}(z-z_0)^{-n}=\sum_{n=0}^{\infty}\beta_{-n}\zeta^n$$

这是一个通常的幂级数，设该幂级数的收敛半径是 R_1，那么当 $|\zeta|<R_1$ 时，级数收敛；当 $|\zeta|>R_1$ 时，级数发散。而对于级数 (4.16) 就会有当 $\left|\dfrac{1}{z-z_0}\right|<R_1$ 时，级数收敛；当 $\left|\dfrac{1}{z-z_0}\right|>R_1$ 时，级数发散。若设 $R=\dfrac{1}{R_1}$，则对于级数 (4.16) 就会有当 $|z-z_0|>R$ 时，级数收敛；当 $|z-z_0|<R$ 时，级数发散。

更一般地，考虑级数
$$\sum_{n=-\infty}^{+\infty}\beta_n(z-z_0)^n=\sum_{n=0}^{+\infty}\beta_n(z-z_0)^n+\sum_{n=-1}^{-\infty}\beta_n(z-z_0)^n \tag{4.17}$$

这里 $z_0,\beta_n(n=0,\pm 1,\pm 2,\cdots)$ 是复常数。由于没有首项，正幂项与负幂项分别在常数项 c_0 的两边，没有尽头，因此它的敛散性不能使用前 n 项和的极限来定义。这种具有正、负幂项的级数称为双边幂级数，对其敛散性做如下规定：当级数 $\sum_{n=0}^{+\infty}\beta_n(z-z_0)^n$ 及 $\sum_{n=-1}^{-\infty}\beta_n(z-z_0)^n$ 都收敛时，则原级数 $\sum_{n=-\infty}^{+\infty}\beta_n(z-z_0)^n$ 收敛，并且原级数的和等于式 (4.17) 右侧两个级数的和函数相加。设式 (4.17) 中第一个级数在 $|z-z_0|<R_2$ 内绝对收敛，第二个级数在 $|z-z_0|>R_1$ 内绝对收敛，于是两级数的和函数分别在 $|z-z_0|<R_2$ 及 $|z-z_0|>R_1$ 内解析。特别需要注意的是，必须保证 $R_1<R_2$ (图 4.2)，这两个级数都在圆环域 $D:R_1<|z-z_0|<R_2$ 内绝对收敛，则级数 $\sum_{n=-\infty}^{+\infty}\beta_n(z-z_0)^n$ 在这个圆环内绝对收敛；否则，若 $R_1>R_2$ (图 4.3)，这两

个级数就没有公共的收敛范围。而在收敛圆环内,双边幂级数的和函数是一个解析函数。在圆环的边界$|z-z_0|=R_1$及$|z-z_0|=R_2$上可能有收敛点和发散点。在特殊情形下,圆环域的内半径R_1可能等于零,外半径R_2可能是无穷大。因此称级数$\sum\limits_{n=-\infty}^{+\infty}\beta_n(z-z_0)^n$为洛朗级数,它的和函数是圆环域$D$内的解析函数。依据幂级数在收敛圆内的性质,可以逐项求导和逐项积分。

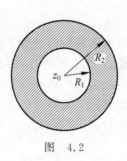

图 4.2

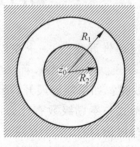

图 4.3

无论是泰勒级数还是洛朗级数,在其收敛范围内都存在一个解析的和函数。我们通过泰勒展开定理已经解决了在圆域内解析的函数展开为幂级数的问题,现在的问题是在圆环内解析的函数是否能展开成幂级数。

函数$f(z)=\dfrac{1}{z(1+z)}$在点$z=0$及点$z=-1$处都不解析,但在圆环域$0<|z|<1$及$0<|z+1|<1$内是解析的。

先研究函数在圆环域$0<|z|<1$内的情形:

$$f(z)=\frac{1}{z(1+z)}=\frac{1}{z}-\frac{1}{1+z}=\frac{1}{z}-1+z-z^2+\cdots+(-1)^{n+1}z^n+\cdots$$

说明$f(z)$在圆环域$0<|z|<1$内可以展开为z的幂级数,只不过含有负幂项罢了。

再考虑函数在圆环域$0<|z+1|<1$内的情形:

$$\begin{aligned}f(z)=\frac{1}{z(1+z)}&=-\frac{1}{z+1}\cdot\frac{1}{1-(z+1)}\\&=-\frac{1}{z+1}[1+(z+1)+(z+1)^2+\cdots+(z+1)^n+\cdots]\\&=-\frac{1}{z+1}-1-(z+1)-(z+1)^2-\cdots-(z+1)^{n-1}-\cdots\end{aligned}$$

可以看出,$f(z)$在圆环域$0<|z+1|<1$内是可以展开为$z+1$的幂级数的,同样里面含有负幂项。

从以上讨论可以得出,在圆环域$R_1<|z-z_0|<R_2$内处处解析的函数$f(z)$可能展开成形如式(4.17)的级数。

定理 4.11 设函数$f(z)$在圆环域$D:R_1<|z-z_0|<R_2(0\leqslant R_1<R_2\leqslant+\infty)$内解析,那么在圆环域$D$内

$$f(z)=\sum_{n=-\infty}^{+\infty}c_n(z-z_0)^n \tag{4.18}$$

其中，
$$c_n = \frac{1}{2\pi i} \oint_C \frac{f(\zeta)}{(\zeta-z_0)^{n+1}} d\zeta \quad (n=0, \pm 1, \pm 2, \cdots) \qquad (4.19)$$
这里，C 为在圆环域内绕点 z_0 的任意一条正向简单闭曲线。

证：设 z 为圆环域 $R_1 < |z-z_0| < R_2$ 内的任一点，在圆环域内作以 z_0 为圆心的正向圆周 $K_1: |z-z_0|=r$ 和 $K_2: |z-z_0|=R (r<R)$，且使 z 在圆 K_1 与 K_2 之间（图 4.4）。由多连通域的柯西积分公式，有

$$f(z) = \frac{1}{2\pi i} \oint_{K_2} \frac{f(\zeta)}{\zeta-z} d\zeta - \frac{1}{2\pi i} \oint_{K_1} \frac{f(\zeta)}{\zeta-z} d\zeta$$

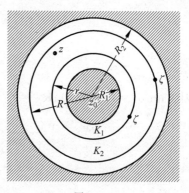

图 4.4

对于上式右端第一个积分来说，积分变量 ζ 取在圆周 K_2 上，点 z 在 K_2 的内部，所以 $\left|\frac{z-z_0}{\zeta-z_0}\right| < 1$。又由于 $f(\zeta)$ 在 K_2 上连续，因此存在一个常数 M，使得 $|f(\zeta)| \leqslant M$。与泰勒定理的证明类似，可得

$$\frac{1}{2\pi i} \oint_{K_2} \frac{f(\zeta)}{\zeta-z} d\zeta = \sum_{n=0}^{\infty} c_n (z-z_0)^n$$

其中，
$$c_n = \frac{1}{2\pi i} \oint_{K_2} \frac{f(\zeta)}{(\zeta-z_0)^{n+1}} d\zeta \quad (n=0,1,2,\cdots)$$

这里不能对 $\frac{1}{2\pi i}\oint_{K_2}\frac{f(\zeta)}{(\zeta-z_0)^{n+1}} d\zeta$ 应用高阶导公式，它并不等于 $\frac{f^{(n)}(z_0)}{n!}$，因为 $f(z)$ 在 K_2 的内部不一定处处解析。

再看第二个积分 $-\frac{1}{2\pi i}\oint_{K_1}\frac{f(\zeta)}{\zeta-z}d\zeta$。由于积分变量 ζ 取在圆周 K_1 上，而点 z 在 K_1 的外部，所以 $\left|\frac{\zeta-z_0}{z-z_0}\right|<1$，从而有展开式

$$\frac{1}{\zeta-z} = \frac{1}{\zeta-z_0-(z-z_0)} = -\frac{1}{z-z_0} \cdot \frac{1}{1-\frac{\zeta-z_0}{z-z_0}}$$

$$= -\sum_{n=1}^{+\infty} \frac{(\zeta-z_0)^{n-1}}{(z-z_0)^n} = -\sum_{n=1}^{+\infty} \frac{1}{(\zeta-z_0)^{-n+1}}(z-z_0)^{-n}$$

将上式代入第二个积分，整理有

$$-\frac{1}{2\pi i}\oint_{K_1}\frac{f(\zeta)}{\zeta-z}d\zeta = \sum_{n=1}^{N-1} \frac{1}{2\pi i}\oint_{K_1}\frac{f(\zeta)}{(\zeta-z_0)^{-n+1}}d\zeta \cdot (z-z_0)^{-n} + R_N(z)$$

其中，
$$R_N(z) = \frac{1}{2\pi i}\oint_{K_1}\left[\sum_{n=N}^{\infty}\frac{(\zeta-z_0)^{n-1}f(\zeta)}{(z-z_0)^n}\right]d\zeta$$

现在要证明 $\lim_{N\to\infty}R_N(z)=0$ 在 K_1 外部成立。令 $q=\left|\dfrac{\zeta-z_0}{z-z_0}\right|=\dfrac{r}{|z-z_0|}$，显然 q 是与积分变量 ζ 无关的量。又因为点 z 在 K_1 的外部，所以有 $0<q<1$。由于 $|f(\zeta)|$ 在 K_1 上连续，因此存在一个正常数 M_1，使得 $|f(\zeta)|\leqslant M_1$，于是有

$$|R_N(z)|\leqslant \frac{1}{2\pi}\oint_{K_1}\left[\sum_{n=N}^{\infty}\frac{|f(\zeta)|}{|\zeta-z_0|}\left|\frac{\zeta-z_0}{z-z_0}\right|^n\right]\mathrm{d}s$$

$$\leqslant \frac{1}{2\pi}\cdot\sum_{n=N}^{\infty}\frac{M}{r}q^n\cdot 2\pi r=\frac{Mq^N}{1-q}$$

因为 $\lim_{N\to\infty}q^N=0$，所以 $\lim_{N\to\infty}R_N=0$ 在 K_1 的外部成立，从而有

$$-\frac{1}{2\pi\mathrm{i}}\oint_{K_1}\frac{f(\zeta)}{\zeta-z}\mathrm{d}\zeta=\sum_{n=1}^{\infty}c_{-n}(z-z_0)^{-n}$$

其中

$$c_{-n}=\frac{1}{2\pi\mathrm{i}}\oint_{K_1}\frac{f(\zeta)}{(\zeta-z_0)^{-n+1}}\mathrm{d}\zeta\quad(n=1,2,\cdots)$$

综上所述，有

$$f(z)=\sum_{n=0}^{\infty}c_n(z-z_0)^n+\sum_{n=1}^{\infty}c_{-n}(z-z_0)^{-n}$$

如果在圆环域内取绕点 z_0 的任意一条正向简单闭曲线 C，那么根据闭路变形原理，有

$$f(z)=\sum_{n=-\infty}^{+\infty}c_n(z-z_0)^n$$

其中，

$$c_n=\frac{1}{2\pi\mathrm{i}}\oint_C\frac{f(\zeta)}{(\zeta-z_0)^{n+1}}\mathrm{d}\zeta\quad(n=0,\pm 1,\pm 2,\cdots)$$

式(4.18)称为函数 $f(z)$ 在以点 z_0 为中心的圆环域：$R_1<|z-z_0|<R_2$ 内的洛朗展开式，右端的级数称为 $f(z)$ 在此圆环域内的洛朗级数，通常称正幂项部分 $\sum_{n=0}^{\infty}c_n(z-z_0)^n$ 为 $f(z)$ 的解析部分，称负幂项部分 $\sum_{n=-1}^{-\infty}c_n(z-z_0)^n$ 为其主要部分。

注：将在点 z_0 不解析，但在点 z_0 的去心邻域内解析的函数 $f(z)$ 展开成幂级数，就是将其展开为洛朗级数。

另外，一个在某圆环域内解析的函数展开为含有正、负幂项的级数是唯一的，这个级数就是 $f(z)$ 的洛朗级数。

事实上，不管使用什么方法，假定 $f(z)$ 在圆环域 $R_1<|z-z_0|<R_2$ 内已展开成正、负幂项组成的级数：

$$f(z)=\sum_{n=-\infty}^{+\infty}c_n(z-z_0)^n$$

设 C 为圆环域内绕点 z_0 的任意一条正向简单闭曲线，ζ 为 C 上任一点，那么

$$f(\zeta)=\sum_{n=-\infty}^{+\infty}c_n(\zeta-z_0)^n$$

用 $(\zeta-z_0)^{-p-1}$ 乘以该式两边(p 为任一整数),并沿 C 积分,得

$$\oint_C \frac{f(\zeta)}{(\zeta-z_0)^{p+1}} d\zeta = \sum_{n=-\infty}^{+\infty} c_n \oint_C (\zeta-z_0)^{n-p-1} d\zeta = 2\pi i c_p$$

利用柯西-古萨定理、柯西积分公式和高阶导公式,有

$$\oint_C (\zeta-z_0)^{n-p-1} d\zeta = \begin{cases} 0 & (n-p-1 \geqslant 0) \\ 2\pi i & (n-p-1 = -1) \\ 0 & (n-p-1 \leqslant -1) \end{cases}$$

从而

$$c_p = \frac{1}{2\pi i} \oint_C \frac{f(\zeta)}{(\zeta-z_0)^{p+1}} d\zeta \quad (p=0,\pm 1, \pm 2, \cdots)$$

这正是洛朗展开式中的系数。

上面的定理给出了将一个在圆环域内解析的函数展开成洛朗级数的一般方法,但缺点是系数 c_n 的计算往往很麻烦。根据由正、负整次幂项组成的级数的唯一性,可以用别的方法进行求解,类似于泰勒级数的间接展开法,如变量代换、逐项求导和逐项积分等方法就会简便得多。下面通过例题练习如何在解析圆环上将函数展开为洛朗级数。

例 4.21 分别在以点 $z=1$ 和点 $z=2$ 为圆心形成的解析圆环内将函数 $f(z) = \dfrac{1}{(z-1)(z-2)}$ 展开成洛朗级数。

解:(1) 对于点 $z=1$,存在两个解析圆环:$0 < |z-1| < 1$;$|z-1| > 1$。

$f(z)$ 在点 $z=1$ 的解析圆环里展开的幂级数通式应为 $\sum_{n=-\infty}^{+\infty} c_n (z-1)^n$。由于 $f(z)$ 的表达式中含有 $z-1$ 项,根据幂级数的运算性质,只需对 $z-2$ 进行处理即可。

① 在 $0 < |z-1| < 1$ 内

$$f(z) = \frac{1}{z-1} \cdot \frac{1}{z-2} = -\frac{1}{z-1} \cdot \frac{1}{1-(z-1)}$$

$$= -\frac{1}{z-1}[1+(z-1)+(z-1)^2+(z-1)^3+\cdots]$$

$$= -\frac{1}{z-1} - 1 - (z-1) - (z-1)^2 - \cdots$$

这个洛朗展开式里含有有限多的负幂项和无穷多的正幂项。

② 在 $|z-1| > 1$ 内,有 $\left|\dfrac{1}{z-1}\right| < 1$,因此有

$$f(z) = \frac{1}{z-1} \cdot \frac{1}{(z-1)-1} = \frac{1}{(z-1)^2} \cdot \frac{1}{1-\dfrac{1}{z-1}}$$

$$= \frac{1}{(z-1)^2}\left[1 + \frac{1}{z-1} + \frac{1}{(z-1)^2} + \cdots\right]$$

$$= \frac{1}{(z-1)^2} + \frac{1}{(z-1)^3} + \frac{1}{(z-1)^4} + \cdots$$

这个幂级数是由无穷多的负幂项构成的。

(2) 对于点 $z=2$,也存在两个解析圆环：$0<|z-2|<1$;$|z-2|>1$。

$f(z)$在点 $z=2$ 的解析圆环里展开的幂级数通式应为 $\sum_{n=-\infty}^{+\infty} c_n(z-2)^n$。由于 $f(z)$ 的表达式中含有 $z-2$ 项,根据幂级数的运算性质,只需对 $z-1$ 进行处理即可。

① 在 $0<|z-2|<1$ 内

$$f(z) = \frac{1}{z-2} \cdot \frac{1}{z-1} = \frac{1}{z-2} \cdot \frac{1}{1+(z-2)}$$

$$= \frac{1}{z-2}[1-(z-2)+(z-2)^2-(z-2)^3+\cdots]$$

$$= \frac{1}{z-2} - 1 + (z-2) - (z-2)^2 + \cdots$$

这个洛朗展开式里也是含有有限多的负幂项和无穷多的正幂项。

② 在 $|z-2|>1$ 内有 $\left|\frac{1}{z-2}\right|<1$,因此有

$$f(z) = \frac{1}{z-2} \cdot \frac{1}{(z-2)+1} = \frac{1}{(z-2)^2} \cdot \frac{1}{1+\frac{1}{z-2}}$$

$$= \frac{1}{(z-2)^2}\left[1 - \frac{1}{z-2} + \frac{1}{(z-2)^2} - \cdots\right]$$

$$= \frac{1}{(z-2)^2} - \frac{1}{(z-1)^3} + \frac{1}{(z-1)^4} - \cdots$$

这个幂级数是由无穷多的负幂项构成的。

此例说明：同一函数在不同的圆环内的洛朗展开式可能不同。

读者可试着在以点 $z=0$ 为圆心形成的解析圆环内将函数展开成洛朗级数,并观察解析圆环及幂级数的特点。

将函数 $f(z)$ 在解析圆环上展开为洛朗级数需要注意以下几点。

(1) 确定解析圆环的圆心点 $z=z_0$。这里 $z=z_0$ 对函数 $f(z)$ 来说可能是解析点,也可能是奇点。

(2) 确定函数 $f(z)$ 的所有奇点,按照与点 z_0 距离的远近分别记为 $z_1, z_2, \cdots, z_n$。设 $R_k = |z_k - z_0|(k=0,1,2,\cdots,n)$,则 $R_k < |z-z_0| < R_{k+1}(k=0,1,2,\cdots,n)$ 构成 $f(z)$ 的解析圆环,其中 R_k 和 R_{k+1} 为 $f(z)$ 相邻的奇点 z_k 与 z_{k+1} 同 z_0 的距离。这些解析圆环为同心圆环,互不相交,互不包含,半径由小及大,逐渐增大到 $+\infty$。

(3) 确定展开的通式为 $f(z) = \sum_{n=-\infty}^{+\infty} c_n(z-z_0)^n$。$f(z)$ 中已有的 $z-z_0$ 项予以保留,需要将其他项中所含变量 z 处理为 $z-z_0$,再利用已知展开式在收敛范围内使用适当的方法展开为洛朗级数。

注：解析圆环的圆心未必为奇点,但奇点一定在解析圆环的圆周上。

例 4.22 将函数 $f(z) = \dfrac{e^z}{(z-i)^8}$ 在圆环域 $0<|z-i|<+\infty$ 内展开为洛朗级数。

解：因为 $f(z)$ 的洛朗级数的项应是 $z-i$ 的幂函数,所以 $f(z)$ 应先化为以下形式

$$f(z) = \frac{e^z}{(z-i)^8} = \frac{e^{i+(z-i)}}{(z-i)^8} = \frac{e^i e^{z-i}}{(z-i)^8}$$

利用

$$e^{z-i} = 1 + (z-i) + \frac{(z-i)^2}{2!} + \frac{(z-i)^3}{3!} + \cdots \quad (|z-i| < +\infty)$$

得

$$f(z) = \frac{e^i}{(z-i)^8} \cdot \left[1 + (z-i) + \frac{(z-i)^2}{2!} + \frac{(z-i)^3}{3!} + \cdots\right]$$

$$= e^i \left[\frac{1}{(z-i)^8} + \frac{1}{(z-i)^7} + \frac{1}{2! \, (z-i)^6} + \cdots\right]$$

$$= e^i \sum_{n=0}^{\infty} \frac{(z-i)^{n-8}}{n!} \quad (0 < |z-i| < +\infty)$$

洛朗级数与泰勒级数的关系：当已给函数 $f(z)$ 在点 z_0 处解析时，取点 z_0 为圆心，半径为由点 z_0 到函数 $f(z)$ 的最近奇点的距离构成的圆可以看作圆环域的特殊情形，在其中也可作出洛朗级数展开式。根据柯西积分定理，可以看出这个展式的所有系数 $c_{-n}(n=1,2,\cdots)$ 都等于零，在此情形下，计算洛朗级数的系数公式与泰勒级数的系数公式（积分形式）无异，所以洛朗级数就转化为泰勒级数，因此泰勒级数是洛朗级数的特殊情形。

洛朗级数在计算沿封闭路线积分中也有着重要应用。在式(4.19)中，令 $n=-1$，得

$$c_{-1} = \frac{1}{2\pi i} \oint_C f(z) dz \quad \text{或} \quad \oint_C f(z) dz = 2\pi i c_{-1} \tag{4.20}$$

其中，C 为圆环域 $R_1 < |z-z_0| < R_2$ 内的任意一条绕点 z_0 的正向简单闭曲线，$f(z)$ 在此圆环域内解析。从式(4.20)可以看出，计算积分可以转化为求被积函数的洛朗展开式中的 $z-z_0$ 的负一次幂的系数 c_{-1}。

例 4.23 求积分 $\oint_{|z|=3} \frac{1}{z(z+1)(z+4)} dz$ 的值。

解：在第三章中给出了积分的求解方法，这里使用洛朗级数进行求解。

对于被积函数 $f(z) = \frac{1}{z(z+1)(z+4)}$，$z=0$，$z=-1$ 和 $z=-4$ 是它的奇点，对应存在九个解析圆环。观察到 $|z|=3$ 是以点 $z=0$ 为圆心的，并存在于解析圆环 $1<|z|<4$ 内的闭曲线，因此将函数 $f(z)$ 在此圆环上展开为洛朗级数。

$$f(z) = \frac{1}{4z} - \frac{1}{3(z+1)} + \frac{1}{12(z+4)} = \frac{1}{4z} - \frac{1}{3z\left(1+\frac{1}{z}\right)} + \frac{1}{48\left(1+\frac{z}{4}\right)}$$

$$= \frac{1}{4z} - \frac{1}{3z} + \frac{1}{3z^2} - \cdots + \frac{1}{48}\left(1 - \frac{z}{4} + \frac{z^2}{16} - \cdots\right)$$

可以看出 $c_{-1} = \frac{1}{4} - \frac{1}{3} = -\frac{1}{12}$，从而

$$\oint_{|z|=3} \frac{1}{z(z+1)(z+4)} dz = 2\pi i \left(-\frac{1}{12}\right) = -\frac{\pi i}{6}$$

利用函数 $f(z)$ 在解析圆环上展开为洛朗级数来计算闭曲线 $C: |z-z_0| = R$ 上积分的

步骤如下：

(1) 确定闭曲线 $C:|z-z_0|=R$ 的圆心 $z=z_0$。这里 $z=z_0$ 对被积函数 $f(z)$ 来说可能是解析点，也可能是奇点。

(2) 确定被积函数 $f(z)$ 所有以 $z=z_0$ 为圆心的解析圆环 $R_k<|z-z_0|<R_{k+1}$。

(3) 确定闭曲线 $C:|z-z_0|=R$ 所在的解析圆环 $R_k<|z-z_0|<R_{k+1}$。

(4) 确定解析圆环展开的通式 $f(z)=\sum\limits_{n=-\infty}^{+\infty}c_n(z-z_0)^n$。在 $R_k<|z-z_0|<R_{k+1}$ 内使用适当的方法将 $f(z)$ 展开为洛朗级数。

(5) 取洛朗展开式中 $z-z_0$ 的负一次幂的系数 c_{-1} 乘以 $2\pi\mathrm{i}$，即为所求积分的值。

章 末 总 结

本章将实变函数中的级数运算推广到复变函数中的级数的求解，研究了复变函数的幂级数和洛朗级数，表述了幂级数与解析函数的密切关系：幂级数在一定区域内收敛于一个解析函数；反之，一个解析函数在其解析点的邻域内能展开成幂级数。洛朗级数是幂级数的推广，幂级数是洛朗级数的特殊情况。洛朗级数是由一个幂级数和一个只含有负幂项的级数相加而成。因此，洛朗级数的性质可由幂级数的性质导出。洛朗级数的和函数为圆环域内的解析函数，而圆环域内的解析函数展开成洛朗级数与幂级数方法相似。

读者可结合下面的思维导图进行复习巩固。

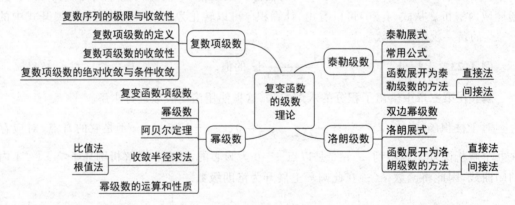

习 题 四

一、填空题

1. 级数 $1+z+\dfrac{z^2}{2!}+\cdots+\dfrac{z^n}{n!}+\cdots$ 的收敛圆为_____。

2. 级数 $\sum\limits_{n=1}^{\infty}(-3)^n z^n$ 的收敛半径 $R=$_____。

3. 设幂级数 $\sum\limits_{n=0}^{\infty} c_n z^n$ 与 $\sum\limits_{n=0}^{\infty} [\text{Re}(c_n)] z^n$ 的收敛半径分别为 R_1 和 R_2，那么 R_1 和 R_2 的关系为 _____。

4. 函数 $f(z) = \dfrac{z^2+1}{z(z-1)}$ 在奇点 $z=0$ 附近的洛朗级数的收敛圆环域为 _____。

5. 设 $\sum\limits_{n=-\infty}^{+\infty} c_n (z-a)^n$ 为函数 $f(z)$ 在点 a 的洛朗级数，称 _____ 为该级数的主要部分。

6. 洛朗级数 $\sum\limits_{n=1}^{\infty} \dfrac{1}{(2z)^n} + \sum\limits_{n=0}^{\infty} z^{2n}$ 的收敛域是 _____。

二、单项选择题

1. 设 $a_n = \dfrac{(-1)^n + n\mathrm{i}}{n+4}$ $(n=1,2,\cdots)$，则 $\lim\limits_{n\to\infty} a_n$ (　　)。

 A. 等于 0　　　　B. 等于 1　　　　C. 等于 i　　　　D. 不存在

2. 下列级数中，条件收敛的级数为(　　)。

 A. $\sum\limits_{n=1}^{\infty} \left(\dfrac{1+3\mathrm{i}}{2}\right)^n$　　　　B. $\sum\limits_{n=1}^{\infty} \dfrac{(3+4\mathrm{i})^n}{n!}$

 C. $\sum\limits_{n=1}^{\infty} \dfrac{\mathrm{i}^n}{n}$　　　　D. $\sum\limits_{n=1}^{\infty} \dfrac{(-1)^n + \mathrm{i}}{\sqrt{n+1}}$

3. 若幂级数 $\sum\limits_{n=0}^{\infty} c_n z^n$ 在 $z=1+2\mathrm{i}$ 处收敛，那么该级数在 $z=2$ 处的敛散性为(　　)。

 A. 绝对收敛　　　B. 条件收敛　　　C. 发散　　　D. 不能确定

4. 设幂级数 $\sum\limits_{n=0}^{\infty} c_n z^n$，$\sum\limits_{n=0}^{\infty} n c_n z^{n-1}$ 和 $\sum\limits_{n=0}^{\infty} \dfrac{c_n}{n+1} z^{n+1}$ 的收敛半径分别为 R_1, R_2, R_3，则 R_1, R_2, R_3 之间的关系是(　　)。

 A. $R_1 < R_2 < R_3$　　B. $R_1 > R_2 > R_3$　　C. $R_1 = R_2 < R_3$　　D. $R_1 = R_2 = R_3$

5. 幂级数 $\sum\limits_{n=0}^{\infty} \dfrac{(-1)^n}{n+1} z^{n+1}$ 在 $|z|<1$ 内的和函数为(　　)。

 A. $\ln(1+z)$　　B. $\ln(1-z)$　　C. $\ln\dfrac{1}{1+z}$　　D. $\ln\dfrac{1}{1-z}$

6. 函数 $\dfrac{1}{z^2}$ 在 $z=-1$ 处的泰勒展开式为(　　)。

 A. $\sum\limits_{n=1}^{\infty} (-1)^n n(z+1)^{n-1}$ $(|z+1|<1)$

 B. $\sum\limits_{n=1}^{\infty} (-1)^{n-1} n(z+1)^{n-1}$ $(|z+1|<1)$

 C. $-\sum\limits_{n=1}^{\infty} n(z+1)^{n-1}$ $(|z+1|<1)$

 D. $\sum\limits_{n=1}^{\infty} n(z+1)^{n-1}$ $(|z+1|<1)$

7. 对于复数项级数 $\sum\limits_{n=0}^{\infty}\dfrac{(3+4\mathrm{i})^n}{6^n}$，下列说法中正确的是（　　）。

　　A. 级数是条件收敛的　　　　　　　　B. 级数是绝对收敛的

　　C. 级数的和为 ∞　　　　　　　　D. 级数的和不存在，也不为 ∞

8. 级数 $\sum\limits_{n=0}^{\infty}(-\mathrm{i})^n$ 的和为（　　）。

　　A. 0　　　　　　B. 不存在　　　　　　C. i　　　　　　D. $-\mathrm{i}$

9. 幂级数 $\sum\limits_{n=0}^{\infty}(-\mathrm{i})^n$ 的收敛半径等于（　　）。

　　A. 0　　　　　　B. 1　　　　　　C. 2　　　　　　D. 3

10. 设 C 为正向圆周 $x^2+y^2-2x=0$，则 $\oint_C\dfrac{\sin\left(\dfrac{\pi}{4}z\right)}{z^2-1}\mathrm{d}z=$（　　）。

　　A. $\dfrac{\sqrt{2}}{2}\pi\mathrm{i}$　　　　B. $\sqrt{2}\pi\mathrm{i}$　　　　C. 0　　　　D. $-\dfrac{\sqrt{2}}{2}\pi\mathrm{i}$

三、判断题

1. 由 $\lim\limits_{n\to\infty}\alpha_n=0$ 可推出复数项级数 $\sum\limits_{n=1}^{\infty}\alpha_n$ 收敛。　　　　　　　　（　　）

2. 如果级数 $\sum\limits_{n=1}^{\infty}|\alpha_n|$ 收敛，则 $\sum\limits_{n=1}^{\infty}\alpha_n$ 绝对收敛。　　　　　　　　（　　）

3. 幂级数在收敛圆周上也处处收敛。　　　　　　　　　　　　　　　　（　　）

4. 任何解析函数展开成幂级数的结果就是泰勒级数，而且是唯一的。　　（　　）

5. 函数 $f(z)$ 在点 z_0 解析跟 $f(z)$ 在点 z_0 的邻域内可以展开成幂级数 $\sum\limits_{n=0}^{\infty}c_n(z-a)^n$ 是不等价的说法。　　　　　　　　　　　　　　　　　　　　　　　　　　（　　）

6. 幂级数 $\sum\limits_{n=0}^{\infty}c_n(z-a)^n$ 在收敛圆 $|z-z_0|<R$ 内的和函数是解析函数。（　　）

7. 由洛朗展开式的唯一性可知，在以点 z_0 为中心的不同圆环域中的洛朗展开式是相同的。　　　　　　　　　　　　　　　　　　　　　　　　　　　　　　（　　）

8. 将函数 $f(z)$ 展开为洛朗展开式中的解析圆环的圆心一定是不解析点。（　　）

四、计算题

1. 判别下列级数的敛散性，若收敛，指出是绝对收敛还是条件收敛。

(1) $\sum\limits_{n=1}^{\infty}\left(\dfrac{1}{n}+\dfrac{\mathrm{i}}{2^n}\right)$　　(2) $\sum\limits_{n=1}^{\infty}\dfrac{n}{(2\mathrm{i})^n}$　　(3) $\sum\limits_{n=1}^{\infty}\dfrac{n\sin\mathrm{i}n}{3^n}$　　(4) $\sum\limits_{n=1}^{\infty}\dfrac{\mathrm{e}^{\mathrm{i}n}}{n}$

2. 试求下列幂级数的收敛半径 R。

(1) $\sum\limits_{n=1}^{\infty}\dfrac{n^n}{n!}z^n$　　(2) $\sum\limits_{n=0}^{\infty}[(-1)^n+2]^n z^n$　　(3) $\sum\limits_{n=1}^{\infty}\dfrac{z^{2n+1}}{2n+1}$

3. 求幂级数 $\sum\limits_{n=0}^{\infty}(n+1)(z-3)^{n+1}$ 的收敛半径、收敛圆及和函数。

五、解答题

1. 将下列函数展成 z 的幂级数。

(1) $\dfrac{1}{1-z^3}$

(2) $\dfrac{1}{(z-a)(z-b)}$ $(a\neq 0, b\neq 0)$

(3) $\dfrac{1}{(1+z^2)^2}$

(4) $\sin^2 z$

2. 求下列函数在指定点 z_0 处的泰勒展开式。

(1) $\dfrac{z-1}{z+1}$ $(z_0=1)$

(2) $\dfrac{z}{(z+1)(z+2)}$ $(z_0=2)$

(3) $\dfrac{1}{z^2}$ $(z_0=-1)$

(4) $\dfrac{1}{4-3z}$ $(z_0=1+\mathrm{i})$

3. 将下列函数在指定的圆环域内展开成洛朗级数。

(1) $z^2 \mathrm{e}^{\frac{1}{z}}$ $(0<|z|<+\infty)$

(2) $\sin\dfrac{1}{1-z}$ $(0<|z-1|<+\infty)$

(3) $\dfrac{1}{z(1-z)^2}$ $(0<|z|<1, 0<|z-1|<1)$

(4) $\dfrac{1}{(z^2+1)(z-2)}$ $(1<|z|<2, 0<|z+\mathrm{i}|<2)$

六、应用题

1. 计算积分 $\oint_{|z|=1} z^4 \sin\dfrac{1}{z}\mathrm{d}z$，其中 $|z|=1$ 为正向圆周。

2. 计算积分 $\oint_{|z|=2} \dfrac{z^3}{1+z}\mathrm{e}^{\frac{1}{z}}\mathrm{d}z$，其中 $|z|=2$ 为正向圆周。

第五章 留　　数

本章是第三章柯西积分理论的拓展,先以洛朗级数为工具,对解析函数的孤立奇点进行分类,研究解析函数在孤立奇点的性质,然后引入留数概念和留数定理,给出计算留数的方法。本章的中心问题是留数定理,我们可以看到柯西-古萨基本定理、柯西积分公式都是留数定理的特殊情况。应用留数理论可以把计算沿闭曲线的积分问题转化为计算在孤立奇点处的留数问题。利用留数理论还可以解决高等数学中的一些难以计算的定积分问题,所以留数理论在复变函数及实际应用中都有十分重要的意义。

第一节　解析函数的孤立奇点

在第四章的学习中,我们将在圆环内解析的函数展开为洛朗级数。例如,$f(z)=\dfrac{1}{z-1}$ 在圆环域 $0<|z-1|<+\infty$ 内解析,可以将其展开为洛朗级数,其中 $z=1$ 为 $f(z)=\dfrac{1}{z-1}$ 的奇点,而 $0<|z-1|<+\infty$ 恰好为 $z=1$ 的去心邻域。由此得到了一个关于奇点的新定义。

定义 5.1　点 z_0 为 $f(z)$ 的奇点,若 $f(z)$ 在点 z_0 的某去心邻域 $K:0<|z-z_0|<R$ 内解析,则称点 z_0 为 $f(z)$ 的孤立奇点。

上面提到的 $z=1$ 即为 $f(z)=\dfrac{1}{z-1}$ 的孤立奇点,但并不是所有奇点都是孤立的。

例 5.1　判断 $z=0$ 是否为函数 $f(z)=\dfrac{1}{\sin\dfrac{1}{z}}$ 的孤立奇点。

解：$z=0$ 是函数 $f(z)=\dfrac{1}{\sin\dfrac{1}{z}}$ 的一个奇点,同时 $\dfrac{1}{z}=n\pi$ 或 $z=\dfrac{1}{n\pi}(n=\pm 1,\pm 2,\pm 3,\cdots)$ 也都是它的奇点。当 n 的绝对值逐渐增大时,$\dfrac{1}{n\pi}$ 可任意接近 $z=0$。也就是说,在 $z=0$ 的任意小的邻域内总存在 $f(z)$ 的其他奇点,所以 $z=0$ 不是函数 $f(z)=\dfrac{1}{\sin\dfrac{1}{z}}$ 的孤立奇点。

孤立奇点是奇点中最简单也是最重要的情形。由第四章中的洛朗定理知,若点 z_0 为 $f(z)$ 的孤立奇点,则 $f(z)$ 在点 z_0 的某去心邻域 $K:0<|z-z_0|<R$ 内可以展开为洛朗级

数 $f(z)=\sum_{n=-\infty}^{+\infty}c_n(z-z_0)^n$，$\sum_{n=-\infty}^{-1}c_n(z-z_0)^n$ 为 $f(z)$ 在点 z_0 的主要部分。注意到函数 $f(z)$ 在孤立奇点 z_0 的奇异性质全体现在洛朗级数的负幂部分，这也是称这部分为主要部分的原因。下面就依据"主要部分"对孤立奇点进行分类。

一、可去奇点

定义 5.2 设点 z_0 为函数 $f(z)$ 的孤立奇点。若 $f(z)$ 在点 z_0 的洛朗级数的主要部分为零，即洛朗展开式中不含 $z-z_0$ 的负幂项 $c_0+c_1(z-z_0)+c_2(z-z_0)^2+\cdots$，则称点 z_0 为 $f(z)$ 的可去奇点。

显然，如果点 z_0 为 $f(z)$ 的可去奇点，那么 $f(z)$ 在点 z_0 的某一去心邻域 $0<|z-z_0|<R$ 内的洛朗级数实际上就是一个普通的幂级数。设这个幂级数的和函数为 $F(z)$，则当 $z\neq z_0$ 时，$F(z)=f(z)$；当 $z=z_0$ 时，$\lim_{z\to z_0}f(z)=\lim_{z\to z_0}F(z)=F(z_0)=c_0$。因此无论 $f(z)$ 在点 z_0 是否有定义，都可以令 $f(z_0)=c_0$，从而在 $0<|z-z_0|<R$ 内就有 $f(z)=c_0+c_1(z-z_0)+c_2(z-z_0)^2+\cdots$ 使得函数 $f(z)$ 在点 z_0 解析。因此，以后再说到可去奇点时，可以把它当作解析点看待。由此也得到了可去奇点的判别方法。

方法 1 若点 z_0 为函数 $f(z)$ 的孤立奇点，则有 $\lim_{z\to z_0}f(z)=c_0$。

方法 2 若点 z_0 为函数 $f(z)$ 的孤立奇点，则 $f(z)$ 在点 z_0 的某去心邻域 $0<|z-z_0|<\delta$ 内有界。

例如，$z=0$ 是 $\frac{\sin z}{z}$ 的可去奇点，因为这个函数在 $z=0$ 的去心邻域展开的洛朗级数为

$$\frac{\sin z}{z}=\frac{1}{z}\left(z-\frac{1}{3!}z^3+\frac{1}{5!}z^5-\cdots\right)=1-\frac{1}{3!}z^2+\frac{1}{5!}z^4-\cdots$$

这里 $\lim_{z\to 0}\frac{\sin z}{z}=1$，且在 $0<|z|<\delta$ 内，有 $\left|\frac{\sin z}{z}\right|<1$。如果约定 $\frac{\sin z}{z}$ 在点 $z=0$ 的值为 1，那么 $\frac{\sin z}{z}$ 在点 $z=0$ 就成为解析。

二、极点

定义 5.3 设点 z_0 为函数 $f(z)$ 的孤立奇点，若 $f(z)$ 在点 z_0 的洛朗级数的主要部分有有限多项，即洛朗级数中只有有限多个 $z-z_0$ 的负幂项，且其中关于 $(z-z_0)^{-1}$ 的最高幂项为 $(z-z_0)^{-m}$，则

$$f(z)=\frac{c_{-m}}{(z-z_0)^m}+\frac{c_{-(m-1)}}{(z-z_0)^{m-1}}+\cdots+\frac{c_{-1}}{z-z_0}+c_0+c_1(z-z_0)+\cdots \quad (c_{-m}\neq 0) \tag{5.1}$$

则称点 z_0 为 $f(z)$ 的 m 级(阶)极点。

式(5.1)又可以写成

$$f(z)=\frac{1}{(z-z_0)^m}g(z) \tag{5.2}$$

其中，$g(z)=c_{-m}+c_{-m+1}(z-z_0)+c_{-m+2}(z-z_0)^2+\cdots$，在$|z-z_0|<\delta$内是解析函数，且$g(z_0)\neq 0$。由此得到极点的判别方法。

方法 1 设点z_0为函数$f(z)$的孤立奇点，若$f(z)$在点z_0的去心邻域内能表示成$f(z)=\dfrac{1}{(z-z_0)^m}g(z)$，其中$g(z)$在点$z_0$解析，且$g(z_0)\neq 0$，则称点$z_0$为$f(z)$的$m$级（阶）极点。

方法 2 设点z_0为函数$f(z)$的孤立奇点，若$\lim\limits_{z\to z_0}f(z)=\infty$，则称点$z_0$为$f(z)$的极点。

方法 2 的优点是通过极限的求解能够快速、直接地得到奇点的类别，缺点是无法判断极点的级别。

方法 3 设点z_0为函数$f(z)$的孤立奇点，若$\lim\limits_{z\to z_0}(z-z_0)^m f(z)=c_{-m}\neq 0$，则称点$z_0$为$f(z)$的$m$级（阶）极点。

例如，$z=0$是$\dfrac{\sin z}{z^2}$的一级极点，因为这个函数在$z=0$的去心邻域展开的洛朗级数为

$$\frac{\sin z}{z^2}=\frac{1}{z^2}\left(z-\frac{1}{3!}z^3+\frac{1}{5!}z^5-\cdots\right)=\frac{1}{z}\left(1-\frac{1}{3!}z^2+\frac{1}{5!}z^4-\cdots\right)$$

其中，$\varphi(z)=1-\dfrac{1}{3!}z^2+\dfrac{1}{5!}z^4-\cdots$，$\varphi(0)=1\neq 0$，而且利用方法 3 有

$$\lim_{z\to 0}z^2\cdot\frac{\sin z}{z^2}=\lim_{z\to 0}\sin z=1\neq 0$$

除以上三种方法外，还有一种方法来理解和判定函数的m级极点——利用零点和极点之间的关系。

定义 5.4 不恒等于零的解析函数$f(z)$若能表示成

$$f(z)=(z-z_0)^m\cdot\varphi(z) \tag{5.3}$$

其中，$\varphi(z)$在点z_0处解析，且$\varphi(z_0)\neq 0$，m为某一正整数，那么称点z_0是$f(z)$的m级零点。

根据零点的定义可以得出，若$f(z)$在点z_0解析，那么点z_0为$f(z)$的m级零点的充要条件是

$$f^{(n)}(z_0)=0(n=0,1,\cdots,m-1)\qquad f^{(m)}(z_0)\neq 0 \tag{5.4}$$

显然，若点z_0为$f(z)$的m级零点，那么$f(z)=(z-z_0)^m\cdot\varphi(z)$，而$\varphi(z)$在点$z_0$处解析，且$\varphi(z_0)\neq 0$，因此设$\varphi(z)$在点$z_0$的泰勒展开式为

$$\varphi(z)=c_0+c_1(z-z_0)+c_2(z-z_0)+\cdots$$

从而$f(z)$在点z_0的泰勒展开式为

$$f(z)=c_0(z-z_0)^m+c_1(z-z_0)^{m+1}+c_2(z-z_0)^{m+2}+\cdots$$

上式表明，$f(z)$在点z_0的泰勒展开式的前m项的系数均为零。由泰勒系数的计算公式可知，$f^{(n)}(z_0)=0(n=0,1,2,\cdots,m-1)$，而$c_0=\dfrac{f^{(m)}(z_0)}{m!}\neq 0$。这就证明了点$z_0$为$f(z)$的$m$级零点的必要条件。充分性的证明比较简单，留给读者自己完成。

例如，$z=0$ 是 $f(z)=\sin z$ 的一级零点，是 $g(z)=\sin^2 z$ 的二级零点。因
$$f'(0)=\cos z\big|_{z=0}=1\neq 0$$
而 $g'(0)=2\sin z\cos z\big|_{z=0}=0$，但 $g''(0)=2\cos^2 z-2\sin^2 z\big|_{z=0}=2\neq 0$。

顺便指出，由于 $f(z)=(z-z_0)^m\varphi(z)$ 中的 $\varphi(z)$ 在点 z_0 解析，且 $\varphi(z_0)\neq 0$，因而它在点 z_0 的邻域内不为 0，所以 $f(z)=(z-z_0)^m\varphi(z)$ 在点 z_0 的去心邻域内不为零，只在点 z_0 等于零。也就是说，一个不恒为零的解析函数的零点是孤立的。

那么函数的零点与极点有着怎样的关系呢？

定理 5.1 如果点 z_0 是函数 $f(z)$ 的 m 级极点，那么点 z_0 就是 $\dfrac{1}{f(z)}$ 的 m 级零点；反之，亦然。

证：假设点 z_0 是函数 $f(z)$ 的 m 级极点，根据定义 5.3，有
$$f(z)=\frac{1}{(z-z_0)^m}g(z)$$
其中，$g(z)$ 在点 z_0 解析，且 $g(z_0)\neq 0$。所以当 $z\neq z_0$ 时，有
$$\frac{1}{f(z)}=(z-z_0)^m\cdot\frac{1}{g(z)}=(z-z_0)^m h(z)$$
由函数 $g(z)$ 的性质可知，函数 $h(z)$ 也在点 z_0 处解析，且 $h(z_0)\neq 0$。由于
$$\lim_{z\to z_0}\frac{1}{f(z)}=\lim_{z\to z_0}(z-z_0)^m h(z)=0$$
因此，只需令 $\dfrac{1}{f(z)}=0$，就有点 z_0 是 $\dfrac{1}{f(z)}$ 的 m 级零点。

反过来，如果点 z_0 是 $\dfrac{1}{f(z)}$ 的 m 级零点，则会有
$$\frac{1}{f(z)}=(z-z_0)^m\psi(z)$$
而 $\psi(z)=\dfrac{1}{\varphi(z)}$ 在点 z_0 解析，且 $\psi(z_0)\neq 0$，所以点 z_0 是 $f(z)$ 的 m 级极点。

例如，$z=1$ 是 $(1-z)^2$ 的二级零点，是 $\dfrac{1}{(1-z)^2}$ 的二级极点。

三、本性奇点

定义 5.5 设点 z_0 为函数 $f(z)$ 的孤立奇点，若 $f(z)$ 在点 z_0 的洛朗级数的主要部分有无限多项，即点 z_0 的洛朗级数中含无穷多个 $z-z_0$ 的负幂项，则称点 z_0 为 $f(z)$ 的本性奇点。

例如，$z=0$ 是 $\cos\dfrac{1}{z}$ 的本性奇点。因为在级数
$$\cos\frac{1}{z}=1-\frac{1}{2!}\frac{1}{z^2}+\frac{1}{4!}\frac{1}{z^4}-\cdots+(-1)^n\frac{1}{(2n)!}\frac{1}{z^{2n}}+\cdots$$
中含有无穷多个 z 的负幂项。

判别法：若函数 $f(z)$ 的孤立奇点 z_0 为本性奇点,则 $\lim\limits_{z \to z_0} f(z)$ 不存在也不为 ∞。

显然,若点 z_0 为函数 $f(z)$ 的可去奇点,则有 $\lim\limits_{z \to z_0} f(z) = b \neq \infty$；若点 z_0 为极点,则有 $\lim\limits_{z \to z_0} f(z) = \infty$。因此,当点 z_0 为本性奇点时,就会有 $\lim\limits_{z \to z_0} f(z)$ 既不存在,也不为 ∞。

对于本性奇点,还有一个有趣的性质：如果 z_0 是函数 $f(z)$ 的本性奇点,那么对于任意给定的复数 A,总可以找到一个以 z_0 为极限的数列,当 z 沿着这个数列趋近于 z_0 时,对应 $f(z)$ 的值趋近于 A。例如,$z=0$ 是函数 $f(z)=e^{\frac{1}{z}}$ 的本性奇点,给定复数 $A=\mathrm{i}$,我们把它写成 $\mathrm{i} = e^{\left(\frac{\pi}{2}+2n\pi\right)\mathrm{i}}$,那么要使 $e^{\frac{1}{z}} = \mathrm{i} = e^{\left(\frac{\pi}{2}+2n\pi\right)\mathrm{i}}$,只需取 $z_n = \dfrac{1}{\left(\dfrac{\pi}{2}+2n\pi\right)\mathrm{i}}$,显然,当 $n \to \infty$ 时,$z_n \to 0$,而 $e^{\frac{1}{z}} = \mathrm{i}$。所以,当 z 沿着数列 $\{z_n\}$ 趋近于零时,$f(z)$ 的值趋近于 i。

例 5.2 求 $f(z) = \dfrac{5z+1}{(z-1)(2z+1)^2}$ 的奇点,并确定其类型。

解：$f(z)$ 的奇点为 $z=1, z=-\dfrac{1}{2}$,由于 $\dfrac{1}{f(z)} = \dfrac{(z-1)(2z+1)^2}{5z+1}$ 以 $z=1$ 为一级零点,以 $z=-\dfrac{1}{2}$ 为二级零点,故 $f(z)$ 以 $z=1$ 为一级极点,以 $z=-\dfrac{1}{2}$ 为二级极点。

例 5.3 设 $f(z) = 5(1+e^z)^{-1}$,试求 $f(z)$ 在复平面上的奇点,并判定其类别。

解：通过解方程 $1+e^z=0$ 得 $f(z)$ 的奇点 $z_k = (2k+1)\pi\mathrm{i}$ $(k=0, \pm 1, \pm 2, \cdots)$,易知 z_k 为 $f(z)$ 的孤立奇点。另外,因 $(1+e^z)\big|_{z=z_k} = 0$,$(1+e^z)'\big|_{z=z_k} \neq 0$,所以由零点的定义知 z_k 为 $1+e^z$ 的一级零点,从而知 $z_k (k=0, \pm 1, \pm 2, \cdots)$ 均为 $f(z)$ 的一级极点。

四、解析函数在无穷远点的性态

到目前为止,我们讨论函数的解析性和它的孤立奇点时,都假定 z 为复平面的有限远点。现在我们再考虑解析函数的孤立奇点时把无穷远点也放进去,这会产生许多便利。

定义 5.6 设函数 $f(z)$ 在无穷远点的邻域 $R < |z| < +\infty$（相当于有限点的去心邻域）内解析,则无穷远点就称为 $f(z)$ 的孤立奇点,且 $f(z)$ 有洛朗级数展开式：

$$f(z) = \sum_{n=-\infty}^{+\infty} c_n z^n \quad (R < |z| < +\infty)$$

$$c_n = \frac{1}{2\pi\mathrm{i}} \oint_C \frac{f(\zeta)}{\zeta^{n+1}} \mathrm{d}\zeta \quad (n=0, \pm 1, \pm 2, \cdots) \tag{5.5}$$

其中,C 为圆环域 $R < |z| < +\infty$ 内绕原点的任意一条正向简单闭曲线。

为了研究 $f(z)$ 在 $z=\infty$ 邻域内的性态,做变换 $t = \dfrac{1}{z}$,这个变换把扩充 z 平面上的无穷远点 $z=\infty$ 映射成扩充 t 平面上的点 $t=0$；把扩充 z 平面上每一个向无穷远点收敛的序列 $\{z_n\}$ 映射成扩充 t 平面上向零收敛的序列 $\left\{t_n = \dfrac{1}{z_n}\right\}$；同时把扩充 z 平面上的无穷远点 $z=\infty$ 的去心邻域 $R < |z| < +\infty$ 映射成扩充 t 平面上的原点的去心邻域 $0 < |t| < \dfrac{1}{R}$,对 f

函数有
$$f(z) = f\left(\frac{1}{t}\right) = \varphi(t)$$

显然,$\varphi(t)$ 在去心邻域 $0 < |t| < \frac{1}{R}$ 内是解析的,所以 $t = 0$ 是 $\varphi(t)$ 的孤立奇点。这样,我们就可以把研究 $f(z)$ 在 $z = \infty$ 的去心邻域 $R < |z| < +\infty$ 的性态转化为研究 $\varphi(t)$ 在 $t = 0$ 的去心邻域 $0 < |t| < \frac{1}{R}$ 的性态。而 $\varphi(t)$ 在 $t = 0$ 的去心邻域 $0 < |t| < \frac{1}{R}$ 的洛朗级数为

$$\varphi(t) = \sum_{n=1}^{\infty} c_{-n} t^n + c_0 + \sum_{n=1}^{\infty} c_n t^{-n}$$

我们规定:如果 $t = 0$ 是 $\varphi(t)$ 的可去奇点、m 级极点或本性奇点,那么就称点 $z = \infty$ 是 $f(z)$ 的可去奇点、m 级极点或本性奇点。

比较 $f(z)$ 与 $\varphi(t)$ 的洛朗展开式,则得到以下结论。

(1) $f(z)$ 的洛朗展开式中不含 z 的正幂项 $\Leftrightarrow z = \infty$ 为 $f(z)$ 的可去奇点,即

$$f(z) = \sum_{n=1}^{\infty} c_{-n} z^{-n}$$

(2) $f(z)$ 的洛朗展开式中含 z 的最高正幂项为 $z^m \Leftrightarrow z = \infty$ 为 $f(z)$ 的 m 级极点,即

$$f(z) = \sum_{n=1}^{\infty} c_{-n} z^{-n} + c_0 + \sum_{n=1}^{m} c_n z^n$$

(3) $f(z)$ 的洛朗展开式中含有 z 无穷多的正幂项 $\Leftrightarrow z = \infty$ 为 $f(z)$ 的本性奇点,即

$$f(z) = \sum_{n=1}^{\infty} c_{-n} z^{-n} + c_0 + \sum_{n=1}^{\infty} c_n z^n$$

相应地,也可以得到以下定理。

定理 5.2 若 $z = \infty$ 为函数 $f(z)$ 的孤立奇点,则它为可去奇点的充要条件是满足下列三条中的任意一条。

(1) $f(z)$ 在 $z = \infty$ 的某去心邻域 $R < |z| < +\infty$ 的洛朗展开式中不含 z 的正幂项。

(2) $\lim_{z \to \infty} f(z) = c_0 (c_0 \neq \infty)$。

(3) $f(z)$ 在 $z = \infty$ 的某去心邻域 $R < |z| < +\infty$ 内有界。

显然,如果 $z = \infty$ 是 $f(z)$ 的可去奇点,则此时 $t = 0$ 也是 $\varphi(t)$ 的可去奇点,因此有

$$\lim_{z \to \infty} f(z) = \lim_{t \to 0} \varphi(t) = c_0 \quad (c_0 \neq \infty)$$

定理 5.3 若 $z = \infty$ 为函数 $f(z)$ 的孤立奇点,则它为 m 级极点的充要条件是满足下列三条中的任意一条。

(1) $f(z)$ 在 $z = \infty$ 的某去心邻域 $R < |z| < +\infty$ 的洛朗展开式中含 z 最高正幂项为 z^m。

(2) $f(z)$ 在 $z = \infty$ 的某去心邻域 $R < |z| < +\infty$ 内能表示为 $f(z) = z^m g(z)$,其中,$g(z)$ 在 $z = \infty$ 的某去心邻域 $R < |z| < +\infty$ 内解析,且 $g(\infty) \neq 0$。

(3) $h(z) = \frac{1}{f(z)}$ 以 $z = \infty$ 为 m 级零点[只要令 $h(\infty) = 0$]。

除此以外,也可以用极限法判别 $z=\infty$ 是否为函数 $f(z)$ 的极点。若
$$\lim_{z\to\infty} f(z) = \infty$$
则 $z=\infty$ 为函数 $f(z)$ 的极点。但极限法判别的缺点是无法判别极点的级别。

定理 5.4 若 $z=\infty$ 为函数 $f(z)$ 的孤立奇点,则它为本性奇点的充要条件是 $\lim\limits_{z\to\infty} f(z)$ 既不存在也不为 ∞。

例 5.4 判断 $z=\infty$ 是下列各函数的什么奇点。

(1) $\dfrac{z}{z+1}$ (2) $z+\dfrac{1}{z}$ (3) $\sin z$ (4) $z^4 \sin\dfrac{1}{z}$

解: (1) $z=\infty$ 是 $\dfrac{z}{z+1}$ 的可去奇点,因为 $\dfrac{z}{z+1}$ 在 $1<|z|<+\infty$ 内解析,且有 $\lim\limits_{z\to\infty}\dfrac{z}{z+1}=1$。

(2) $z=\infty$ 是 $z+\dfrac{1}{z}$ 的极点,因为 $z+\dfrac{1}{z}$ 在 $0<|z|<+\infty$ 内解析,且有 $\lim\limits_{z\to\infty}\left(z+\dfrac{1}{z}\right)=\infty$。

而 $z+\dfrac{1}{z}$ 也正是 $z=\infty$ 在 $0<|z|<+\infty$ 内的洛朗展开式,最高正幂项为 z 一次幂,因此 $z=\infty$ 为一级极点。

(3) $z=\infty$ 是 $\sin z$ 的本性奇点,因为 $\lim\limits_{z\to\infty} \sin z$ 既不存在,也不为 ∞。

(4) **方法 1** 在 $0<|z|<+\infty$ 内展开为洛朗级数,有
$$z^4 \sin\frac{1}{z} = z^4\left(\frac{1}{z} - \frac{1}{3!z^3} + \frac{1}{5!z^5} - \cdots\right) = z^3 - \frac{1}{3!}z + \frac{1}{5!z} - \cdots$$
因为 $z=\infty$ 为三级极点。

方法 2 令 $z=\dfrac{1}{t}$,则 $\varphi(t)=\dfrac{\sin t}{t^4}$。因为 $t=0$ 为 $\varphi(t)$ 的三级极点,故 $z=\infty$ 为原函数的三级极点。

利用倒数变换将无穷远点变为坐标原点,这是处理无穷远点作为孤立奇点的方法,也具有更广泛的意义。

第二节 留数及留数定理

一、留数的定义及留数定理

设 z_0 为函数 $f(z)$ 的孤立奇点,在 $0<|z-z_0|<R$ 内把 $f(z)$ 展开成洛朗级数
$$f(z) = \sum_{n=-\infty}^{+\infty} c_n (z-z_0)^n = \cdots + c_{-n}(z-z_0)^{-n} + \cdots + c_{-1}(z-z_0)^{-1} +$$
$$c_0 + c_1(z-z_0) + \cdots + c_n(z-z_0)^n + \cdots$$

它在较小的闭环形域 $0<r''<|z-z_0|<r'<R$ 内收敛,曲线 C 为圆环内绕 z_0 的任意一条正向简单闭曲线,逐项积分(在曲线 C 上)

$$\oint_C f(z)\mathrm{d}z = \cdots + \oint_C c_{-n}(z-z_0)^{-n}\mathrm{d}z + \cdots + \oint_C c_{-1}(z-z_0)^{-1}\mathrm{d}z +$$

$$\oint_C c_0 \mathrm{d}z + \oint_C c_1(z-z_0)^1 \mathrm{d}z + \cdots + \oint_C c_n(z-z_0)^n \mathrm{d}z + \cdots$$

得 $\oint_C f(z)\mathrm{d}z = c_{-1} 2\pi\mathrm{i}$。

右端各项的积分除留下 $c_{-1}(z-z_0)^{-1}$ 的一项等于 $2\pi\mathrm{i}c_{-1}$ 外，其余各项的积分都等于零，可见洛朗级数的 $(z-z_0)^{-1}$ 项的系数 c_{-1} 具有特别重要的地位。

定义 5.7 设点 $z_0(\neq\infty)$ 为函数 $f(z)$ 的孤立奇点，C 为圆周：$|z-z_0|=R$，若 $f(z)$ 在 $0<|z-z_0|\leqslant R$ 上解析，称 $\dfrac{1}{2\pi\mathrm{i}}\oint_C f(z)\mathrm{d}z$ 为函数 $f(z)$ 在点 z_0 的留数，记作 $\mathrm{Res}[f(z), z_0]$ 或 $\mathrm{Res}\limits_{z=z_0} f(z)$，即

$$\mathrm{Res}[f(z),z_0] = \frac{1}{2\pi\mathrm{i}}\oint_C f(z)\mathrm{d}z = c_{-1} \tag{5.6}$$

例如，$z=0$ 是 $f(z)=z\mathrm{e}^{\frac{1}{z}}$ 的孤立奇点，它在 $z=0$ 的洛朗展开式为 $z\mathrm{e}^{\frac{1}{z}} = \sum\limits_{n=0}^{\infty} \dfrac{1}{n!} \dfrac{1}{z^{n-1}}$，所以 $\mathrm{Res}[f(z), 0] = \dfrac{1}{2}$。

留数的定义与积分密不可分，因此也得到如下关于用留数计算积分的定理。

定理 5.5（留数定理 1） 设函数 $f(z)$ 在正向简单闭曲线 C 所围区域 D 内除 $z_1, z_2, \cdots, z_n$ 外解析，在闭域 $\overline{D} = D+C$ 内除 $z_1, z_2, \cdots, z_n$ 外连续，则

$$\oint_C f(z)\mathrm{d}z = 2\pi\mathrm{i} \sum_{k=1}^{n} \mathrm{Res}[f(z), z_k] \tag{5.7}$$

证：取 $R_k > 0$，作以 z_k 为心，R_k 为半径的圆 C_k，使 $C_k \subset D$，且 $C_i \cap C_j = \phi (i,j=1,2,\cdots, n, i\neq j)$（图 5.1）。

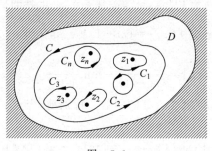

图 5.1

由复合闭路定理有

$$\oint_C f(z)\mathrm{d}z = \oint_{C_1} f(z)\mathrm{d}z + \oint_{C_2} f(z)\mathrm{d}z + \cdots + \oint_{C_n} f(z)\mathrm{d}z$$

以 $2\pi\mathrm{i}$ 除等式两边，得

$$\frac{1}{2\pi\mathrm{i}} \oint_C f(z)\mathrm{d}z = \mathrm{Res}[f(z), z_1] + \mathrm{Res}[f(z), z_2] + \cdots + \mathrm{Res}[f(z), z_n]$$

即 $\oint_C f(z)\mathrm{d}z = 2\pi\mathrm{i}\sum_{k=1}^{n}\mathrm{Res}[f(z),z_k]$。

通过定理 5.5 可知,求沿闭曲线 C 的积分可以转化为求被积函数在 C 所围区域内的各孤立奇点处的留数和。一般来说,只要在以孤立奇点为中心的圆环域上把函数展开为洛朗级数,取它的负一次幂项的系数就可得其留数。显然这并不是一个十分有效的办法。如果能事先知道孤立奇点的类型,对于求解留数有时更为有利。

二、留数的计算

1. 可去奇点的留数

如果点 z_0 是函数 $f(z)$ 的可去奇点,则函数 $f(z)$ 在点 z_0 的洛朗展开式的主要部分为零,即不含负幂项,从而 $c_{-1}=0$,故 $\mathrm{Res}[f(z),z_0]=0$。

2. 极点的留数

设点 z_0 为函数 $f(z)$ 的 m 级极点,以点 z_0 为中心的某去心邻域内将 $f(z)$ 展成洛朗级数,即

$$f(z) = c_{-m}(z-z_0)^{-m} + \cdots + c_{-2}(z-z_0)^{-2} + c_{-1}(z-z_0)^{-1} + c_0 + c_1(z-z_0) + \cdots$$

将上式两端同时乘以 $(z-z_0)^m$,有

$$(z-z_0)^m f(z) = c_{-m} + c_{-m+1}(z-z_0) + \cdots + c_{-1}(z-z_0)^{m-1} + c_0(z-z_0)^m + \cdots$$

对等式两边依次求导,得

$$\frac{\mathrm{d}}{\mathrm{d}z}[(z-z_0)^m f(z)] = c_{-m+1} + \cdots + (m-1)c_{-1}(z-z_0)^{m-2} + mc_0(z-z_0)^{m-1} + \cdots$$

$$\frac{\mathrm{d}^{m-1}}{\mathrm{d}z^{m-1}}[(z-z_0)^m f(z)] = (m-1)(m-2)\cdots 2 \cdot 1 \cdot c_{-1} + m(m-1)\cdots 2 c_0(z-z_0) + \cdots$$

$$= (m-1)!\, c_{-1} + \{\text{含有 } z-z_0 \text{ 正幂的项}\}$$

取 $z \to z_0$,$\lim_{z \to z_0} \dfrac{\mathrm{d}^{m-1}}{\mathrm{d}z^{m-1}}[(z-z_0)^m f(z)] = (m-1)!\, c_{-1}$,因此

$$\mathrm{Res}[f(z),z_0] = \frac{1}{(m-1)!}\lim_{z \to z_0}\frac{\mathrm{d}^{m-1}}{\mathrm{d}z^{m-1}}[(z-z_0)^m f(z)]$$

用上式可计算函数 $f(z)$ 在 m 级极点处的留数。特别地,当点 z_0 为 $f(z)$ 的一级极点时,即 $m=1$ 时,

$$\mathrm{Res}[f(z),z_0] = \lim_{z \to z_0}(z-z_0)f(z)$$

因此,对于极点的计算可采用以下规则。

规则 I 如果点 z_0 为函数 $f(z)$ 的一级极点,那么

$$\mathrm{Res}[f(z),z_0] = \lim_{z \to z_0}(z-z_0)f(z) \tag{5.8}$$

规则 II 如果点 z_0 为函数 $f(z)$ 的 m 级极点,那么

$$\mathrm{Res}[f(z),z_0] = \frac{1}{(m-1)!}\lim_{z \to z_0}\frac{\mathrm{d}^{m-1}}{\mathrm{d}z^{m-1}}[(z-z_0)^m f(z)] \tag{5.9}$$

针对一级极点的情况,还有如下结论。

规则Ⅲ 设函数 $f(z)=\dfrac{P(z)}{Q(z)}$，其中 $P(z)$ 及 $Q(z)$ 在点 z_0 解析，且 $P(z_0)\neq 0$，$Q(z_0)=0$，$Q'(z_0)\neq 0$，那么点 z_0 为函数 $f(z)$ 的一级极点，有

$$\operatorname{Res}[f(z),z_0]=\frac{P(z_0)}{Q'(z_0)} \tag{5.10}$$

证：因 $Q(z_0)=0$，$Q'(z_0)\neq 0$，所以点 z_0 为 $Q(z)$ 的一级零点，为 $\dfrac{1}{Q(z)}$ 的一级极点，从而为 $f(z)=\dfrac{P(z)}{Q(z)}$ 的一级极点，故由规则Ⅰ知

$$\operatorname{Res}[f(z),z_0]=\lim_{z\to z_0}(z-z_0)\frac{P(z)}{Q(z)}=\lim_{z\to z_0}\frac{P(z)}{\dfrac{Q(z)-Q(z_0)}{z-z_0}}=\frac{P(z_0)}{Q'(z_0)}$$

例 5.5 设 $f(z)=\dfrac{5z-2}{z(z-1)}$，求 $\operatorname{Res}[f(z),0]$。

解法 1：因点 $z=0$ 为函数 $f(z)$ 的一级极点，所以，依规则Ⅰ得

$$\operatorname{Res}[f(z),0]=\lim_{z\to 0}z\cdot\frac{5z-2}{z(z-1)}=2$$

解法 2：因点 $z=0$ 为函数 $f(z)=\dfrac{5z-2}{z(z-1)}$ 的一级极点，所以由规则Ⅲ得

$$\operatorname{Res}[f(z),0]=\frac{5z-2}{[z(z-1)]'}\bigg|_{z=0}=2$$

例 5.6 计算积分 $\displaystyle\oint_{|z|=1}\frac{2\mathrm{i}}{z^2+2az+1}\mathrm{d}z\quad(a>1)$。

解：首先弄清被积函数在积分路径内部有无奇点。由 $z^2+2az+1$ 求出被积函数的奇点有 $z_1=-a+\sqrt{a^2-1}$ 与 $z_2=-a-\sqrt{a^2-1}$。因 $a>1$，所以 $|z_2|>1$。又因 $|z_1\cdot z_2|=1$，故 $|z_1|<1$，即在积分路径内部只有被积函数的一个一级极点 z_1，所以

$$\oint_{|z|=1}\frac{2\mathrm{i}}{z^2+2az+1}\mathrm{d}z=2\pi\mathrm{i}\cdot\operatorname{Res}\left[\frac{2\mathrm{i}}{z^2+2az+1},z_1\right]$$

$$=2\pi\mathrm{i}\cdot\lim_{z\to z_1}\left[(z-z_1)\cdot\frac{2\mathrm{i}}{(z-z_1)(z-z_2)}\right]=\frac{-2\pi}{\sqrt{a^2-1}}$$

例 5.7 计算 $\displaystyle\oint_{|z|=1}\frac{\cos z}{z^3}\mathrm{d}z$。

解：$z=0$ 是 $\dfrac{\cos z}{z^3}$ 的三级极点，故 $\operatorname{Res}[f(z),0]=\dfrac{1}{2!}\lim_{z\to 0}\dfrac{\mathrm{d}^2}{\mathrm{d}z^2}[z^3 f(z)]=-\dfrac{1}{2}$。

由留数定理 5.5 得 $\displaystyle\oint_{|z|=1}\frac{\cos z}{z^3}\mathrm{d}z=2\pi\mathrm{i}\left(-\dfrac{1}{2}\right)=-\pi\mathrm{i}$。

例 5.8 设 $f(z)=\dfrac{z-\sin z}{z^6}$，求 $\operatorname{Res}[f(z),0]$。

解：设 $P(z)=z-\sin z$，由于

$$P(0)=(z-\sin z)\big|_{z=0}=0 \quad P'(0)=(1-\cos z)\big|_{z=0}=0$$
$$P''(0)=\sin z\big|_{z=0}=0 \quad P'''(0)=\cos z\big|_{z=0}=1\neq 0$$

因此 $z=0$ 是 $z-\sin z$ 的三级零点,从而是 $f(z)$ 的三级极点。由规则Ⅱ知

$$\operatorname{Res}\left[\frac{z-\sin z}{z^6},0\right]=\frac{1}{(3-1)!}\lim_{z\to 0}\frac{\mathrm{d}^2}{\mathrm{d}z^2}\left(z^3\cdot\frac{z-\sin z}{z^6}\right)$$
$$=\frac{1}{2!}\lim_{z\to 0}\frac{\mathrm{d}^2}{\mathrm{d}z^2}\left(\frac{z-\sin z}{z^3}\right)$$

接下来的计算是要先对一个分式函数求二阶导数,然后对求导结果求极限,这就十分烦琐了。根据具体问题我们要灵活地选择方法,不拘泥于套用公式。这里我们可以利用洛朗展开式求 c_{-1},从而得到 $\operatorname{Res}[f(z),0]$ 会更方便、简洁。因为

$$\frac{z-\sin z}{z^6}=\frac{1}{z^6}\left[z-\left(z-\frac{1}{3!}z^3+\frac{1}{5!}z^5-\cdots\right)\right]=\frac{1}{3!}\frac{1}{z^3}-\frac{1}{5!}\frac{1}{z}+\cdots$$

所以

$$\operatorname{Res}\left[\frac{z-\sin z}{z^6},0\right]=c_{-1}=\frac{1}{-5!}$$

仔细观察公式(5.9)的推导过程不难发现,如果函数 $f(z)$ 的极点 z_0 的级数不是 m,它的实际级数为 n,比 m 低,这时为了计算方便可以将函数 $f(z)$ 的极点 z_0 的级数视作 m 级。

设点 z_0 为函数 $f(z)$ 的 n 级极点($n<m$),则函数 $f(z)$ 在点 z_0 的洛朗展开式为
$$f(z)=c_{-n}(z-z_0)^{-n}+\cdots+c_{-2}(z-z_0)^{-2}+c_{-1}(z-z_0)^{-1}+$$
$$c_0+c_1(z-z_0)+\cdots$$

等式两边同时乘以 $(z-z_0)^m$,有
$$(z-z_0)^m f(z)=c_{-n}(z-z_0)^{m-n}+\cdots+c_{-2}(z-z_0)^{m-2}+$$
$$c_{-1}(z-z_0)^{m-1}+c_0(z-z_0)^{m+1}+\cdots$$

等式两边求 $m-1$ 阶导,有
$$\frac{\mathrm{d}^{m-1}}{\mathrm{d}z^{m-1}}[(z-z_0)^m f(z)]=(m-1)!\,c_{-1}+\{\text{含有 }z-z_0\text{ 正幂的项}\}$$

取 $z\to z_0$ 的极限,得
$$\lim_{z\to z_0}\frac{\mathrm{d}^{m-1}}{\mathrm{d}z^{m-1}}[(z-z_0)^m f(z)]=(m-1)!\,c_{-1}$$

因此
$$\operatorname{Res}[f(z),z_0]=\frac{1}{(m-1)!}\lim_{n\to\infty}\frac{\mathrm{d}^{m-1}}{\mathrm{d}z^{m-1}}[(z-z_0)^m f(z)]$$

应用这个结论,再来求解例5.8中的 $z=0$ 是 $f(z)=\dfrac{z-\sin z}{z^6}$ 的三级极点,视作六级极点,由规则Ⅱ,有

$$\operatorname{Res}\left[\frac{z-\sin z}{z^6},0\right]=\frac{1}{(6-1)!}\lim_{z\to 0}\frac{\mathrm{d}^5}{\mathrm{d}z^5}\left(z^6\cdot\frac{z-\sin z}{z^6}\right)$$
$$=\frac{1}{5!}\lim_{z\to 0}(-\cos z)=-\frac{1}{5!}$$

3. 本性奇点的留数

求本性奇点的留数时，只能将函数 $f(z)$ 在点 z_0 处展开为洛朗级数求解 $\text{Res}[f(z), z_0] = c_{-1}$。

例 5.9 求函数 $f(z) = \cos \dfrac{1}{1-z}$ 在有限奇点处的留数。

解：经判断，$z=1$ 为 $\cos \dfrac{1}{1-z}$ 的本性奇点，将函数 $f(z)$ 在 $0 < |z-1| < +\infty$ 上展开为洛朗级数，有

$$\cos \frac{1}{1-z} = 1 - \frac{1}{2!(z-1)^2} + \frac{1}{4!(z-1)^4} - \cdots + (-1)^n \frac{1}{(2n)!(z-1)^{2n}} + \cdots$$

因此有 $\text{Res}[f(z), 1] = 0$。

三、无穷远点的留数

定义 5.8 设 $z = \infty$ 为函数 $f(z)$ 的孤立奇点，C 为圆周：$|z| = \rho$，若函数 $f(z)$ 在 $R < |z| < +\infty$ 内解析（$R < \rho$），则称 $\dfrac{1}{2\pi i} \oint_{C^-} f(z) dz$ 为函数 $f(z)$ 在点 $z = \infty$ 的留数，记作 $\text{Res}[f(z), \infty]$ 或 $\text{Res}[\infty]$，即

$$\text{Res}[f(z), \infty] = \frac{1}{2\pi i} \oint_{C^-} f(z) dz \tag{5.11}$$

设函数 $f(z)$ 在 $0 < R < |z| < +\infty$ 内的洛朗展开式为

$$f(z) = \cdots + \frac{c_{-n}}{z^n} + \cdots + \frac{c_{-1}}{z} + c_0 + c_1 z + \cdots = \sum_{n=-\infty}^{+\infty} c_n z^n$$

因为 $\oint_C \dfrac{1}{z^n} dz = \begin{cases} 2\pi i & (n=1) \\ 0 & (n \neq 1) \end{cases}$，有

$$\oint_C f(z) dz = \sum_{n=-\infty}^{\infty} \oint_C c_n z^n dz = \sum_{n=-\infty}^{\infty} c_n \oint_C z^n dz = 2\pi i c_{-1}$$

所以

$$\text{Res}[f(z), \infty] = \frac{1}{2\pi i} \oint_{C^-} f(z) dz = -\frac{1}{2\pi i} \oint_C f(z) dz = -c_{-1}$$

即 $\text{Res}[f(z), \infty]$ 等于函数 $f(z)$ 在 ∞ 点的中心邻域 $R < |z| < +\infty$ 内洛朗展开式 $\dfrac{1}{z}$ 中的系数变号。

定义了无穷远处的留数，就可得到以下定理。

定理 5.6（留数定理 2） 如果函数 $f(z)$ 在扩充复平面上只有有限个孤立奇点（包括无穷远点在内），设为 $z_1, z_2, \cdots, z_n, \infty$，则函数 $f(z)$ 在各点的留数总和为零。

证：以原点为中心作圆周 C，使 $z_1, z_2, \cdots, z_n$ 皆含于 C，则由留数定理 1 得

$$\oint_C f(z) dz = 2\pi i \sum_{k=1}^{n} \text{Res}[f(z), z_k]$$

两边同时除以 $2\pi i$，并移项得

$$\sum_{k=1}^{n}\text{Res}[f(z),z_k] + \frac{1}{2\pi i}\oint_{C^{-1}} f(z)\mathrm{d}z = 0$$

由无穷远点留数的定义，有

$$\sum_{k=1}^{n}\text{Res}[f(z),z_k] + \text{Res}[f(z),\infty] = 0 \tag{5.12}$$

该定理说明，函数 $f(z)$ 在复平面上所有奇点的留数之和为零，这里所说各点包括无限远点和有限远点。

对于孤立奇点 ∞，除了引入留数概念时介绍的一般方法求 $-c_{-1}$ 外，还可以有如下公式。

规则 Ⅳ

$$\text{Res}[f(z),\infty] = -\text{Res}\left[f\left(\frac{1}{t}\right)\frac{1}{t^2},0\right] \tag{5.13}$$

证：由定义 $\text{Res}[f(z),\infty] = \dfrac{1}{2\pi i}\oint_{\Gamma^{-1}} f(z)\mathrm{d}z \quad (\Gamma:|z|=\rho)$

$$= \frac{1}{2\pi i}\oint_{C} f\left(\frac{1}{t}\right)\frac{-1}{t^2}\mathrm{d}t \quad (C:|t|=r)$$

作变换 $z = \dfrac{1}{t}$ 时，积分有相应的换元公式，若 $z = \rho e^{i\theta}, t = re^{i\varphi}$，则 $r = \dfrac{1}{\rho}, \varphi = -\theta$，因此当 Γ 取负方向时，C 取正方向，于是

$$\text{Res}[f(z),\infty] = -\text{Res}\left[f\left(\frac{1}{t}\right)\cdot\frac{1}{t^2},0\right]$$

例 5.10 求 $I = \oint_{|z|=4} \dfrac{z^{15}}{(z^2+1)^2 + (z^4+2)^3}\mathrm{d}z$。

解：令 $f(z) = \dfrac{z^{15}}{(z^2+1)^2(z^4+2)^3}$，则函数 $f(z)$ 在扩充复平面上共有七个奇点 $z_{k+1} = \sqrt[4]{2}\,e^{i\frac{\pi+2k\pi}{4}}\,(k=0,1,2,3), z_5 = i, z_6 = -i, z_7 = \infty$，前六个均在 $|z|=4$ 的内部，故

$$I = 2\pi i\sum_{k=1}^{6}\text{Res}[f(z),z_k] = -2\pi i\,\text{Res}[f(z),\infty]$$

由

$$f\left(\frac{1}{t}\right)\cdot\frac{1}{t^2} = \frac{\dfrac{1}{t^{15}}}{\left(\dfrac{1}{t^2}+1\right)^2\left(\dfrac{1}{t^4}+2\right)^3}\cdot\frac{1}{t^2} = \frac{1}{t(1+t^2)^2(1+2t^4)^3}$$

以 $t=0$ 为一级极点，故

$$\text{Res}\left[f\left(\frac{1}{t}\right)\cdot\frac{1}{t^2},0\right] = 1$$

$$I = -2\pi i\,\text{Res}[f(z),\infty] = 2\pi i\,\text{Res}\left[f\left(\frac{1}{t}\right)\cdot\frac{1}{t^2},0\right] = 2\pi i$$

例 5.11 计算积分 $\oint_C \dfrac{\mathrm{d}z}{(z+\mathrm{i})^{10}(z-1)(z-3)}$，$C$ 为正向圆周：$|z|=2$。

解：被积函数 $f(z)=\dfrac{1}{(z+\mathrm{i})^{10}(z-1)(z-3)}$ 在扩充复平面上的孤立奇点为 $-\mathrm{i},1,3$ 和 ∞，由定理 5.6 有

$$\mathrm{Res}[f(z),-\mathrm{i}]+\mathrm{Res}[f(z),1]+\mathrm{Res}[f(z),3]+\mathrm{Res}[f(z),\infty]=0$$

由于 $-\mathrm{i}$ 和 1 在 C 的内部，利用留数定理与规则 Ⅳ 得

$$\oint_C f(z)\mathrm{d}z = 2\pi\mathrm{i}\{\mathrm{Res}[f(z),-\mathrm{i}]+\mathrm{Res}[f(z),1]\}$$

$$= -2\pi\mathrm{i}\{\mathrm{Res}[f(z),3]+\mathrm{Res}[f(z),\infty]\}$$

$$= -2\pi\mathrm{i}\left\{\dfrac{1}{2(3+\mathrm{i})^{10}}+0\right\} = -\dfrac{\pi\mathrm{i}}{(3+\mathrm{i})^{10}}$$

这里 $-\mathrm{i}$ 在 C 内是 10 级极点，若用规则 Ⅱ 将很烦琐。

例 5.12 用多种方法求 $\oint_{|z|=2}\dfrac{5z-2}{z(z-1)}\mathrm{d}z$。

解法 1：被积函数 $f(z)=\dfrac{5z-2}{z(z-1)}$ 在闭曲线 $C:|z|=2$ 内具有两个不解析点 $z=0$ 及 $z=1$，我们在 C 内以 $z=0$ 为中心作一个正向圆周 C_1，以 $z=1$ 为中心作一个正向圆周 C_2，C_1 和 C_2 互不相交、互不包含，那么函数 $f(z)$ 在由 C,C_1 和 C_2 所围成的区域内是解析的。根据复合闭路定理，

$$\oint_C \dfrac{5z-2}{z(z-1)}\mathrm{d}z = \oint_{C_1}\dfrac{5z-2}{z(z-1)}\mathrm{d}z + \oint_{C_2}\dfrac{5z-2}{z(z-1)}\mathrm{d}z$$

$$= \oint_{C_1}\dfrac{\frac{5z-2}{z-1}}{z}\mathrm{d}z + \oint_{C_2}\dfrac{\frac{5z-2}{z}}{z-1}\mathrm{d}z$$

$$= 2\pi\mathrm{i}\left(\left.\dfrac{5z-2}{z-1}\right|_{z=0} + \left.\dfrac{5z-2}{z}\right|_{z=1}\right)$$

$$= 2\pi\mathrm{i}(2+3) = 10\pi\mathrm{i}$$

解法 2：函数 $f(z)=\dfrac{5z-2}{z(z-1)}$ 在圆环域 $1<|z|<+\infty$ 内处处解析，且 $C:|z|=2$ 在此圆环域内，所以 $f(z)$ 在此圆环域内洛朗展开式的系数 c_{-1} 乘以 $2\pi\mathrm{i}$ 即为所求积分的值。

$$f(z) = \dfrac{2}{z} + \dfrac{3}{z-1} = \dfrac{2}{z} + \dfrac{1}{z}\cdot\dfrac{3}{1-\dfrac{1}{z}} = \dfrac{2}{z}+\dfrac{3}{z}\left(1+\dfrac{1}{z}+\dfrac{1}{z^2}+\cdots\right)$$

由此可见 $c_{-1}=2+3=5$，从而 $\oint_{|z|=2}\dfrac{5z-2}{z(z-1)}\mathrm{d}z = 2\pi\mathrm{i}\cdot 5 = 10\pi\mathrm{i}$。

解法 3：被积函数 $f(z)=\dfrac{5z-2}{z(z-1)}$ 在闭曲线 $C:|z|=2$ 内有两个一级极点 $z=0$ 及 $z=1$，而

$$\text{Res}[f(z),0] = \lim_{z \to 0} z \cdot \frac{5z-2}{z(z-1)} = 2$$

$$\text{Res}[f(z),1] = \lim_{z \to 1}(z-1) \cdot \frac{5z-2}{z(z-1)} = 3$$

由留数定理 1, 有

$$\oint_{|z|=2} \frac{5z-2}{z(z-1)} \mathrm{d}z = 2\pi\mathrm{i}\{\text{Res}[f(z),0] + \text{Res}[f(z),1]\}$$

$$= 2\pi\mathrm{i}(2+3) = 10\pi\mathrm{i}$$

解法 4：函数 $f(z) = \frac{5z-2}{z(z-1)}$ 在 $C:|z|=2$ 的外部，除点 ∞ 外没有其他奇点，因此根据定理 5.6，有

$$\oint_{|z|=2} \frac{5z-2}{z(z-1)} \mathrm{d}z = -2\pi\mathrm{i}\text{Res}[f(z),\infty]$$

将函数 $f(z)$ 在 $1 < |z| < +\infty$ 内展开为洛朗级数，则

$$f(z) = \frac{5}{z} + \frac{3}{z^2} + \frac{3}{z^3} + \cdots$$

由无穷远点的留数定义，$\text{Res}[f(z),\infty] = -c_{-1} = -5$，因此

$$\oint_{|z|=2} \frac{5z-2}{z(z-1)} \mathrm{d}z = -2\pi\mathrm{i} \cdot (-5) = 10\pi\mathrm{i}$$

解法 5：除 $z=0$ 及 $z=1$ 外，被积函数的孤立奇点是 $z=\infty$，根据定理 5.6 及规则 IV，有

$$\oint_{|z|=2} \frac{5z-2}{z(z-1)} \mathrm{d}z = -2\pi\mathrm{i}\text{Res}[f(z),\infty] = 2\pi\mathrm{i}\text{Res}\left[f\left(\frac{1}{z}\right) \cdot \frac{1}{z^2}, 0\right]$$

$$= 2\pi\mathrm{i}\text{Res}\left[\frac{5-2z}{z(1-z)}, 0\right] = 2\pi\mathrm{i} \cdot 5 = 10\pi\mathrm{i}$$

第三节　留数在定积分运算上的应用

留数定理的一个重要应用是计算某些实变函数的积分。如在研究阻尼振动时计算积分 $\int_0^\infty \frac{\sin x}{x} \mathrm{d}x$；在研究光的衍射时需要计算菲涅耳积分 $\int_0^\infty \sin x^2 \mathrm{d}x$；在热学中将遇到积分 $\int_0^\infty \mathrm{e}^{-ax}\cos bx \, \mathrm{d}x$ ($a > 0$, b 为任意实数)，用实函数分析中的方法计算这些积分几乎是不可能的，即使能计算也相当复杂。如果能把它们化为复积分，用柯西定理和留数定理来计算就简单多了。当然最关键的是设法把实变函数积分与复变函数回路积分联系起来。

定积分 $\int_a^b f(x) \mathrm{d}x$ 的积分区间 $[a,b]$ 可以看作复数平面上的实轴上的一段 l_1，利用自变数的变换把 l_1 变成某个新的复数平面上的回路，这样就可以应用留数定理了；或者另外补上一段曲线 l_2，使 l_1 和 l_2 合成回路 l，l 包围着区域 B，这样

$$\oint_l f(z)\mathrm{d}z = \int_{l_1} f(z)\mathrm{d}z + \int_{l_2} f(z)\mathrm{d}z$$

左端可应用留数定理,如果 $\int_{l_2} f(z)\mathrm{d}z$ 容易求出,问题就解决了。下面具体介绍几个类型的实变定积分。

一、计算 $\int_0^{2\pi} R(\cos\theta, \sin\theta)\mathrm{d}\theta$ 型积分

令 $z = \mathrm{e}^{\mathrm{i}\theta}$,则 $\cos\theta$ 与 $\sin\theta$ 均可用复变量 z 表示出来,从而实现将 $R(\cos\theta, \sin\theta)$ 变形为复变量 z 的函数的愿望,此时有

$$\cos\theta = \frac{z^2 + 1}{2z} \quad \sin\theta = \frac{z^2 - 1}{2\mathrm{i}z}$$

同时由于 $z = \mathrm{e}^{\mathrm{i}\theta}$,所以 $|z| = 1$,且当 θ 由 0 变到 2π 时,z 恰好在圆周 $C: |z| = 1$ 上变动一周,故使积分路径也变成所期望的围线。

至此有

$$\int_0^{2\pi} R(\cos\theta, \sin\theta)\mathrm{d}\theta = \oint_{|z|=1} R\left(\frac{z^2+1}{2z}, \frac{z^2-1}{2\mathrm{i}z}\right) \cdot \frac{1}{\mathrm{i}z}\mathrm{d}z$$
$$= \oint_{|z|=1} f(z)\mathrm{d}z$$

其中,$f(z)$ 为 z 的有理函数,且在单位圆周 $|z| = 1$ 上分母不为零,满足留数定理的条件。根据留数定理,

$$\int_0^{2\pi} R(\cos\theta, \sin\theta)\mathrm{d}\theta = 2\pi\mathrm{i} \sum_{k=1}^n \mathrm{Res}[f(z), z_k]$$

其中,$z_k (k = 1, 2, \cdots, n)$ 为包含在单位圆周 $|z| = 1$ 内的函数 $f(z)$ 的孤立奇点。

例 5.13 计算积分 $I = \dfrac{1}{2\pi} \oint_{|z|=1} \dfrac{\mathrm{d}\theta}{1 + \varepsilon\cos\theta} (0 < \varepsilon < 1)$。

解:令 $z = \mathrm{e}^{\mathrm{i}\theta}$,得

$$I = \frac{1}{2\pi} \oint_{|z|=1} \frac{1}{1 + \varepsilon\dfrac{z + z^{-1}}{2}} \cdot \frac{\mathrm{d}z}{\mathrm{i}z} = \frac{1}{\pi\varepsilon\mathrm{i}} \oint_{|z|=1} \frac{\mathrm{d}z}{z^2 + \dfrac{2}{\varepsilon}z + 1}$$

先求 $f(z) = \dfrac{1}{z^2 + \dfrac{2}{\varepsilon}z + 1}$ 的奇点及其留数。令其分母为零,得

$$z_1 = -\frac{1}{\varepsilon} + \frac{1}{\varepsilon}\sqrt{1 - \varepsilon^2} \quad z_2 = -\frac{1}{\varepsilon} - \frac{1}{\varepsilon}\sqrt{1 - \varepsilon^2}$$

这就是 $f(z)$ 的两个单极点。

$$|z_1| = \frac{1 - \sqrt{1 - \varepsilon^2}}{\varepsilon} < \frac{1 - (1 - \varepsilon)}{\varepsilon} = 1 \quad |z_2| = \frac{1 + \sqrt{1 - \varepsilon^2}}{\varepsilon} > \frac{1}{\varepsilon} > 1$$

所以极点 z_1 在单位圆内,极点 z_2 在单位圆外,因此有

$$I = \frac{1}{\pi\varepsilon\mathrm{i}} \cdot 2\pi\mathrm{i}\mathrm{Res}[f(z), z_1] = \frac{2}{\varepsilon}\lim_{z \to z_1}(z - z_1)\frac{1}{(z - z_1)(z - z_2)} = \frac{1}{\sqrt{1 - \varepsilon^2}}$$

此积分在力学和量子力学中非常重要,由它可以求出开普勒积分的值。

二、计算 $\int_{-\infty}^{+\infty} \frac{P(x)}{Q(x)} dx$ 型积分

由于 $\int_{-\infty}^{+\infty} \frac{P(x)}{Q(x)} dx = \lim\limits_{R \to \infty} \int_{-R}^{R} \frac{P(x)}{Q(x)} dx$,考虑添加辅助曲线 Γ_R 与实轴上区间 $[-R, R]$ 构成围线 C,则

$$\int_{-R}^{R} \frac{P(x)}{Q(x)} dx + \int_{\Gamma_R} \frac{P(z)}{Q(z)} dz = 2\pi i \sum \text{Res}\left[\frac{P(z)}{Q(z)}, z_k\right]$$

其中,z_k 为 $\frac{P(z)}{Q(z)}$ 在 C 内部的所有孤立奇点,若能估计出 $\int_{\Gamma_R} \frac{P(z)}{Q(z)} dz$ 的值,再取极限即得。

引理 5.1 设函数 $f(z)$ 在圆弧 $P_R: z = Re^{i\theta}(\theta_1 \leq \theta \leq \theta_2, R$ 充分大$)$ 上连续,且 $\lim\limits_{z \to \infty} z f(z) = \lambda$ 在 P_R 上一致成立(即与 $\theta_1 \leq \theta \leq \theta_2$ 中的 θ 无关),则 $\lim\limits_{R \to \infty} \int_{P_R} f(z) dz = i(\theta_2 - \theta_1)\lambda$。

证:对任意 $\varepsilon > 0$,由于 $\lim\limits_{z \to \infty} z f(z) = \lambda$ 在 P_R 上一致成立,故存在 $R_0 > 0$,对任意 $R > R_0$,有

$$|zf(z) - \lambda| < \frac{\varepsilon}{\theta_2 - \theta_1} \quad (z \in P_R)$$

$$\left|\int_{P_R} f(z) dz - i(\theta_2 - \theta_1)\lambda\right| = \left|\int_{P_R} f(z) dz - \lambda \int_{\theta_1}^{\theta_2} i d\theta\right| = \left|\int_{P_R} f(z) dz - \lambda \int_{P_R} \frac{dz}{z}\right| \leq$$

$$\int_{P_R} \left|\frac{zf(z) - \lambda}{z}\right| |dz| = \int_{P_R} \left|\frac{zf(z) - \lambda}{R}\right| \cdot |dz| <$$

$$\frac{\varepsilon}{\theta_2 - \theta_1} \cdot \frac{1}{R} \cdot \int_{P_R} |dz| = \frac{\varepsilon}{\theta_2 - \theta_1} \cdot \frac{1}{R} \cdot (\theta_2 - \theta_1) \cdot R = \varepsilon$$

定理 5.7 设 $f(x) = \frac{P(x)}{Q(x)}$ 为有理分式,其中 $P(x) = c_0 x^m + c_1 x^{m-1} + \cdots + c_m (c_0 \neq 0)$,$Q(x) = b_0 x^n + b_1 x^{n-1} + \cdots + b_n (b_0 \neq 0)$ 为互质多项式,且 ① $n - m \geq 2$;② 在实轴上 $Q(z) \neq 0$,则 $\int_{-\infty}^{+\infty} f(x) dx = 2\pi i \sum\limits_{\text{Im} z_k > 0} \text{Res}[f(z), z_k]$。

证:由 $n - m \geq 2$ 知,$f(x) = \frac{c_0}{b_0} \frac{1}{x^{n-m}} (x \to \infty)$,由图 5.2 知 $\oint_{C_R} f(x) dx$ 存在,且 $\oint_{C_R} f(x) dx = \lim\limits_{R \to \infty} \oint_{C_R} f(x) dx$。作 $\Gamma_R: z = Re^{i\theta}(0 \leq \theta \leq \pi)$,与线段 $[-R, R]$ 一起构成围线 C_R,取 r 足够大,使 C_R 的内部包含 $f(z)$ 在上半平面内的一切孤立奇点,由在实轴上 $Q(z) \neq 0$ 知,$f(z)$ 在 C_R 上没有奇点,由留数定理得 $\oint_{C_R} f(z) dz = 2\pi i \sum\limits_{\text{Im} z_k > 0} \text{Res}[f(z), z_k]$,$\oint_{C_R} f(z) dz = \int_{-R}^{R} f(x) dx + \int_{\Gamma_R} f(z) dz$。

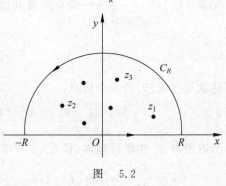

图 5.2

由于
$$|zf(z)| = \left| z \frac{c_0 z^m + c_1 z^{m-1} + \cdots + c_m}{b_0 z^n + b_1 z^{n-1} + \cdots + b_n} \right| = \left| \frac{z^{m+1}}{z^n} \right| \cdot \left| \frac{c_0 + \cdots + \frac{c_m}{z^m}}{b_0 + \cdots + \frac{c_n}{z^n}} \right|$$

当 $n-m \geqslant 2$ 时，$zf(z) \to 0 (R \to \infty)$，由引理 5.1，有
$$\lim_{R \to \infty} \int_{\Gamma_R} f(z) \mathrm{d}z = \mathrm{i}(\pi - 0) \cdot 0 = 0$$

于是 $\int_{-\infty}^{+\infty} f(x) \mathrm{d}x = 2\pi \mathrm{i} \sum_{\mathrm{Im} z_k > 0} \mathrm{Re}\, s[f(z), z_k]$。

例 5.14 计算积分 $\int_{-\infty}^{+\infty} \frac{x^2}{x^4 + x^2 + 1} \mathrm{d}x$。

解：经验证，此积分满足定理 5.7 的条件。首先，求出 $\frac{P(z)}{Q(z)} = \frac{z^2}{z^4 + z^2 + 1}$ 在上半平面的全部奇点。令 $z^4 + z^2 + 1 = 0$，即
$$z^4 + z^2 + 1 = (z^4 + 2z^2 + 1) - z^2 = (z^2 + 1)^2 - z^2$$
$$= (z^2 + z + 1)(z^2 - z + 1) = 0$$

于是，$\frac{P(z)}{Q(z)}$ 在上半平面的全部奇点只有两个 $\alpha = \frac{1}{2} + \frac{\sqrt{3}}{2}\mathrm{i}$ 与 $\beta = -\frac{1}{2} + \frac{\sqrt{3}}{2}\mathrm{i}$，$\alpha$ 与 β 均为 $\frac{P(z)}{Q(z)}$ 的一级极点。

其次，计算留数，有
$$\mathrm{Res}\left[\frac{P(z)}{Q(z)}, \alpha\right] = \lim_{z \to \alpha}(z - \alpha) \frac{z^2}{(z-\alpha)(z-\beta)(z+\alpha)(z+\beta)} = \frac{1 + \sqrt{3}\mathrm{i}}{4\sqrt{3}\mathrm{i}}$$
$$\mathrm{Res}\left[\frac{P(z)}{Q(z)}, \beta\right] = \lim_{z \to \beta}(z - \beta) \frac{z^2}{(z-\alpha)(z-\beta)(z+\alpha)(z+\beta)} = \frac{1 - \sqrt{3}\mathrm{i}}{4\sqrt{3}\mathrm{i}}$$

最后，将所得留数代入得
$$\int_{-\infty}^{+\infty} \frac{x^2}{x^4 + x^2 + 1} \mathrm{d}x = 2\pi \mathrm{i} \left\{ \mathrm{Res}\left[\frac{P(z)}{Q(z)}, \alpha\right] + \mathrm{Res}\left[\frac{P(z)}{Q(z)}, \beta\right] \right\} = \frac{\pi}{\sqrt{3}}$$

三、积分 $\int_{-\infty}^{+\infty} \frac{P(x)}{Q(x)} \mathrm{e}^{\mathrm{i}mx} \mathrm{d}x$ 的计算

引理 5.2 设 $g(z)$ 在半圆周 $\Gamma_R : z = R\mathrm{e}^{\mathrm{i}\theta} (0 \leqslant \theta \leqslant \pi < R, R$ 充分大$)$ 上连续，且 $\lim_{R \to \infty} g(z) = 0$ 在 Γ_R 上一致成立，则 $\lim_{R \to \infty} \int_{\Gamma_R} g(z) \mathrm{e}^{\mathrm{i}mz} \mathrm{d}z = 0 (m > 0)$。

注：引理 5.2 的证明用到 Jordan 不等式
$$\frac{2\theta}{\pi} \leqslant \sin\theta \leqslant \theta \left(0 \leqslant \theta \leqslant \frac{\pi}{2}\right)$$

由于任意 $\theta \in \left(-\frac{\pi}{2}, \frac{\pi}{2}\right)$，$|\theta| \leqslant |\tan\theta|$，任意 $\theta \in \left(0, \frac{\pi}{2}\right)$ 有 $\left(\frac{\sin\theta}{\theta}\right)' = \frac{\theta\cos\theta - \sin\theta}{\theta^2} < 0$，因此，

$$\frac{\sin\theta}{\theta} \geqslant \frac{\sin\frac{\pi}{2}}{\frac{\pi}{2}} = \frac{2}{\pi}。$$

定理 5.8 设 $g(x) = \dfrac{P(x)}{Q(x)}$，其中 $P(x)$ 及 $Q(x)$ 为互质多项式，且①$Q(x)$ 的次数比 $P(x)$ 的次数高；②在实轴上 $Q(z) \neq 0$；③$m>0$，则 $\int_{-\infty}^{+\infty} g(x) e^{imx} dx = 2\pi i \sum\limits_{\mathrm{Im} z_k > 0} \mathrm{Res}[g(z) e^{imz}, z_k]$。特别地，分开实、虚部就可以得到 $\int_{-\infty}^{+\infty} \dfrac{P(x)}{Q(x)} \cos mx \, dx$ 与 $\int_{-\infty}^{+\infty} \dfrac{P(x)}{Q(x)} \sin mx \, dx$ 的积分。

例 5.15 计算积分 $\int_{-\infty}^{+\infty} \dfrac{e^{ix}}{x^2 + a^2} dx \, (a > 0)$。

解：首先，求出辅助函数 $f(z) = \dfrac{e^{iz}}{z^2 + a^2}$ 在上半平面的全部奇点。由 $z^2 + a^2 = 0$ 解得 $z = ai$ 与 $z = -ai$ 为 $f(z)$ 的奇点，而 $a > 0$，所以 $f(z)$ 在上半平面只有一个奇点 ai，且 ai 为 $f(z)$ 的一级极点。其次，计算留数，有

$$\mathrm{Res}\left[\frac{e^{iz}}{z^2 + a^2}, ai\right] = \lim_{z \to ai}(z - ai) \frac{e^{iz}}{(z - ai)(z + ai)} = \frac{e^{-a}}{2ai}$$

最后得

$$\int_{-\infty}^{+\infty} \frac{e^{ix}}{x^2 + a^2} dx = 2\pi i \cdot \mathrm{Res}\left[\frac{e^{iz}}{z^2 + a^2}, ai\right] = \frac{\pi}{a e^a}$$

四、计算积分路径上有奇点的积分

前面所讲的三种类型都是函数 $f(z)$ 在实轴上没有奇点的情况，如果函数 $f(z)$ 在实轴上有奇点，那么前述计算方法不完全适用。例如，函数 $f(z)$ 在实轴上有一个奇点 $z = a$（a 为实数），要计算 $\int_{-\infty}^{+\infty} f(x) dx$，在作辅助线时，应绕过奇点 $z = a$，具体方法是在上半平面作一个以 $z = a$ 为圆心，半径为 ε 的半圆周 C_ε，积分沿 C_ε 进行，然后令 $\varepsilon \to 0$ 取极限（图 5.3 所示），则，

$$\oint_l f(z) dz = \int_{-R}^{a-\varepsilon} f(z) dz + \int_{C_\varepsilon} f(z) dz + \int_{a+\varepsilon}^{R} f(x) dx + \int_{C_R} f(z) dz$$

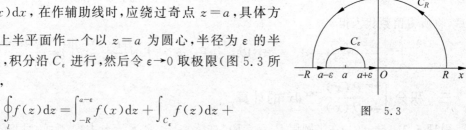

图 5.3

令 $R \to \infty$，上式左端用留数定理计算，再令 $\varepsilon \to 0$，有

$$\int_{-\infty}^{+\infty} f(x) dx = \lim_{\varepsilon \to 0}\left[\int_{-\infty}^{a-\varepsilon} f(x) dx + \int_{a+\varepsilon}^{+\infty} f(x) dx\right]$$

$$= \oint_l f(z) dz - \lim_{\varepsilon \to 0} \int_{C_\varepsilon} f(z) dz - \int_{C_R} f(z) dz$$

若 $\int_{C_R} f(z)dz$ 满足引理条件,主要的就是求积分 $I = \lim_{\varepsilon \to 0} \int_{C_\varepsilon} f(z)dz$。如果实轴上有 n 个奇点,那么分别以各奇点为圆心,ε 为半径作上半平面的半圆,绕过奇点即可。

章 末 总 结

本章的中心内容是留数定理。利用留数定理能够将沿封闭曲线的积分转化为计算函数在孤立奇点处的留数,对于定积分中的一部分较难、较烦琐的反常积分,使用留数可以大大简化计算。留数定理是理论探讨的基础,在实际应用中具有重大意义。

读者可结合下面的思维导图进行复习巩固。

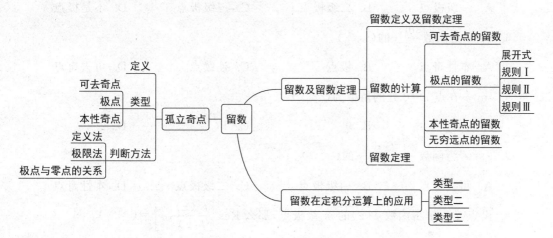

习 题 五

一、填空题

1. $z=3$ 是函数 $\sin\dfrac{1}{z-3}$ 的孤立奇点,它属于_____类型,$\text{Res}\left[\sin\dfrac{1}{z-3},3\right]=$ _____。

2. $z=0$ 是函数 $z-\sin z$ 的_____级零点。

3. 若 $f(z)=k\cdot\sin z$(k 为常数且不为零),则 $z=m\pi(m=0,\pm 1,\pm 2,\cdots)$ 为 $f(z)$ 的_____级零点。

4. $\dfrac{1}{(z-1)^3}$ 在点 $z=1$ 处的留数为_____。

5. 函数 $f(z)=\dfrac{1}{(1+z)(z^2-2z)}$ 在点 $z=2$ 的留数为_____。

6. $z=0$ 是 $(\sin z+\text{sh} z-2z)^{-2}$ 的_____级极点。

二、单项选择题

1. 设点 a 为函数 $f(z)$ 的孤立奇点,若 $\lim\limits_{z\to a}f(z)=c(\neq\infty)$,则点 a 为函数 $f(z)$ 的(   )。

   A. 本性奇点　　　B. 极点　　　C. 可去奇点　　　D. 解析点

2. 若 $f(z)=\dfrac{1}{z(z-1)}$,则 $\operatorname{Res}[f,1]=$(   )。

   A. 3　　　B. 0　　　C. 1　　　D. 2

3. 若点 a 为函数 $f(z)$ 的可去奇点,则 $\operatorname{Res}[f,a]=$(   )。

   A. $\dfrac{1}{2}$　　　B. $-\dfrac{1}{2}$　　　C. 0　　　D. i

4. $z=0$ 是 $\dfrac{z-\sin z}{z^6}$ 的(   )。

   A. 一级极点　　　B. 二级极点　　　C. 三级极点　　　D. 不是极点

5. $z=0$ 是函数 $\dfrac{\sin z^2}{z}$ 的(   )。

   A. 本性奇点　　　B. 极点　　　C. 连续点　　　D. 可去奇点

6. $\sin\dfrac{1}{z}$ 在点 $z=0$ 处的留数为(   )。

   A. -1　　　B. 0　　　C. 1　　　D. 2

7. $z=\infty$ 为函数 $\dfrac{3+2z+z^3}{z^2}$ 的(   )。

   A. 可去奇点　　　B. 一级极点　　　C. 二级极点　　　D. 本性奇点

8. 设点 a 为解析函数 $f(z)$ 的 m 级极点,那么 $\operatorname{Res}\left[\dfrac{f'(z)}{f(z)},a\right]=$(   )。

   A. m　　　B. $-m$　　　C. $m-1$　　　D. $-(m-1)$

9. $\operatorname{Res}\left[z^3\cos\dfrac{2\mathrm{i}}{z},\infty\right]=$(   )。

   A. $\dfrac{2}{3}$　　　B. $-\dfrac{2}{3}$　　　C. $\dfrac{2}{3}\mathrm{i}$　　　D. $-\dfrac{2}{3}\mathrm{i}$

10. 积分 $\oint\limits_{|z|=\frac{3}{2}}\dfrac{z^9}{z^{10}-1}\mathrm{d}z=$(   )

    A. 0　　　B. $2\pi\mathrm{i}$　　　C. 10　　　D. $\dfrac{\pi\mathrm{i}}{5}$

三、判断题

1. 奇点一定是孤立奇点。(   )

2. 如果洛朗级数中不含 $z-z_0$ 的负幂项,那么孤立奇点 z_0 称为 $f(z)$ 的可去奇点。(   )

3. 一个不恒为零的解析函数的零点是孤立的。(   )

4. 当点 $z=\infty$ 是函数 $f(z)$ 的可去奇点时,可认为函数 $f(z)$ 在 ∞ 是解析的,只要取 $f(\infty)=\lim\limits_{z\to\infty}f(z)$。(   )

5. 函数 $f(z)$ 在点 z_0 的留数就是函数 $f(z)$ 在以点 z_0 为中心的圆环域内的洛朗级数中负幂项 $c_{-1}(z-z_0)^{-1}$ 的系数的相反数。 (　)

6. 如果点 z_0 是本性奇点，只能把函数 $f(z)$ 在点 z_0 展开成洛朗级数来计算它的留数值。 (　)

7. $z=\infty$ 一定是孤立奇点。 (　)

8. 无穷远点的留数计算只能使用规则 IV。 (　)

四、计算题

1. 下列函数有些什么奇点？如果是极点，指出它的级。

(1) $\dfrac{1}{z(z^2+1)^2}$ 　　　　(2) $\dfrac{\sin z}{z^3}$ 　　　　(3) $\dfrac{\ln(z+1)}{z}$

(4) $e^{\frac{1}{z-1}}$ 　　　　(5) $\dfrac{1}{z^2(e^z-1)}$ 　　　　(6) $\dfrac{1}{\sin z^2}$

2. 判断 $z=\infty$ 是下列各函数的什么奇点。

(1) $e^{\frac{1}{z^2}}$ 　　　　(2) $\cos z - \sin z$ 　　　　(3) $\dfrac{z^6+1}{z(z+1)^2}$

3. 求下列函数在扩充复平面上所有孤立奇点处的留数。

(1) $\dfrac{z}{(z-1)(z+1)^2}$ 　　　　(2) $\dfrac{1+z^4}{(z^2+1)^3}$ 　　　　(3) $\dfrac{1}{\sin z}$

(4) $\dfrac{z}{\cos z}$ 　　　　(5) $z^2 \sin \dfrac{1}{z}$ 　　　　(6) $\dfrac{1-e^{2z}}{z^4}$

五、解答题

1. 设点 z_0 是函数 $f(z)$ 的 m 级零点，求 $\text{Res}\left[\dfrac{f'(z)}{f(z)}, z_0\right]$。

2. 设点 z_0 是函数 $f(z)$ 的 n 级零点，求 $\text{Res}\left[\dfrac{f'(z)}{f(z)}, z_0\right]$。

3. 求下列各积分的值。

(1) $\displaystyle\oint_{|z|=2} \dfrac{5z}{z(z-1)} dz$ 　　　　(2) $\displaystyle\oint_{|z|=3} \dfrac{z^{15}}{(z^2+1)(z^4+2)^3} dz$

(3) $\displaystyle\oint_{|z|=2} \dfrac{1}{(z^5-1)(z-3)} dz$ 　　　　(4) $\displaystyle\oint_{|z|=r} \dfrac{z^{2n}}{1+z^n} dz \quad (r>1)$

(5) $\displaystyle\oint_{|z|=2} \dfrac{z^5 \cos\frac{1}{z}}{z^6+1} dz$ 　　　　(6) $\displaystyle\oint_{|z|=3} \tan \pi z \, dz$

4. 利用留数定理计算下列实积分。

(1) $\displaystyle\int_0^{2\pi} \dfrac{1}{5+3\sin\theta} d\theta$ 　　　　(2) $\displaystyle\int_0^{2\pi} \dfrac{\sin^2\theta}{a+b\cos\theta} d\theta \ (a>b>0)$

(3) $\displaystyle\int_{-\infty}^{+\infty} \dfrac{1}{(1+x^2)^2} dx$ 　　　　(4) $\displaystyle\int_0^{+\infty} \dfrac{x^2}{1+x^4} dx$

(5) $\displaystyle\int_{-\infty}^{+\infty} \dfrac{\cos x}{x^2+4x+5} dx$ 　　　　(6) $\displaystyle\int_{-\infty}^{+\infty} \dfrac{x\sin x}{1+x^2} dx$

第二部分　积分变换

引　言

在自然科学和工程技术中,为把较复杂的运算简单化,人们常常采用变换的方法。如 17 世纪,航海和天文学积累了大批观测数据,需要对它们进行大量的乘除运算。在当时,这是非常繁重的工作,为克服困难,1614 年纳皮尔(Napier)发明了对数,他将乘除运算转化为加减运算,通过两次查表,便完成了这一艰巨的任务。

18 世纪,微积分学中,人们通过微分、积分运算求解物体的运动方程。到了 19 世纪,英国著名的无线电工程师海维赛德(Heaviside)为求解电工学、物理学领域中的线性微分方程,逐步形成了一种所谓的符号法,后来就演变成了今天的积分变换法。即通过积分运算把一个函数经过某种可逆的积分方法变成另一个函数。在工程数学里,积分变换能够将分析运算(如微分、积分)转化为代数运算,简单、快速地完成复杂、耗时的运算。正是积分变换的这一特性,使得它在微分方程、偏微分方程的求解中成为重要的方法之一。

积分变换的理论和方法不仅在数学的许多分支中,而且在其他自然科学和各种工程技术领域中都有着广泛的应用。

第六章 傅里叶变换

傅里叶变换(Fourier 变换)是一种对连续时间函数的积分变换,通过特定形式的积分建立函数之间的对应关系。它既能简化计算(如解微分方程或化卷积为乘积等),又具有明确的物理意义(从频谱的角度来描述函数的特征),因而在许多领域被广泛地应用。

第一节 傅里叶变换概述

一、周期函数 $f_T(t)$ 的傅里叶级数

在高等数学中,我们学习了傅里叶级数,知道若 $f_T(t)$ 是以 T 为周期的周期函数,并且 $f_T(t)$ 在 $\left[-\dfrac{T}{2},\dfrac{T}{2}\right]$ 上满足狄利克雷(Dirichlet)条件,即在 $\left[-\dfrac{T}{2},\dfrac{T}{2}\right]$ 上满足:

(1) 连续或只有有限个第一类间断点。
(2) 至多只有有限个极值点。

则在 $\left[-\dfrac{T}{2},\dfrac{T}{2}\right]$ 内,函数 $f_T(t)$ 可以展成傅里叶级数。

在 $f_T(t)$ 的连续点处,级数的三角形式为

$$f_T(t)=\frac{a_0}{2}+\sum_{n=1}^{\infty}(a_n\cos n\omega t+b_n\sin n\omega t) \tag{6.1}$$

其中,$\omega=\dfrac{2\pi}{T}$, $a_0=\dfrac{2}{T}\int_{-\frac{T}{2}}^{\frac{T}{2}}f_T(t)\mathrm{d}t$, $a_n=\dfrac{2}{T}\int_{-\frac{T}{2}}^{\frac{T}{2}}f_T(t)\cos n\omega t\mathrm{d}t(n=1,2,3,\cdots)$, $b_n=\dfrac{2}{T}\int_{-\frac{T}{2}}^{\frac{T}{2}}f_T(t)\sin n\omega t\mathrm{d}t(n=1,2,3,\cdots)$。

为今后应用上的方便,下面将傅里叶级数的三角形式即式(6.1)转化为复指数形式。根据欧拉(Euler)公式:

$$\cos\theta=\frac{\mathrm{e}^{\mathrm{j}\theta}+\mathrm{e}^{-\mathrm{j}\theta}}{2}$$

$$\sin\theta=\frac{\mathrm{e}^{\mathrm{j}\theta}-\mathrm{e}^{-\mathrm{j}\theta}}{2\mathrm{j}}$$

可得

$$f_T(t)=\frac{a_0}{2}+\sum_{n=1}^{\infty}(a_n\cos n\omega t+b_n\sin n\omega t)=\frac{a_0}{2}+\sum_{n=1}^{\infty}\left(\frac{a_n-\mathrm{j}b_n}{2}\mathrm{e}^{\mathrm{j}n\omega t}+\frac{a_n+\mathrm{j}b_n}{2}\mathrm{e}^{-\mathrm{j}n\omega t}\right)$$

可令

$$c_0=\frac{a_0}{2}=\frac{1}{T}\int_{-\frac{T}{2}}^{\frac{T}{2}}f_T(t)\mathrm{d}t$$

$$c_n = \frac{a_n - \mathrm{j}b_n}{2} = \frac{1}{T}\int_{-\frac{T}{2}}^{\frac{T}{2}} f_T(t)\mathrm{e}^{-\mathrm{j}n\omega t}\,\mathrm{d}t \quad (n=1,2,3,\cdots)$$

$$c_{-n} = \frac{a_n + \mathrm{j}b_n}{2} = \frac{1}{T}\int_{-\frac{T}{2}}^{\frac{T}{2}} f_T(t)\mathrm{e}^{\mathrm{j}n\omega t}\,\mathrm{d}t \quad (n=1,2,3,\cdots)$$

易知 c_0, c_n, c_{-n} 可以用一个式子表达，即

$$c_n = \frac{1}{T}\int_{-\frac{T}{2}}^{\frac{T}{2}} f_T(t)\mathrm{e}^{-\mathrm{j}n\omega t}\,\mathrm{d}t \quad (n=0,\pm 1,\pm 2,\pm 3,\cdots)$$

如果令

$$\omega_n = n\omega \quad (n=0,\pm 1,\pm 2,\pm 3,\cdots)$$

则式(6.1)可变为

$$f_T(t) = \frac{a_0}{2} + \sum_{n=1}^{\infty}\left(\frac{a_n - \mathrm{j}b_n}{2}\mathrm{e}^{\mathrm{j}n\omega t} + \frac{a_n + \mathrm{j}b_n}{2}\mathrm{e}^{-\mathrm{j}n\omega t}\right)$$

$$= c_0 + \sum_{n=1}^{\infty}(c_n \mathrm{e}^{\mathrm{j}\omega_n t} + c_{-n}\mathrm{e}^{-\mathrm{j}\omega_n t}) = \sum_{n=-\infty}^{+\infty} c_n \mathrm{e}^{\mathrm{j}\omega_n t}$$

或者

$$f_T(t) = \frac{1}{T}\sum_{n=-\infty}^{+\infty}\left[\int_{-\frac{T}{2}}^{\frac{T}{2}} f_T(\tau)\mathrm{e}^{-\mathrm{j}\omega_n \tau}\,\mathrm{d}\tau\right]\mathrm{e}^{\mathrm{j}\omega_n t} \tag{6.2}$$

这就是傅里叶级数的复指数形式。

二、非周期函数 $f(t)$ 的傅里叶积分

下面讨论非周期函数的展开问题。如图 6.1 所示，T 越大，$f_T(t)$ 与 $f(t)$ 相等的范围越大，这表明任何一个非周期函数 $f(t)$ 都可以看作由某个周期函数 $f_T(t)$ 当 $T \to +\infty$ 时转化而来的，即

$$f(t) = \lim_{T\to\infty} f_T(t) = \lim_{T\to\infty}\frac{1}{T}\sum_{n=-\infty}^{+\infty}\left[\int_{-\frac{T}{2}}^{\frac{T}{2}} f_T(\tau)\mathrm{e}^{-\mathrm{j}\omega_n \tau}\,\mathrm{d}\tau\right]\mathrm{e}^{\mathrm{j}\omega_n t}$$

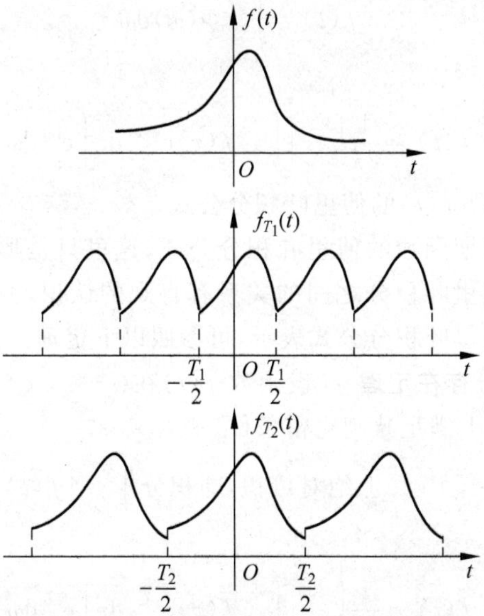

图 6.1

易知,当 n 取遍所有整数时,ω_n 所对应的点便均匀地分布在整个数轴上,如图 6.2 所示。

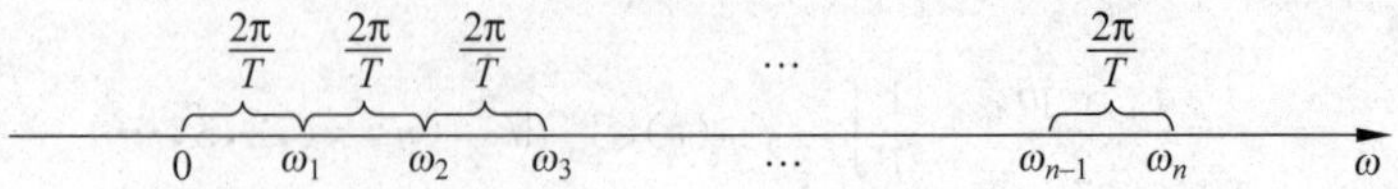

图 6.2

令 $\omega = \dfrac{2\pi}{T}$,$\Delta \omega_n = \omega_n - \omega_{n-1} = n\omega - (n-1)\omega = \omega = \dfrac{2\pi}{T}$。

当 $T \to +\infty$ 时,$\Delta \omega_n \to 0$,于是

$$f(t) = \lim_{\Delta \omega_n \to 0} \sum_{n=-\infty}^{+\infty} \frac{1}{2\pi} \left[\int_{-\frac{T}{2}}^{\frac{T}{2}} f_T(\tau) e^{-j\omega_n \tau} d\tau \right] e^{j\omega_n t} \Delta \omega_n$$

当 t 固定时,易知 $\dfrac{1}{2\pi} \left[\int_{-\frac{T}{2}}^{\frac{T}{2}} f_T(\tau) e^{-j\omega_n \tau} d\tau \right] e^{j\omega_n t}$ 是 ω_n 的函数,记为 $\Phi_T(\omega_n)$,即

$$\Phi_T(\omega_n) = \frac{1}{2\pi} \left[\int_{-\frac{T}{2}}^{\frac{T}{2}} f_T(\tau) e^{-j\omega_n \tau} d\tau \right] e^{j\omega_n t}$$

于是

$$f(t) = \lim_{\Delta \omega_n \to 0} \sum_{n=-\infty}^{+\infty} \Phi_T(\omega_n) \Delta \omega_n$$

当 $T \to +\infty$,$\Delta \omega_n \to 0$,$\Phi_T(\omega_n) \to \Phi(\omega_n)$ 时,

$$\Phi(\omega_n) = \frac{1}{2\pi} \left[\int_{-\infty}^{+\infty} f(\tau) e^{-j\omega_n \tau} d\tau \right] e^{j\omega_n t}$$

于是,$f(t)$ 可看作函数 $\Phi(\omega_n)$ 在 $(-\infty, +\infty)$ 上的积分

$$f(t) = \int_{-\infty}^{+\infty} \Phi(\omega_n) d\omega_n$$

令 $\omega = \omega_n$,有

$$f(t) = \int_{-\infty}^{+\infty} \Phi(\omega) d\omega$$

整理得

$$f(t) = \frac{1}{2\pi} \int_{-\infty}^{+\infty} \left[\int_{-\infty}^{+\infty} f(\tau) e^{-j\omega \tau} d\tau \right] e^{j\omega t} d\omega$$

实际上,这就是非周期函数 $f(t)$ 的傅里叶积分公式。

上述分析推导了非周期函数的傅里叶积分公式,这里只是形式上的推导,其目的在于让读者对傅里叶级数和傅里叶积分之间的关系有直观的认识,究竟一个非周期函数 $f(t)$ 满足什么条件才可以用傅里叶积分公式表示,可参照以下定理。

定理 6.1(傅里叶积分存在定理) 设函数 $f(t)$ 在 $(-\infty, +\infty)$ 上满足下列条件:

(1) 在任意有限区间上满足狄利克雷条件。

(2) 在无限区间 $(-\infty, +\infty)$ 上绝对可积,即积分 $\int_{-\infty}^{+\infty} |f(t)| dt$ 收敛。

则

$$f(t) = \frac{1}{2\pi} \int_{-\infty}^{+\infty} \left[\int_{-\infty}^{+\infty} f(\tau) e^{-j\omega \tau} d\tau \right] e^{j\omega t} d\omega \tag{6.3}$$

成立，左端函数 $f(t)$ 在它的间断点 t 处应以 $f(t) = \dfrac{f(t+0) + f(t-0)}{2}$ 代替。

这个定理的条件是充分的，证明需要较多的基础知识，这里从略。

式(6.3)为复指数形式，为后面应用方便，还需要将其转换成三角形式。利用欧拉公式可得

$$f(t) = \frac{1}{2\pi} \int_{-\infty}^{+\infty} \left[\int_{-\infty}^{+\infty} f(\tau) e^{-j\omega\tau} d\tau \right] e^{j\omega t} d\omega = \frac{1}{2\pi} \int_{-\infty}^{+\infty} \left[\int_{-\infty}^{+\infty} f(\tau) e^{j\omega(t-\tau)} d\tau \right] d\omega$$

$$= \frac{1}{2\pi} \int_{-\infty}^{+\infty} \left\{ \int_{-\infty}^{+\infty} f(\tau) [\cos\omega(t-\tau) + j\sin\omega(t-\tau)] d\tau \right\} d\omega$$

$$= \frac{1}{2\pi} \int_{-\infty}^{+\infty} \left[\int_{-\infty}^{+\infty} f(\tau) \cos\omega(t-\tau) d\tau + j \int_{-\infty}^{+\infty} f(\tau) \sin\omega(t-\tau) d\tau \right] d\omega$$

$$= \frac{1}{2\pi} \int_{-\infty}^{+\infty} \left[\int_{-\infty}^{+\infty} f(\tau) \cos\omega(t-\tau) d\tau \right] d\omega + \frac{j}{2\pi} \int_{-\infty}^{+\infty} \left[\int_{-\infty}^{+\infty} f(\tau) \sin\omega(t-\tau) d\tau \right] d\omega$$

由于 $\int_{-\infty}^{+\infty} f(\tau) \sin\omega(t-\tau) d\tau$ 是 ω 的奇函数，于是 $\int_{-\infty}^{+\infty} \left[\int_{-\infty}^{+\infty} f(\tau) \sin\omega(t-\tau) d\tau \right] d\omega = 0$。又 $\int_{-\infty}^{+\infty} f(\tau) \cos\omega(t-\tau) d\tau$ 是 ω 的偶函数，于是

$$f(t) = \frac{1}{\pi} \int_{0}^{+\infty} \left[\int_{-\infty}^{+\infty} f(\tau) \cos\omega(t-\tau) d\tau \right] d\omega \tag{6.4}$$

这就是 $f(t)$ 的傅里叶积分的三角形式。

根据式(6.4)，有

$$f(t) = \frac{1}{\pi} \int_{0}^{+\infty} \left[\int_{-\infty}^{+\infty} f(\tau) (\cos\omega t \cos\omega\tau + \sin\omega t \sin\omega\tau) d\tau \right] d\omega$$

$$= \frac{1}{\pi} \int_{0}^{+\infty} \left[\int_{-\infty}^{+\infty} f(\tau) \cos\omega\tau d\tau \right] \cos\omega t d\omega + \frac{1}{\pi} \int_{0}^{+\infty} \left[\int_{-\infty}^{+\infty} f(\tau) \sin\omega\tau d\tau \right] \sin\omega t d\omega$$

于是，若 $f(t)$ 为奇函数，则有

$$f(t) = \frac{2}{\pi} \int_{0}^{+\infty} \left[\int_{0}^{+\infty} f(\tau) \sin\omega\tau d\tau \right] \sin\omega t d\omega \tag{6.5}$$

称式(6.5)为函数 $f(t)$ 的傅里叶正弦积分公式。

若 $f(t)$ 为偶函数，则有

$$f(t) = \frac{2}{\pi} \int_{0}^{+\infty} \left[\int_{0}^{+\infty} f(\tau) \cos\omega\tau d\tau \right] \cos\omega t d\omega \tag{6.6}$$

称式(6.6)为函数 $f(t)$ 的傅里叶余弦积分公式。

特别地，如果 $f(t)$ 仅在 $(0, +\infty)$ 上有定义，且满足傅里叶积分存在条件，则可根据傅里叶级数中的奇延拓或偶延拓的方法，得到 $f(t)$ 相应的傅里叶正弦积分表达式或傅里叶余弦积分表达式。

例 6.1 求函数 $f(t) = \begin{cases} 1 & (|t| \leq 1) \\ 0 & (\text{其他}) \end{cases}$ 的傅里叶积分表达式。

解：根据式(6.3)，可得

$$f(t) = \frac{1}{2\pi} \int_{-\infty}^{+\infty} \left[\int_{-\infty}^{+\infty} f(\tau) e^{-j\omega\tau} d\tau \right] e^{j\omega t} d\omega = \frac{1}{2\pi} \int_{-\infty}^{+\infty} \left[\int_{-1}^{1} e^{-j\omega\tau} d\tau \right] e^{j\omega t} d\omega$$

$$= \frac{1}{2\pi}\int_{-\infty}^{+\infty}\left[\int_{-1}^{1}(\cos\omega\tau - j\sin\omega\tau)d\tau\right]e^{j\omega t}d\omega = \frac{1}{\pi}\int_{-\infty}^{+\infty}\frac{\sin\omega}{\omega}(\cos\omega t + j\sin\omega t)d\omega$$

$$= \frac{2}{\pi}\int_{0}^{+\infty}\frac{\sin\omega\cos\omega t}{\omega}d\omega \quad (t \neq \pm 1)$$

当 $t = \pm 1$ 时，$f(t)$ 应以 $\dfrac{f(\pm 1+0)+f(\pm 1-0)}{2}=\dfrac{1}{2}$ 代替。

事实上，本例中 $f(t)$ 为偶函数，还可以通过式(6.6)获得结果，过程如下：

$$f(t) = \frac{2}{\pi}\int_{0}^{+\infty}\left[\int_{0}^{+\infty}f(\tau)\cos\omega\tau d\tau\right]\cos\omega t d\omega = \frac{2}{\pi}\int_{0}^{+\infty}\left(\int_{0}^{1}\cos\omega\tau d\tau\right)\cos\omega t d\omega$$

$$= \frac{2}{\pi}\int_{0}^{+\infty}\frac{\sin\omega\cos\omega t}{\omega}d\omega \quad (t \neq \pm 1)$$

根据本例结果，可以得到一个广义积分的结果：

$$\int_{0}^{+\infty}\frac{\sin\omega\cos\omega t}{\omega}d\omega = \frac{\pi}{2}f(t) = \begin{cases} \dfrac{\pi}{2} & (|t|<1) \\ \dfrac{\pi}{4} & (|t|=1) \\ 0 & (|t|>1) \end{cases}$$

当 $t=0$ 时，便可得到著名的狄利克雷积分，即

$$\int_{0}^{+\infty}\frac{\sin\omega}{\omega}d\omega = \frac{\pi}{2}$$

三、傅里叶变换的概念

在式(6.3)中，设

$$F(\omega) = \int_{-\infty}^{+\infty}f(t)e^{-j\omega t}dt \tag{6.7}$$

则

$$f(t) = \frac{1}{2\pi}\int_{-\infty}^{+\infty}F(\omega)e^{j\omega t}d\omega \tag{6.8}$$

这样，$f(t)$ 和 $F(\omega)$ 通过特定的积分就可以相互表达。因此称式(6.7)为 $f(t)$ 的傅里叶变换，记为 $F(\omega)=\mathscr{F}[f(t)]$，$F(\omega)$ 叫作 $f(t)$ 的象函数；称式(6.8)为 $F(\omega)$ 的傅里叶逆变换，记为 $f(t)=\mathscr{F}^{-1}[F(\omega)]$，$f(t)$ 叫作 $F(\omega)$ 的象原函数。

根据上述定义，也可以说 $f(t)$ 和 $F(\omega)$ 构成了一个傅里叶变换对，它们有相同的奇偶性。

当 $f(t)$ 为奇函数时，根据式(6.5)，有

$$F_s(\omega) = \int_{0}^{+\infty}f(t)\sin\omega t dt \tag{6.9}$$

叫作 $f(t)$ 的傅里叶正弦变换。而

$$f(t) = \frac{2}{\pi}\int_{0}^{+\infty}F_s(\omega)\sin\omega t d\omega \tag{6.10}$$

叫作 $F(\omega)$ 的傅里叶正弦逆变换。

当 $f(t)$ 为偶函数时,根据式(6.6),有

$$F_c(\omega) = \int_0^{+\infty} f(t)\cos\omega t\, dt \tag{6.11}$$

叫作 $f(t)$ 的傅里叶余弦变换。而

$$f(t) = \frac{2}{\pi}\int_0^{+\infty} F_c(\omega)\cos\omega t\, d\omega \tag{6.12}$$

叫作 $F(\omega)$ 的傅里叶余弦逆变换。

例 6.2 求函数 $f(t) = \begin{cases} 0 & (t<0) \\ e^{-\beta t} & (t\geq 0) \end{cases}$ 的傅里叶变换及其积分表达式,其中 $\beta > 0$,这个函数 $f(t)$ 叫作指数衰减函数,是工程技术中常遇到的一个函数。

解:根据式(6.7),有

$$F(\omega) = \int_{-\infty}^{+\infty} f(t)e^{-j\omega t}\, dt = \int_0^{+\infty} e^{-\beta t}e^{-j\omega t}\, dt = \int_0^{+\infty} e^{-(\beta+j\omega)t}\, dt = \frac{1}{\beta+j\omega} = \frac{\beta - j\omega}{\beta^2 + \omega^2}$$

这就得到了 $f(t)$ 的傅里叶变换。下面求它的傅里叶逆变换,由式(6.8),有

$$\begin{aligned}
f(t) &= \frac{1}{2\pi}\int_{-\infty}^{+\infty} F(\omega)e^{j\omega t}\, d\omega = \frac{1}{2\pi}\int_{-\infty}^{+\infty} \frac{\beta - j\omega}{\beta^2 + \omega^2}e^{j\omega t}\, d\omega \\
&= \frac{1}{2\pi}\int_{-\infty}^{+\infty} \frac{\beta\cos\omega t + \omega\sin\omega t + j\beta\sin\omega t - j\omega\cos\omega t}{\beta^2 + \omega^2}\, d\omega \\
&= \frac{1}{\pi}\int_0^{+\infty} \frac{\beta\cos\omega t + \omega\sin\omega t}{\beta^2 + \omega^2}\, d\omega
\end{aligned}$$

这就是 $f(t)$ 的积分表达式。

利用此结果还能得到一个含参广义积分的结果:

$$\int_0^{+\infty} \frac{\beta\cos\omega t + \omega\sin\omega t}{\beta^2 + \omega^2}\, d\omega = \pi f(t) = \begin{cases} 0 & (t<0) \\ \dfrac{\pi}{2} & (t=0) \\ \pi e^{-\beta t} & (t>0) \end{cases} \quad (\beta > 0)$$

例 6.3 求函数 $f(t) = \begin{cases} 1 & (0\leq t<1) \\ 0 & (t\geq 1) \end{cases}$ 的傅里叶正弦变换和傅里叶余弦变换。

解:将 $f(t)$ 进行奇延拓,再根据式(6.9),有

$$F_s(\omega) = \int_0^{+\infty} f(t)\sin\omega t\, dt = \int_0^1 \sin\omega t\, dt = -\frac{\cos\omega t}{\omega}\bigg|_0^1 = \frac{1-\cos\omega}{\omega}$$

将 $f(t)$ 进行偶延拓,再根据式(6.11),有

$$F_c(\omega) = \int_0^{+\infty} f(t)\cos\omega t\, dt = \int_0^1 \cos\omega t\, dt = \frac{\sin\omega t}{\omega}\bigg|_0^1 = \frac{\sin\omega}{\omega}$$

此例说明,同一函数的傅里叶正弦变换和傅里叶余弦变换一般不同。

例 6.4 求函数 $f(t) = Ae^{-\beta t^2}$ 的傅里叶变换及其积分表达式,其中 $A>0, \beta>0$,这个函数叫作钟形脉冲函数(又称高斯函数),也是工程技术中常遇到的一个函数。

解:根据式(6.7),有

$$F(\omega)=\int_{-\infty}^{+\infty}f(t)\mathrm{e}^{-\mathrm{j}\omega t}\mathrm{d}t=\int_{-\infty}^{+\infty}A\mathrm{e}^{-\beta\left(t^2+\frac{\mathrm{j}\omega}{\beta}t\right)}\mathrm{d}t=A\mathrm{e}^{-\frac{\omega^2}{4\beta}}\int_{-\infty}^{+\infty}\mathrm{e}^{-\beta\left(t+\frac{\mathrm{j}\omega}{2\beta}\right)^2}\mathrm{d}t$$

若令 $s=t+\dfrac{\mathrm{j}\omega}{2\beta}$,上式将变为一复变函数的积分,即

$$\int_{-\infty}^{+\infty}\mathrm{e}^{-\beta\left(t+\frac{\mathrm{j}\omega}{2\beta}\right)^2}\mathrm{d}t=\int_{-\infty+\frac{\mathrm{j}\omega}{2\beta}}^{+\infty+\frac{\mathrm{j}\omega}{2\beta}}\mathrm{e}^{-\beta s^2}\mathrm{d}s$$

由于 $\mathrm{e}^{-\beta s^2}$ 在复平面处处解析,根据柯西积分公式,沿如图 6.3 所示的封闭曲线 l:矩形 $ABCD$ 积分,有

$$\oint_l \mathrm{e}^{-\beta s^2}\mathrm{d}s=0$$

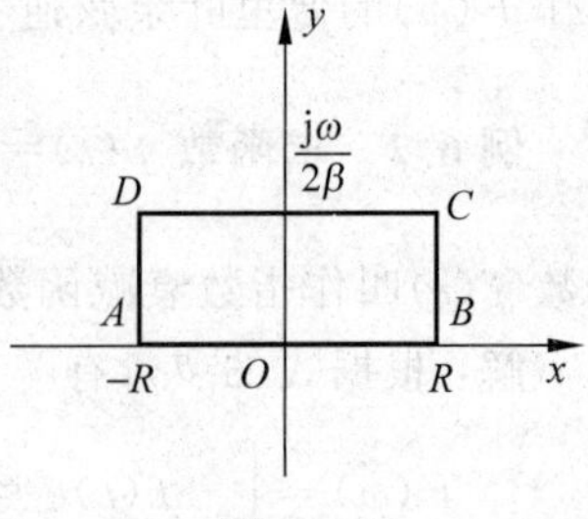

于是

$$\left(\int_{AB}+\int_{BC}+\int_{CD}+\int_{DA}\right)\mathrm{e}^{-\beta s^2}\mathrm{d}s=0$$

当 $R\to+\infty$ 时,

$$\int_{AB}\mathrm{e}^{-\beta s^2}\mathrm{d}s=\int_{-R}^{R}\mathrm{e}^{-\beta t^2}\mathrm{d}t\to\int_{-\infty}^{+\infty}\mathrm{e}^{-\beta t^2}\mathrm{d}t=\sqrt{\frac{\pi}{\beta}}$$

图 6.3

(此结果可根据高数结论 $\int_{-\infty}^{+\infty}\mathrm{e}^{-x^2}\mathrm{d}t=\sqrt{\pi}$ 得到。)

又

$$\left|\int_{BC}\mathrm{e}^{-\beta s^2}\mathrm{d}s\right|=\left|\int_{R}^{R+\frac{\mathrm{j}\omega}{2\beta}}\mathrm{e}^{-\beta s^2}\mathrm{d}s\right|=\left|\int_{0}^{\frac{\omega}{2\beta}}\mathrm{e}^{-\beta(R+\mathrm{j}u)^2}\mathrm{d}(R+\mathrm{j}u)\right|$$

$$\leqslant \mathrm{e}^{-\beta R^2}\int_{0}^{\frac{\omega}{2\beta}}\left|\mathrm{e}^{\beta u^2-2\mathrm{j}\beta Ru}\right|\mathrm{d}u=\mathrm{e}^{-\beta R^2}\int_{0}^{\frac{\omega}{2\beta}}\mathrm{e}^{\beta u^2}\mathrm{d}u\to 0$$

同理, $\left|\int_{DA}\mathrm{e}^{-\beta s^2}\mathrm{d}s\right|\to 0$。由此,当 $R\to+\infty$ 时,有

$$\int_{BC}\mathrm{e}^{-\beta s^2}\mathrm{d}s\to 0,\quad \int_{DA}\mathrm{e}^{-\beta s^2}\mathrm{d}s\to 0$$

于是

$$\lim_{R\to+\infty}\int_{CD}\mathrm{e}^{-\beta s^2}\mathrm{d}s+\sqrt{\frac{\pi}{\beta}}=\lim_{R\to+\infty}\left(-\int_{DC}\mathrm{e}^{-\beta s^2}\mathrm{d}s\right)+\sqrt{\frac{\pi}{\beta}}=0$$

即

$$\int_{-\infty+\frac{\mathrm{j}\omega}{2\beta}}^{+\infty+\frac{\mathrm{j}\omega}{2\beta}}\mathrm{e}^{-\beta s^2}\mathrm{d}s=\sqrt{\frac{\pi}{\beta}}$$

因此,可得钟形脉冲函数 $f(t)=A\mathrm{e}^{-\beta t^2}$ 的傅里叶变换为 $F(\omega)=\sqrt{\dfrac{\pi}{\beta}}A\mathrm{e}^{-\frac{\omega^2}{4\beta}}$。接下来,求其积分表达式。根据式(6.8)及奇偶函数积分性质,有

$$f(t)=\frac{1}{2\pi}\int_{-\infty}^{+\infty}F(\omega)\mathrm{e}^{\mathrm{j}\omega t}\mathrm{d}\omega=\frac{1}{2\pi}\sqrt{\frac{\pi}{\beta}}A\int_{-\infty}^{+\infty}\mathrm{e}^{-\frac{\omega^2}{4\beta}}(\cos\omega t+\mathrm{j}\sin\omega t)\mathrm{d}\omega$$

$$=\frac{A}{\sqrt{\pi\beta}}\int_{0}^{+\infty}\mathrm{e}^{-\frac{\omega^2}{4\beta}}\cos\omega t\,\mathrm{d}\omega$$

这就是它的积分表达式。由此还可以得到一个广义积分的结果:

$$\int_{0}^{+\infty}\mathrm{e}^{-\frac{\omega^2}{4\beta}}\cos\omega t\,\mathrm{d}\omega=\frac{\sqrt{\pi\beta}}{A}f(t)=\sqrt{\pi\beta}\,\mathrm{e}^{-\beta t^2}$$

利用此结果,取 $t=0, \beta=\dfrac{1}{4}$,可得 $\int_0^{+\infty} \mathrm{e}^{-x^2}\mathrm{d}x = \dfrac{\sqrt{\pi}}{2}$。

例 6.5 证明:当 $f(t)$ 为奇函数时,$F(\omega)=-2\mathrm{j}F_s(\omega)$。

证:当 $f(t)$ 为奇函数时,根据式(6.7),有

$$F(\omega)=\int_{-\infty}^{+\infty}f(t)\mathrm{e}^{-\mathrm{j}\omega t}\mathrm{d}t=\int_{-\infty}^{+\infty}f(t)(\cos\omega t-\mathrm{j}\sin\omega t)\mathrm{d}t=-2\mathrm{j}\int_0^{+\infty}f(t)\sin\omega t\,\mathrm{d}t$$

根据式(6.9),有

$$F(\omega)=-2\mathrm{j}F_s(\omega)$$

同理,当 $f(t)$ 为偶函数时,还有 $F(\omega)=2F_c(\omega)$ 成立。

四、傅里叶变换的物理意义——频谱

在无线电技术、声学、振动理论中,傅里叶变换和频谱概念有着非常密切的关系。在频谱分析中,时间变量的函数 $f(t)$ 的傅里叶变换 $F(\omega)$ 称为 $f(t)$ 的频谱函数,频谱函数的模 $|F(\omega)|$ 称为振幅频谱(简称为频谱)。对于频谱的内容,这里只做简单介绍,有兴趣的读者可以查阅频谱理论的相关书籍。

例 6.6 作如图 6.4 所示的单个矩形脉冲的频谱图。

解:$f(t)=\begin{cases} E & \left(-\dfrac{\tau}{2}<t<\dfrac{\tau}{2}\right) \\ 0 & (\text{其他}) \end{cases}$

$$F(\omega)=\int_{-\infty}^{+\infty}f(t)\cdot\mathrm{e}^{-\mathrm{j}\omega t}\mathrm{d}t=\int_{-\frac{\tau}{2}}^{\frac{\tau}{2}}E\cdot\mathrm{e}^{-\mathrm{j}\omega t}\mathrm{d}t=\dfrac{2E}{\omega}\sin\dfrac{\omega\tau}{2}$$

振幅频谱 $|F(\omega)|=2E\left|\dfrac{\sin\dfrac{\omega\tau}{2}}{\omega}\right|$,于是可得频谱图,如图 6.5 所示。

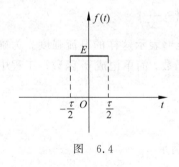

图 6.4

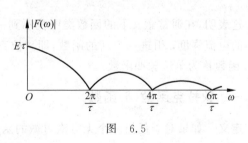

图 6.5

这里只画出了 $\omega\geqslant 0$ 的图形,$\omega<0$ 的情况可根据 $|F(\omega)|$ 偶函数的对称性得到,接下来说明振幅频谱函数 $|F(\omega)|$ 为偶函数。实际上,

$$F(\omega)=\int_{-\infty}^{+\infty}f(t)\cdot\mathrm{e}^{-\mathrm{j}\omega t}\mathrm{d}t=\int_{-\infty}^{+\infty}f(t)(\cos\omega t-\mathrm{j}\sin\omega t)\mathrm{d}t$$

$$=\int_{-\infty}^{+\infty}f(t)\cos\omega t\,\mathrm{d}t-\mathrm{j}\int_{-\infty}^{+\infty}f(t)\sin\omega t\,\mathrm{d}t$$

$$|F(\omega)|=\sqrt{\left[\int_{-\infty}^{+\infty}f(t)\cos\omega t\,dt\right]^2+\left[\int_{-\infty}^{+\infty}f(t)\sin\omega t\,dt\right]^2}$$

$$|F(-\omega)|=\sqrt{\left[\int_{-\infty}^{+\infty}f(t)\cos(-\omega t)\,dt\right]^2+\left[\int_{-\infty}^{+\infty}f(t)\sin(-\omega t)\,dt\right]^2}$$

于是

$$|F(\omega)|=|F(-\omega)|$$

这就说明了振幅频谱函数$|F(\omega)|$为偶函数。

第二节 单位脉冲函数及其傅里叶变换

在物理和工程技术中,除用到指数衰减函数外,还常常会用到单位脉冲函数。因为在许多物理现象中,除有连续分布的物理量外,还有集中在一点的量(点源),或者具有脉冲性质的量,如瞬间作用的冲击力、电脉冲等。在电学中,要研究线性电路受具有脉冲性质的电势作用后所产生的电流;在力学中,要研究机械系统受冲击力作用后的运动情况等。研究这类问题就会产生单位脉冲函数。

引例 在原来电流为零的电路中,某一瞬时(设为$t=0$)进入一单位电量的脉冲,现在要确定电路上的电流$i(t)$。

以$q(t)$表示上述电路中的电荷函数,则

$$q(t)=\begin{cases}0 & (t\neq 0)\\ 1 & (t=0)\end{cases}$$

由于电流强度是电荷函数对时间的变化率,即当$t\neq 0$时,$i(t)=0$,由于$q(t)$是不连续的,从而在普通导数意义下,$q(t)$在这一点是不能求导数的,但如果形式地计算这个导数,则得

$$i(0)=\lim_{\Delta t\to 0}\frac{q(0+\Delta t)-q(0)}{\Delta t}=\lim_{\Delta t\to 0}\left(-\frac{1}{\Delta t}\right)=\infty$$

这表明,在通常意义下的函数类中找不到一个函数能够表示这样的电流强度。为确定这样的电流强度,引进一个新的函数,即狄拉克(Dirac)函数,简单记成δ-函数。工程中常将δ-函数称为单位脉冲函数。

一、狄拉克函数(δ-函数)

定义 如果对于任何一个无穷次可微的函数$f(t)$,满足

$$\int_{-\infty}^{+\infty}\delta(t)f(t)\,dt=\lim_{\varepsilon\to 0}\int_{-\infty}^{+\infty}\delta_{\varepsilon}(t)f(t)\,dt \tag{6.13}$$

其中,

$$\delta_{\varepsilon}(t)=\begin{cases}\dfrac{1}{\varepsilon} & (0\leqslant t\leqslant \varepsilon)\\ 0 & (其他)\end{cases}$$

则称$\delta_{\varepsilon}(t)$的弱极限为δ-函数,记为$\delta(t)$。

对此定义,从如下角度来理解。若一个函数满足:

(1) $\delta(t) = \begin{cases} 0 & (t \neq 0) \\ \infty & (t = 0) \end{cases}$

(2) $\int_{-\infty}^{+\infty} \delta(t) dt = 1$ \hfill (6.14)

则称这个函数为 δ-函数,并记为 $\delta(t)$。

根据式(6.14),可将 δ-函数用一个长度等于 1 的有向线段表示,这个线段的长度表示 δ-函数的积分值,称为 δ-函数的强度。

显然,$\delta(t)$ 已经不属于微积分中所研究的函数类了,因为微积分中所定义的函数,都不会在其定义域内的任何一点处等于 ∞。另外,改变有限个点处的函数值不会影响该函数的积分值,就应该有

$$\int_{-\infty}^{+\infty} \delta(t) dt = 0$$

但此结果与 δ-函数的定义相矛盾。这些都说明 δ-函数是一个广义函数,不能用通常意义下"值的对应关系"定义,深入理解这个函数,需要用到超出工科院校工程数学大纲范围的知识,这里不再叙述,有兴趣的同学可参考广义函数论的相关书籍。

二、δ-函数的性质

(1) 筛选性质。

若 $f(t)$ 为一个无穷次可微的函数,则

$$\int_{-\infty}^{+\infty} \delta(t) f(t) dt = f(0) \tag{6.15}$$

证:根据式(6.13),有 $\int_{-\infty}^{+\infty} \delta(t) f(t) dt = \lim_{\varepsilon \to 0} \int_{-\infty}^{+\infty} \delta_\varepsilon(t) f(t) dt = \lim_{\varepsilon \to 0} \int_0^\varepsilon \frac{1}{\varepsilon} f(t) dt$。

因为 $f(t)$ 为一个无穷次可微的函数,根据积分中值定理,有

$$\int_{-\infty}^{+\infty} \delta(t) f(t) dt = \lim_{\varepsilon \to 0} \int_0^\varepsilon \frac{1}{\varepsilon} f(t) dt = \lim_{\varepsilon \to 0} f(\theta \varepsilon) = f(0) \quad (0 < \theta < 1)$$

一般地,有

$$\int_{-\infty}^{+\infty} \delta(t - t_0) f(t) dt = f(t_0) \tag{6.16}$$

(2) $\delta(t)$ 是偶函数。

$\delta(t)$ 是偶函数,即 $\delta(t) = \delta(-t)$。

证:令 $\tau = -t$,则

$$\int_{-\infty}^{+\infty} \delta(-t) f(t) dt = \int_{+\infty}^{-\infty} \delta(\tau) f(-\tau) (-d\tau) = \int_{-\infty}^{+\infty} \delta(\tau) f(-\tau) d\tau = f(0)$$

又根据式(6.15),即

$$\int_{-\infty}^{+\infty} \delta(t) f(t) dt = f(0)$$

可得

$$\int_{-\infty}^{+\infty} \delta(-t) f(t) dt = \int_{-\infty}^{+\infty} \delta(t) f(t) dt$$

于是,结论得证。

(3) $\dfrac{\mathrm{d}}{\mathrm{d}t}u(t)=\delta(t)$。其中,$u(t)=\begin{cases}1 & (t>0)\\ 0 & (t<0)\end{cases}$ 称为**单位阶跃函数**。

证：当 $t=0$ 时,$\delta(0)=\lim\limits_{t\to 0}\dfrac{u(t)-u(0)}{t}=\infty$。

当 $t\neq 0$ 时,$\displaystyle\int_{-\infty}^{t}\delta(\tau)\mathrm{d}\tau=\begin{cases}\int_{-\infty}^{+\infty}\delta(\tau)\mathrm{d}\tau & (t>0)\\ 0 & (t<0)\end{cases}=\begin{cases}1 & (t>0)\\ 0 & (t<0)\end{cases}=u(t)$。

于是
$$\dfrac{\mathrm{d}}{\mathrm{d}t}u(t)=\delta(t)$$

(4) $\displaystyle\int_{-\infty}^{+\infty}\delta'(t)f(t)\mathrm{d}t=-f'(0)$。 \hfill (6.17)

证：$\displaystyle\int_{-\infty}^{+\infty}\delta'(t)f(t)\mathrm{d}t=\int_{-\infty}^{+\infty}f(t)\mathrm{d}\delta(t)=\delta(t)f(t)\Big|_{-\infty}^{+\infty}-\int_{-\infty}^{+\infty}\delta(t)f'(t)\mathrm{d}t=-f'(0)$

一般地,有
$$\int_{-\infty}^{+\infty}\delta^{(n)}(t)f(t)\mathrm{d}t=(-1)^{n}f^{(n)}(0) \qquad (6.18)$$

三、δ-函数的傅里叶变换

根据式(6.7)(傅里叶变换定义)并结合式(6.15),可得
$$F(\omega)=\int_{-\infty}^{+\infty}\delta(t)\mathrm{e}^{-\mathrm{j}\omega t}\mathrm{d}t=\mathrm{e}^{-\mathrm{j}\omega t}\Big|_{t=0}=1$$

于是,$\delta(t)$ 和 1 构成一个傅里叶变换对,即
$$\dfrac{1}{2\pi}\int_{-\infty}^{+\infty}1\cdot\mathrm{e}^{\mathrm{j}\omega t}\mathrm{d}\omega=\delta(t)$$

同理,$\delta(t-t_0)$ 与 $\mathrm{e}^{-\mathrm{j}\omega t_0}$ 构成一个傅里叶变换对。即
$$\int_{-\infty}^{+\infty}\delta(t-t_0)\cdot\mathrm{e}^{-\mathrm{j}\omega t}\mathrm{d}t=\mathrm{e}^{-\mathrm{j}\omega t_0}$$

有了 δ-函数,对于许多集中在一点或一瞬间的量,如点电荷、点热源、集中于一点的质量以及脉冲技术中的非常狭窄的脉冲等,就能够像处理连续分布的量那样,用统一的方式来加以解决。尽管 δ-函数本身没有普通意义下的函数值,但它与任何一个无穷次可微的函数的乘积在 $(-\infty,+\infty)$ 上的积分都有确定的值。δ-函数的傅里叶变换应理解为广义傅里叶变换,许多重要的函数,如常函数、符号函数、单位阶跃函数、正弦函数、余弦函数等都是不满足傅里叶积分定理中绝对可积条件的 $\left(\text{即}\displaystyle\int_{-\infty}^{+\infty}|f(t)|\mathrm{d}t\text{ 不收敛}\right)$,这些函数的广义傅里叶变换都可以利用 δ-函数得到。

例 6.7 证明单位阶跃函数 $u(t)=\begin{cases}1 & (t>0)\\ 0 & (t<0)\end{cases}$ 的傅里叶变换为 $F(\omega)=\dfrac{1}{\mathrm{j}\omega}+\pi\delta(\omega)$。

证：根据式(6.8)(傅里叶逆变换定义)，有

$$f(t) = \mathscr{F}^{-1}[F(\omega)] = \frac{1}{2\pi}\int_{-\infty}^{+\infty}\left[\frac{1}{j\omega} + \pi\delta(\omega)\right]e^{j\omega t}d\omega = \frac{1}{2\pi}\int_{-\infty}^{+\infty}\pi\delta(\omega)e^{j\omega t}d\omega + \frac{1}{2\pi}\int_{-\infty}^{+\infty}\frac{1}{j\omega}e^{j\omega t}d\omega$$

$$= \frac{1}{2}\int_{-\infty}^{+\infty}\delta(\omega)e^{j\omega t}d\omega + \frac{1}{2\pi}\int_{-\infty}^{+\infty}\frac{\cos\omega t}{j\omega} + \frac{\sin\omega t}{\omega}d\omega = \frac{1}{2} + \frac{1}{\pi}\int_{0}^{+\infty}\frac{\sin\omega t}{\omega}d\omega$$

根据狄利克雷积分，即 $\int_{0}^{+\infty}\frac{\sin\omega}{\omega}d\omega = \frac{\pi}{2}$，可得

$$\int_{0}^{+\infty}\frac{\sin\omega t}{\omega}d\omega = \begin{cases} -\frac{\pi}{2} & (t<0) \\ 0 & (t=0) \\ \frac{\pi}{2} & (t>0) \end{cases}$$

将此结果代入 $f(t)$ 表达式，可得

$$f(t) = \frac{1}{2} + \frac{1}{\pi}\int_{0}^{+\infty}\frac{\sin\omega t}{\omega}d\omega = \begin{cases} 0 & (t<0) \\ 1 & (t>0) \end{cases} = u(t)$$

根据这种方法还能得到

$$\mathscr{F}^{-1}[2\pi\delta(\omega)] = \frac{1}{2\pi}\int_{-\infty}^{+\infty}2\pi\delta(\omega)\cdot e^{j\omega t}d\omega = e^{j\omega t}\big|_{\omega=0} = 1$$

于是，1 和 $2\pi\delta(\omega)$ 也构成一个傅里叶变换对。

同理，$e^{j\omega_0 t}$ 与 $2\pi\delta(\omega-\omega_0)$ 也构成一个傅里叶变换对，即

$$\int_{-\infty}^{+\infty}e^{j\omega t_0}\cdot e^{-j\omega t}dt = \int_{-\infty}^{+\infty}e^{-j(\omega-\omega_0)t}dt = 2\pi\delta(\omega-\omega_0)$$

例 6.8 求函数 $f(t) = \cos\omega_0 t$ 的傅里叶变换。

解：由式(6.7)(傅里叶变换)，得

$$F(\omega) = \int_{-\infty}^{+\infty}\cos\omega_0 t\cdot e^{-j\omega t}dt = \int_{-\infty}^{+\infty}\frac{e^{j\omega_0 t} + e^{-j\omega_0 t}}{2}e^{-j\omega t}dt$$

$$= \frac{1}{2}\left[\int_{-\infty}^{+\infty}e^{-j(\omega-\omega_0)t}dt + \int_{-\infty}^{+\infty}e^{-j(\omega+\omega_0)t}dt\right] = \pi[\delta(\omega-\omega_0) + \delta(\omega+\omega_0)]$$

同理，函数 $f(t) = \sin\omega_0 t$ 的傅里叶变换为 $F(\omega) = \pi j[\delta(\omega+\omega_0) - \delta(\omega-\omega_0)]$。

例 6.9 求 $\delta'(t+1)$ 的傅里叶变换。

解：根据式(6.16)，结合分部积分法，有

$$\mathscr{F}[\delta'(t+1)] = \int_{-\infty}^{+\infty}\delta'(t+1)\cdot e^{-j\omega t}dt = \delta(t+1)e^{-j\omega t}\big|_{-\infty}^{+\infty} + j\omega\int_{-\infty}^{+\infty}\delta(t+1)\cdot e^{-j\omega t}dt$$

$$= j\omega\int_{-\infty}^{+\infty}\delta(t+1)\cdot e^{-j\omega t}dt = j\omega e^{-j\omega t}\big|_{t=-1} = j\omega e^{j\omega}$$

除上面方法外，也可以利用式(6.17)求解，即

$$\mathscr{F}[\delta'(t+1)] = \int_{-\infty}^{+\infty}\delta'(t+1)\cdot e^{-j\omega t}dt = -\frac{d}{dt}(e^{-j\omega t})\big|_{t=-1} = j\omega e^{-j\omega t}\big|_{t=-1} = j\omega e^{j\omega}$$

第三节 傅里叶变换的性质

这一节将介绍傅里叶变换的几个重要性质。在这里假定凡是需要求傅里叶变换的函数都满足傅里叶积分定理中的条件,且 $F_1(\omega)=\mathscr{F}[f_1(t)]$,$F_2(\omega)=\mathscr{F}[f_2(t)]$。

一、线性性质

$$\mathscr{F}[\alpha f_1(t)+\beta f_2(t)]=\alpha F_1(\omega)+\beta F_2(\omega) \tag{6.19}$$

或

$$\mathscr{F}^{-1}[\alpha F_1(\omega)+\beta F_2(\omega)]=\alpha f_1(t)+\beta f_2(t) \tag{6.20}$$

其中,α,β 为任意常数。

线性性质的证明只需利用定义结合积分性质就可得出,这个性质表明函数线性组合的傅里叶变换等于各函数傅里叶变换的线性组合。也就是说,傅里叶变换是一种线性变换,它满足叠加原理,所以把这个性质也称为叠加性质。这个性质的物理意义是函数(或信号)可以叠加,并且变换后振幅可以叠加;而信号逆变换后振幅的叠加可以变为信号的叠加。

例 6.10 求函数 $f(t)=\sin^2 t$ 的傅里叶变换。

解:$\sin^2 t=\dfrac{1}{2}(1-\cos 2t)$,应用式(6.19),可得

$$\mathscr{F}[f(t)]=\mathscr{F}[\sin^2 t]=\frac{1}{2}\mathscr{F}[1]-\frac{1}{2}\mathscr{F}[\cos 2t]=\pi\delta(\omega)-\frac{\pi}{2}[\delta(\omega+2)+\delta(\omega-2)]$$

二、对称性质

若已知 $F(\omega)=\mathscr{F}[f(t)]$,则有

$$\mathscr{F}[F(t)]=2\pi f(-\omega) \tag{6.21}$$

证:因为 $F(\omega)=\mathscr{F}[f(t)]$,根据式(6.8)(傅里叶逆变换定义),有

$$f(t)=\mathscr{F}^{-1}[F(\omega)]=\frac{1}{2\pi}\int_{-\infty}^{+\infty}F(\omega)\mathrm{e}^{\mathrm{j}\omega t}\mathrm{d}\omega=\frac{1}{2\pi}\int_{-\infty}^{+\infty}F(p)\mathrm{e}^{\mathrm{j}pt}\mathrm{d}p$$

在上式中,令 $t=-\omega$,得

$$f(-\omega)=\frac{1}{2\pi}\int_{-\infty}^{+\infty}F(p)\mathrm{e}^{-\mathrm{j}\omega p}\mathrm{d}p=\frac{1}{2\pi}\int_{-\infty}^{+\infty}F(t)\mathrm{e}^{-\mathrm{j}\omega t}\mathrm{d}t=\frac{1}{2\pi}\mathscr{F}[F(t)]$$

即

$$\mathscr{F}[F(t)]=2\pi f(-\omega)$$

特别地,若 $f(t)$ 为偶函数,则

$$\mathscr{F}[F(t)]=2\pi f(-\omega)\rightarrow \mathscr{F}[F(t)]=2\pi f(\omega) \tag{6.22}$$

由此可知,当 $f(t)$ 与 $F(\omega)$ 构成一个傅里叶变换对,且当 $f(t)$ 为偶函数时,仍可见傅里叶变换具有一定程度的对称性。

例 6.11 通过求函数 $f(t)=\mathrm{e}^{-\frac{|t|}{2}}$ 的傅里叶变换,求函数 $\dfrac{1}{1+4t^2}$ 的傅里叶变换。

解：注意到 $f(t)$ 为偶函数，则其傅里叶变换为

$$F(\omega) = \int_{-\infty}^{+\infty} e^{-\frac{|t|}{2}} e^{-j\omega t} dt = 2\int_{0}^{+\infty} e^{-\frac{t}{2}} \cos\omega t\, dt = \frac{4}{1+4\omega^2}$$

应用式(6.21)，得

$$\mathscr{F}\left[\frac{1}{1+4t^2}\right] = \frac{1}{4}\mathscr{F}[F(t)] = \frac{\pi}{2}f(-\omega) = \frac{\pi}{2}e^{-\frac{|\omega|}{2}}$$

例 6.12 利用对称性质，证明狄利克雷积分 $\int_{0}^{+\infty} \frac{\sin t}{t} dt = \frac{\pi}{2}$。

证：设 $f(t)$ 为单个矩形脉冲函数，即

$$f(t) = \begin{cases} E & \left(|t| \leqslant \dfrac{\tau}{2}\right) \\ 0 & \left(|t| > \dfrac{\tau}{2}\right) \end{cases} \quad (\tau > 0)$$

它的傅里叶变换为

$$F(\omega) = \mathscr{F}[f(t)] = \int_{-\infty}^{+\infty} f(t)e^{-j\omega t} dt = \int_{-\frac{\tau}{2}}^{\frac{\tau}{2}} E e^{-j\omega t} dt = \frac{2E}{\omega}\sin\frac{\omega\tau}{2}$$

又因为 $f(t)$ 为偶函数，根据式(6.22)，可得

$$\mathscr{F}[F(t)] = \int_{-\infty}^{+\infty} \frac{2E}{t}\sin\frac{\tau t}{2} e^{-j\omega t} dt = 2\pi f(\omega)$$

即

$$2E\int_{-\infty}^{+\infty} \frac{\sin\frac{\tau t}{2}\cos\omega t}{t} dt = \begin{cases} 2\pi E & \left(|\omega| < \dfrac{\tau}{2}\right) \\ 0 & \left(|\omega| > \dfrac{\tau}{2}\right) \end{cases}$$

在上式中，令 $\omega = 0, \tau = 2$，得

$$4E\int_{0}^{+\infty} \frac{\sin t}{t} dt = 2\pi E$$

即

$$\int_{0}^{+\infty} \frac{\sin t}{t} dt = \frac{\pi}{2}$$

三、位移性质

$$\mathscr{F}[f(t \pm t_0)] = e^{\pm j\omega t_0} F(\omega) \tag{6.23}$$

证：根据式(6.7)，有

$$\mathscr{F}[f(t \pm t_0)] = \int_{-\infty}^{+\infty} f(t \pm t_0) e^{-j\omega t} dt$$

作 $u = t \pm t_0$ 的代换，得

$$\mathscr{F}[f(t \pm t_0)] = \int_{-\infty}^{+\infty} f(u) e^{-j\omega(u \mp t_0)} du = e^{\pm j\omega t_0} \int_{-\infty}^{+\infty} f(u) e^{-j\omega u} du = e^{\pm j\omega t_0} F(\omega)$$

这个性质在无线电技术中被称为时移性，它表示时间函数 $f(t)$ 沿时间轴 t 向左或向右

平移 t_0 后的傅里叶变换等于 $f(t)$ 的傅里叶变换乘以因子 $e^{j\omega t_0}$ 或 $e^{-j\omega t_0}$。

同样，象函数也具有类似的位移性质，即

$$\mathscr{F}^{-1}[F(\omega \mp \omega_0)] = e^{\pm j\omega_0 t} f(t) \tag{6.24}$$

证：$\mathscr{F}[e^{\pm j\omega_0 t} f(t)] = \int_{-\infty}^{+\infty} e^{\pm j\omega_0 t} f(t) e^{-j\omega t} dt = \int_{-\infty}^{+\infty} f(t) e^{-j(\omega \mp \omega_0)t} dt = F(\omega \mp \omega_0)$

于是，结论得证。

这个性质在无线电技术中被称为频移性，它表示频谱函数 $F(\omega)$ 沿 ω 轴向右或向左平移 ω_0 后的傅里叶逆变换等于象原函数 $f(t)$ 乘以因子 $e^{j\omega_0 t}$ 和 $e^{-j\omega_0 t}$。

例 6.13 求矩形单脉冲 $f(t) = \begin{cases} E & (0 < t < \tau) \\ 0 & (\text{其他}) \end{cases}$ 的频谱函数 $F(\omega)$。

解：由例 6.6 可知，单个矩形单脉冲

$$f_1(t) = \begin{cases} E & \left(-\dfrac{\tau}{2} < t < \dfrac{\tau}{2}\right) \\ 0 & (\text{其他}) \end{cases}$$

的频谱函数为

$$F_1(\omega) = \frac{2E}{\omega} \sin \frac{\omega \tau}{2}$$

利用式(6.23)，得

$$F(\omega) = \mathscr{F}[f(t)] = \mathscr{F}\left[f_1\left(t - \frac{\tau}{2}\right)\right] = e^{-j\omega \frac{\tau}{2}} F_1(\omega) = \frac{2E}{\omega} e^{-j\frac{\omega\tau}{2}} \sin \frac{\omega \tau}{2}$$

例 6.14 设 $\mathscr{F}[f(t)] = F(\omega)$，求 $\mathscr{F}[f(t)\sin\omega_0 t]$。

解：由欧拉公式及式(6.24)，得

$$\mathscr{F}[f(t)\sin\omega_0 t] = \frac{1}{2j}\mathscr{F}[f(t)(e^{j\omega_0 t} - e^{-j\omega_0 t})] = \frac{j}{2}[F(\omega + \omega_0) - F(\omega - \omega_0)]$$

四、相似性质

$$\mathscr{F}[f(at)] = \frac{1}{|a|} F\left(\frac{\omega}{a}\right) \quad (a \neq 0) \tag{6.25}$$

证：由式(6.7)，有

$$\mathscr{F}[f(at)] = \int_{-\infty}^{+\infty} f(at) e^{-j\omega t} dt$$

当 $a > 0$ 时，作代换 $u = at$，得

$$\mathscr{F}[f(at)] = \frac{1}{a} \int_{-\infty}^{+\infty} f(u) e^{-j\omega \frac{u}{a}} du = \frac{1}{a} F\left(\frac{\omega}{a}\right)$$

当 $a < 0$ 时，有

$$\mathscr{F}[f(at)] = \frac{1}{a} \int_{+\infty}^{-\infty} f(u) e^{-j\omega \frac{u}{a}} du = -\frac{1}{a} F\left(\frac{\omega}{a}\right)$$

所以，当 $a \neq 0$ 时，

$$\mathscr{F}[f(at)] = \frac{1}{|a|} F\left(\frac{\omega}{a}\right)$$

同样,象函数也具有相似性质,即

$$\mathscr{F}^{-1}[F(a\omega)] = \frac{1}{|a|} f\left(\frac{t}{a}\right) \quad (a \neq 0) \tag{6.26}$$

证明略。

例 6.15 设 $\mathscr{F}[f(t)] = F(\omega)$,求 $\mathscr{F}[f(2t-3)]$。

解:由式(6.25)得

$$\mathscr{F}[f(2t)] = \frac{1}{2} F\left(\frac{\omega}{2}\right)$$

又

$$f(2t-3) = f\left[2\left(t - \frac{3}{2}\right)\right]$$

再由位移性质,得

$$\mathscr{F}[f(2t-3)] = \frac{1}{2} e^{-\frac{3}{2}j\omega} F\left(\frac{\omega}{2}\right)$$

五、微分性质

若 $f(t)$ 在 $(-\infty, +\infty)$ 上连续,或者只有有限个可去间断点,且当 $|t| \to +\infty$ 时,$f(t) \to 0$,则

$$\mathscr{F}[f'(t)] = j\omega F(\omega) = j\omega \mathscr{F}[f(t)] \tag{6.27}$$

证:由式(6.7)得

$$\mathscr{F}[f'(t)] = \int_{-\infty}^{+\infty} f'(t) e^{-j\omega t} dt = f(t) e^{-j\omega t} \Big|_{-\infty}^{+\infty} + j\omega \int_{-\infty}^{+\infty} f(t) e^{-j\omega t} dt$$

因为 ω, t 都为实数,所以 $|e^{-j\omega t}| = 1$,$|f(t) e^{-j\omega t}| = |f(t)|$,由假设条件知,上式右端第一项为零,故

$$\mathscr{F}[f'(t)] = j\omega F(\omega) = j\omega \mathscr{F}[f(t)]$$

这个性质说明一个函数导数的傅里叶变换等于这个函数的傅里叶变换乘以因子 $j\omega$。

推论 如果 $f^{(k)}(t)$ 在 $(-\infty, +\infty)$ 上连续或只有有限个可去间断点,且 $\lim\limits_{|t| \to +\infty} f^{(k)}(t) = 0 (k=0,1,\cdots,n-1)$,则

$$\mathscr{F}[f^{(n)}(t)] = (j\omega)^n F(\omega) \tag{6.28}$$

除此以外,还可以得到象函数的微分公式

$$\frac{d}{d\omega} F(\omega) = \mathscr{F}[-jtf(t)] \tag{6.29}$$

证:$F(\omega) = \int_{-\infty}^{+\infty} f(t) e^{-j\omega t} dt$

$$\frac{d}{d\omega} F(\omega) = \int_{-\infty}^{+\infty} f(t) (e^{-j\omega t})' dt = \int_{-\infty}^{+\infty} -jtf(t) e^{-j\omega t} dt = \mathscr{F}[-jtf(t)]$$

更一般地,还有

$$\frac{d^n}{d\omega^n} F(\omega) = (-j)^n \mathscr{F}[t^n f(t)] \quad (n=1,2,3,\cdots)$$

在实际应用中,经常利用象函数的微分性质来计算 $\mathscr{F}[t^n f(t)]$,也可以把上式写成下面的

形式

$$\mathscr{F}[t^n f(t)] = j^n \frac{d^n}{d\omega^n} F(\omega) \quad (n=1,2,3,\cdots) \tag{6.30}$$

例 6.16 求函数 $f_1(t) = t\sin t$ 和 $f_2(t) = t^2 u(t)$ 的傅里叶变换。

解：设 $F_1(\omega) = \mathscr{F}[f_1(t)]$，根据式(6.29)，有

$$F_1(\omega) = \mathscr{F}[t\sin t] = j\frac{d}{d\omega}\mathscr{F}[\sin t]$$

又由于

$$\mathscr{F}[\sin t] = j\pi[\delta(\omega+1) - \delta(\omega-1)]$$

所以

$$F_1(\omega) = -\pi[\delta'(\omega+1) - \delta'(\omega-1)] = \pi[\delta'(\omega-1) - \delta'(\omega+1)]$$

设 $F_2(\omega) = \mathscr{F}[f_2(t)]$，由 $\mathscr{F}[u(t)] = \frac{1}{j\omega} + \pi\delta(\omega) = U(\omega)$ 及式(6.30)，取 $n=2$，有

$$F_2(\omega) = \mathscr{F}[f_2(t)] = j^2 U''(\omega) = -\left[-\frac{1}{j\omega^2} + \pi\delta'(\omega)\right]' = -\frac{2}{j\omega^3} - \pi\delta''(\omega)$$

六、积分性质

如果 $t \to +\infty$ 时，$g(t) = \int_{-\infty}^{t} f(t)dt \to 0$，则

$$\mathscr{F}\left[\int_{-\infty}^{t} f(t)dt\right] = \frac{1}{j\omega}\mathscr{F}[f(t)] = \frac{1}{j\omega}F(\omega) \tag{6.31}$$

证：由于

$$\frac{d}{dt}\int_{-\infty}^{t} f(t)dt = f(t)$$

所以

$$\mathscr{F}\left[\frac{d}{dt}\int_{-\infty}^{t} f(t)dt\right] = \mathscr{F}[f(t)]$$

根据式(6.28)，有

$$\mathscr{F}\left[\frac{d}{dt}\int_{-\infty}^{t} f(t)dt\right] = \mathscr{F}[f(t)] = j\omega\mathscr{F}\left[\int_{-\infty}^{t} f(t)dt\right]$$

所以

$$\mathscr{F}\left[\int_{-\infty}^{t} f(t)dt\right] = \frac{1}{j\omega}\mathscr{F}[f(t)] = \frac{1}{j\omega}F(\omega)$$

这个性质说明，一个函数积分后的傅里叶变换等于这个函数的傅里叶变换除以因子 $j\omega$。此性质还可推广为

$$\mathscr{F}\left[\underbrace{\int_{-\infty}^{t} dt \cdots \int_{-\infty}^{t}}_{n\text{个}} f(t)dt\right] = \frac{1}{(j\omega)^n}\mathscr{F}[f(t)] = \frac{1}{(j\omega)^n}F(\omega)$$

例 6.17 求微分积分方程 $ax'(t) + bx(t) + c\int_{-\infty}^{t} x(t)dt = h(t)$ 的解 $x(t)$，其中 $-\infty <$

$t < +\infty$, a, b, c 均为常数。

解：记 $\mathscr{F}[x(t)] = X(\omega)$，$\mathscr{F}[h(t)] = H(\omega)$，对上述方程两端取傅里叶变换，且利用傅里叶变换的微分性质和积分性质，可得

$$a\mathrm{j}\omega X(\omega) + bX(\omega) + \frac{c}{\mathrm{j}\omega}X(\omega) = H(\omega)$$

$$X(\omega) = \frac{H(\omega)}{b + \mathrm{j}\left(a\omega - \dfrac{c}{\omega}\right)}$$

取上式的傅里叶逆变换，得

$$x(t) = \frac{1}{2\pi}\int_{-\infty}^{+\infty} X(\omega)\mathrm{e}^{\mathrm{j}\omega t}\mathrm{d}\omega = \frac{1}{2\pi}\int_{-\infty}^{+\infty} \frac{H(\omega)}{b + \mathrm{j}\left(a\omega - \dfrac{c}{\omega}\right)}\mathrm{e}^{\mathrm{j}\omega t}\mathrm{d}\omega$$

第四节 卷积和卷积定理

卷积是由含参变量的广义积分定义的函数，与傅里叶变换有着密切的关系。它的运算性质可以使傅里叶变换得到更广泛的应用。在本节中，将引入卷积的概念，讨论卷积的性质及一些简单的应用。

一、卷积及其性质

1. 卷积的定义

设函数 $f_1(t), f_2(t)$ 在 $(-\infty, +\infty)$ 内有定义，若对于任意的 t，积分 $\int_{-\infty}^{+\infty} f_1(\tau) f_2(t-\tau)\mathrm{d}\tau$ 都收敛，则称此积分为 $f_1(t)$ 与 $f_2(t)$ 的卷积，记作 $f_1(t) * f_2(t)$，即

$$f_1(t) * f_2(t) = \int_{-\infty}^{+\infty} f_1(\tau) f_2(t-\tau)\mathrm{d}\tau \tag{6.32}$$

由卷积的定义可得卷积不等式

$$|f_1(t) * f_2(t)| \leqslant |f_1(t)| * |f_2(t)|$$

2. 卷积的运算性质

性质 1

$$f_1(t) * f_2(t) = f_2(t) * f_1(t) \tag{6.33}$$

性质 2

$$f_1(t) * [f_2(t) * f_3(t)] = [f_1(t) * f_2(t)] * f_3(t) \tag{6.34}$$

性质 3

$$f_1(t) * [f_2(t) + f_3(t)] = f_1(t) * f_2(t) + f_1(t) * f_3(t) \tag{6.35}$$

推广

$$f_1(t) * [mf_2(t) + nf_3(t)] = mf_1(t) * f_2(t) + nf_1(t) * f_3(t)$$

以上性质证明从略。

性质 4

$$\frac{\mathrm{d}}{\mathrm{d}t}[f_1(t) * f_2(t)] = f_1(t) * \frac{\mathrm{d}}{\mathrm{d}t}f_2(t) = \frac{\mathrm{d}}{\mathrm{d}t}f_1(t) * f_2(t) \tag{6.36}$$

性质 5

$$\int_{-\infty}^{t} f_1(\xi) * f_2(\xi) \mathrm{d}\xi = f_1(t) * \int_{-\infty}^{t} f_2(\xi)\mathrm{d}\xi = \int_{-\infty}^{t} f_1(\xi)\mathrm{d}\xi * f_2(t) \tag{6.37}$$

性质 6 设 $g(t) = f_1(t) * f_2(t)$,则

$$f_1(at) * f_2(at) = \frac{1}{|a|} g(at) \quad (a \neq 0) \tag{6.38}$$

例 6.18 设 $f_1(t) = \begin{cases} 0 & (t<0) \\ 1 & (t \geqslant 0) \end{cases}$ 和 $f_2(t) = \begin{cases} 0 & (t<0) \\ \mathrm{e}^{-t} & (t \geqslant 0) \end{cases}$,求 $f_1(t)$ 和 $f_2(t)$ 的卷积。

解:易知当且仅当 $\begin{cases} \tau \geqslant 0 \\ t-\tau \geqslant 0 \end{cases}$,即 $\begin{cases} \tau \geqslant 0 \\ \tau \leqslant t \end{cases}$ 时,

$$f_1(\tau)f_2(t-\tau) \neq 0$$

所以根据式(6.32),得

$$f_1(t) * f_2(t) = \int_{-\infty}^{+\infty} f_1(\tau)f_2(t-\tau)\mathrm{d}\tau = \int_0^t 1 \cdot \mathrm{e}^{-(t-\tau)}\mathrm{d}\tau = \mathrm{e}^{-t}\int_0^t \mathrm{e}^{\tau}\mathrm{d}\tau = 1 - \mathrm{e}^{-t}$$

例 6.19 证明 $f(t) * \delta(t) = f(t)$。

证:由卷积的定义,有

$$f(t) * \delta(t) = \int_{-\infty}^{+\infty} f(\tau)\delta(t-\tau)\mathrm{d}\tau = \int_{-\infty}^{+\infty} f(\tau)\delta(\tau-t)\mathrm{d}\tau = f(\tau)|_{\tau=t} = f(t)$$

本题还可以利用式(6.33)交换顺序求解,过程如下:

$$f(t) * \delta(t) = \delta(t) * f(t) = \int_{-\infty}^{+\infty} \delta(\tau)f(t-\tau)\mathrm{d}\tau = f(t)$$

二、卷积定理

定理 6.2 设 $f_1(t), f_2(t)$ 满足傅里叶积分定理中的条件,且

$$F_1(\omega) = \mathscr{F}[f_1(t)], \quad F_2(\omega) = \mathscr{F}[f_2(t)]$$

则

或

$$\left.\begin{array}{r} \mathscr{F}[f_1(t) * f_2(t)] = F_1(\omega) \cdot F_2(\omega) \\ \mathscr{F}^{-1}[F_1(\omega) \cdot F_2(\omega)] = f_1(t) * f_2(t) \end{array}\right\} \tag{6.39}$$

证:根据傅里叶变换的定义及卷积的定义有

$$\mathscr{F}[f_1(t) * f_2(t)] = \int_{-\infty}^{+\infty} [f_1(t) * f_2(t)]\mathrm{e}^{-\mathrm{j}\omega t}\mathrm{d}t = \int_{-\infty}^{+\infty}\left[\int_{-\infty}^{+\infty} f_1(\tau)f_2(t-\tau)\mathrm{d}\tau\right]\mathrm{e}^{-\mathrm{j}\omega t}\mathrm{d}t$$

$$= \int_{-\infty}^{+\infty}\int_{-\infty}^{+\infty} f_1(\tau)\mathrm{e}^{-\mathrm{j}\omega\tau}f_2(t-\tau)\mathrm{e}^{-\mathrm{j}\omega(t-\tau)}\mathrm{d}\tau\mathrm{d}t$$

$$= \int_{-\infty}^{+\infty} f_1(\tau)\mathrm{e}^{-\mathrm{j}\omega\tau}\left[\int_{-\infty}^{+\infty} f_2(t-\tau)\mathrm{e}^{-\mathrm{j}\omega(t-\tau)}\mathrm{d}t\right]\mathrm{d}\tau$$

$$= F_1(\omega)F_2(\omega)$$

同理可得
$$\mathscr{F}[f_1(t) \cdot f_2(t)] = \frac{1}{2\pi} F_1(\omega) * F_2(\omega)$$

卷积定理可以推广到有限多个函数情形。

如果
$$F_k(\omega) = \mathscr{F}[f_k(t)] \quad (k=1,2,\cdots,n)$$

则有
$$\mathscr{F}[f_1(t) * f_2(t) * \cdots * f_n(t)] = F_1(\omega) \cdot F_2(\omega) \cdot \cdots \cdot F_n(\omega)$$
$$\mathscr{F}[f_1(t) \cdot f_2(t) \cdot \cdots \cdot f_n(t)] = \frac{1}{(2\pi)^{n-1}} F_1(\omega) * F_2(\omega) * \cdots * F_n(\omega)$$

在很多情况下,利用卷积的定义来计算卷积是很麻烦的,而卷积定理化卷积运算为乘积运算,为卷积的运算提供了一种简便的方法。

例 6.20 求 $F(\omega) = \begin{cases} 1 & (|\omega| \leqslant \omega_0) \\ 0 & (|\omega| > \omega_0) \end{cases}$ 的傅里叶逆变换,并利用其结果计算,求当 α, $\beta > 0$ 时,$f_1(t) = \frac{\sin\alpha t}{\pi t}$, $f_2(t) = \frac{\sin\beta t}{\pi t}$ 的卷积。

解: $f(t) = \mathscr{F}^{-1}[F(\omega)] = \frac{1}{2\pi}\int_{-\infty}^{+\infty} F(\omega) e^{j\omega t} d\omega = \frac{1}{2\pi}\int_{-\omega_0}^{\omega_0} 1 \cdot e^{j\omega t} d\omega = \frac{\sin\omega_0 t}{\pi t}$

设 $F_1(\omega) = \mathscr{F}[f_1(t)]$, $F_2(\omega) = \mathscr{F}[f_2(t)]$,则
$$F_1(\omega) = \begin{cases} 1 & (|\omega| \leqslant \alpha) \\ 0 & (|\omega| > \alpha) \end{cases} \quad F_2(\omega) = \begin{cases} 1 & (|\omega| \leqslant \beta) \\ 0 & (|\omega| > \beta) \end{cases}$$

因此
$$F_1(\omega) \cdot F_2(\omega) = \begin{cases} 1 & (|\omega| \leqslant \gamma) \\ 0 & (|\omega| > \gamma) \end{cases} \quad (\text{其中 } \gamma = \min\{\alpha,\beta\})$$

由式(6.39),可得
$$f_1(t) * f_2(t) = \mathscr{F}^{-1}[F_1(\omega) \cdot F_2(\omega)] = \frac{\sin\gamma t}{\pi t} \quad (\text{其中 } \gamma = \min\{\alpha,\beta\})$$

例 6.21 设 $F(\omega) = \mathscr{F}[f(t)]$,证明
$$\mathscr{F}\left[\int_{-\infty}^{t} f(\tau) d\tau\right] = \frac{F(\omega)}{j\omega} + \pi F(0)\delta(\omega)$$

证: 当 $g(t) = \int_{-\infty}^{t} f(\tau) d\tau$ 满足傅里叶积分定理的条件时,由积分性质可得
$$\mathscr{F}\left[\int_{-\infty}^{t} f(\tau) d\tau\right] = \frac{F(\omega)}{j\omega}$$

对于一般情形,有
$$g(t) = \int_{-\infty}^{t} f(\tau) d\tau = \int_{-\infty}^{+\infty} f(\tau) u(t-\tau) d\tau = f(t) * u(t)$$

利用卷积定理,可得

$$\mathscr{F}\left[\int_{-\infty}^{t}f(\tau)\mathrm{d}\tau\right]=\mathscr{F}[f(t)*u(t)]=\mathscr{F}[f(t)]\cdot\mathscr{F}[u(t)]$$

$$=F(\omega)\cdot\left[\frac{1}{\mathrm{j}\omega}+\pi\delta(\omega)\right]=\frac{F(\omega)}{\mathrm{j}\omega}+\pi F(\omega)\delta(\omega)$$

$$=\frac{F(\omega)}{\mathrm{j}\omega}+\pi F(0)\delta(\omega)$$

*三、相关函数

相关函数的概念与卷积的概念一样,也是频谱分析中的一个重要概念。本节先引入相关函数的概念,再建立相关函数和能量谱密度之间的关系。

1. 相关函数的概念

若 $f_1(t)$ 和 $f_2(t)$ 是两个不同的函数,则积分 $\int_{-\infty}^{+\infty}f_1(t)f_2(t+\tau)\mathrm{d}t$ 称为函数 $f_1(t)$ 和 $f_2(t)$ 的互相关函数,记作 $R_{12}(\tau)$,即

$$R_{12}(\tau)=\int_{-\infty}^{+\infty}f_1(t)f_2(t+\tau)\mathrm{d}t \tag{6.40}$$

记

$$R_{21}(\tau)=\int_{-\infty}^{+\infty}f_1(t+\tau)f_2(t)\mathrm{d}t \tag{6.41}$$

当 $f_1(t)=f_2(t)=f(t)$ 时,积分 $\int_{-\infty}^{+\infty}f(t)f(t+\tau)\mathrm{d}t$ 称为函数 $f(t)$ 的自相关函数(简称相关函数),记作 $R(\tau)$,即

$$R(\tau)=\int_{-\infty}^{+\infty}f(t)f(t+\tau)\mathrm{d}t \tag{6.42}$$

由定义得,

$$R(-\tau)=\int_{-\infty}^{+\infty}f(t)f(t-\tau)\mathrm{d}t$$

令 $t=u+\tau$,可得

$$R(-\tau)=\int_{-\infty}^{+\infty}f(u+\tau)f(u)\mathrm{d}u=R(\tau)$$

所以,相关函数是一个偶函数,即

$$R(-\tau)=R(\tau)$$

于是,互相关函数有以下性质:

$$R_{21}(\tau)=R_{12}(-\tau)$$

2. 相关函数和能量谱密度的关系

在傅里叶变换的性质中,给出乘积定理,当 $f_1(t),f_2(t)$ 为实函数时,乘积定理可以写为

$$\int_{-\infty}^{+\infty}f_1(t)f_2(t)\mathrm{d}t=\frac{1}{2\pi}\int_{-\infty}^{+\infty}F_1(\omega)\overline{F_2(\omega)}\mathrm{d}\omega=\frac{1}{2\pi}\int_{-\infty}^{+\infty}\overline{F_1(\omega)}F_2(\omega)\mathrm{d}\omega$$

在上式中,令 $f_1(t)=f(t),f_2(t)=f(t+\tau)$ 且 $F(\omega)=\mathscr{F}[f(t)]$,由位移性质,可得

$$\int_{-\infty}^{+\infty} f(t)f(t+\tau)\mathrm{d}t = \frac{1}{2\pi}\int_{-\infty}^{+\infty} \overline{F(\omega)}F(\omega)\mathrm{e}^{\mathrm{j}\omega\tau}\mathrm{d}\omega = \frac{1}{2\pi}\int_{-\infty}^{+\infty} |F(\omega)|^2 \mathrm{e}^{\mathrm{j}\omega\tau}\mathrm{d}\omega$$

$$= \frac{1}{2\pi}\int_{-\infty}^{+\infty} S(\omega)\mathrm{e}^{\mathrm{j}\omega\tau}\mathrm{d}\omega$$

即

$$R(\tau) = \frac{1}{2\pi}\int_{-\infty}^{+\infty} S(\omega)\mathrm{e}^{\mathrm{j}\omega\tau}\mathrm{d}\omega$$

由能量谱密度的定义可得

$$S(\omega) = \int_{-\infty}^{+\infty} R(\tau)\mathrm{e}^{-\mathrm{j}\omega\tau}\mathrm{d}\tau$$

所以,相关函数 $R(\tau)$ 和能量谱密度 $S(\omega)$ 构成了一个傅里叶变换对:

$$\left. \begin{array}{l} R(\tau) = \dfrac{1}{2\pi}\displaystyle\int_{-\infty}^{+\infty} S(\omega)\mathrm{e}^{\mathrm{j}\omega\tau}\mathrm{d}\omega \\ S(\omega) = \displaystyle\int_{-\infty}^{+\infty} R(\tau)\mathrm{e}^{-\mathrm{j}\omega\tau}\mathrm{d}\tau \end{array} \right\} \tag{6.43}$$

由于 $R(\tau)$ 及 $S(\omega)$ 为偶函数,上式可写成三角函数形式:

$$\left. \begin{array}{l} R(\tau) = \dfrac{1}{2\pi}\displaystyle\int_{-\infty}^{+\infty} S(\omega)\cos\omega\tau\mathrm{d}\omega \\ S(\omega) = \displaystyle\int_{-\infty}^{+\infty} R(\tau)\cos\omega\tau\mathrm{d}\tau \end{array} \right\} \tag{6.44}$$

当 $\tau=0$ 时,

$$R(0) = \int_{-\infty}^{+\infty} [f(t)]^2 \mathrm{d}t = \frac{1}{2\pi}\int_{-\infty}^{+\infty} S(\omega)\mathrm{d}\omega$$

即帕塞瓦尔等式。

若 $F_1(\omega)=\mathscr{F}[f_1(t)], F_2(\omega)=\mathscr{F}[f_2(t)]$,由乘积定理,可得

$$R_{12}(\tau) = \int_{-\infty}^{+\infty} f_1(t)f_2(t+\tau)\mathrm{d}t = \frac{1}{2\pi}\int_{-\infty}^{+\infty} \overline{F_1(\omega)}F_2(\omega)\mathrm{e}^{\mathrm{j}\omega\tau}\mathrm{d}\omega$$

我们称 $S_{12}(\omega)=\overline{F_1(\omega)}F_2(\omega)$ 为互能量谱密度。它和互相关函数也构成一个傅里叶变换对:

$$\left. \begin{array}{l} R_{12}(\tau) = \dfrac{1}{2\pi}\displaystyle\int_{-\infty}^{+\infty} S_{12}(\omega)\mathrm{e}^{\mathrm{j}\omega\tau}\mathrm{d}\omega \\ S_{12}(\omega) = \displaystyle\int_{-\infty}^{+\infty} R_{12}(\tau)\mathrm{e}^{-\mathrm{j}\omega\tau}\mathrm{d}\tau \end{array} \right\} \tag{6.45}$$

例 6.22 若函数 $f_1(t)=\begin{cases}\dfrac{b}{a}t & (0\leqslant t\leqslant a) \\ 0 & (\text{其他})\end{cases}$, $f_2(t)=\begin{cases}1 & (0\leqslant t\leqslant a) \\ 0 & (\text{其他})\end{cases}$,求它们的互相关函数 $R_{12}(\tau)$。

解:若 $|\tau|>a$,则 t 和 $t+\tau$ 不能同时处于区间 $[0,a]$,根据函数 $f_1(t), f_2(t)$ 的零取值性可知

$$R_{12}(\tau) = \int_{-\infty}^{+\infty} f_1(t)f_2(t+\tau)\mathrm{d}t = 0$$

当 $0<\tau\leqslant a$ 时,有

$$R_{12}(\tau) = \int_{-\infty}^{+\infty} f_1(t) f_2(t+\tau) \mathrm{d}t = \int_0^{a-\tau} \frac{b}{a} t \mathrm{d}t = \frac{b}{2a}(a-\tau)^2$$

当 $-a \leqslant \tau \leqslant 0$ 时,有

$$R_{12}(\tau) = \int_{-\infty}^{+\infty} f_1(t) f_2(t+\tau) \mathrm{d}t = \int_{-\tau}^{a} \frac{b}{a} t \mathrm{d}t = \frac{b}{2a}(a^2 - \tau^2)$$

例 6.23 求单边指数衰变信号的自相关函数与能量谱密度 $S(\omega)$。

解：单边指数衰减信号的函数为

$$f(t) = \begin{cases} 0 & (t < 0) \\ \mathrm{e}^{-\beta t} & (t \geqslant 0) \end{cases} \quad (\beta > 0)$$

当 $\tau \geqslant 0$ 时,有

$$R(\tau) = \int_{-\infty}^{+\infty} f(t) f(t+\tau) \mathrm{d}t = \int_0^{+\infty} \mathrm{e}^{-\beta t} \mathrm{e}^{-\beta(t+\tau)} \mathrm{d}t = -\frac{\mathrm{e}^{-\beta \tau}}{2\beta} \mathrm{e}^{-2\beta t} \Big|_0^{+\infty} = \frac{\mathrm{e}^{-\beta \tau}}{2\beta}$$

当 $\tau < 0$ 时,有

$$R(\tau) = \int_{-\infty}^{+\infty} f(t) f(t+\tau) \mathrm{d}t = \int_{-\tau}^{+\infty} \mathrm{e}^{-\beta t} \mathrm{e}^{-\beta(t+\tau)} \mathrm{d}t = -\frac{\mathrm{e}^{-\beta \tau}}{2\beta} \mathrm{e}^{-2\beta t} \Big|_{-\tau}^{+\infty} = \frac{\mathrm{e}^{\beta \tau}}{2\beta}$$

综合两式可得 $R(\tau) = \dfrac{\mathrm{e}^{-\beta|\tau|}}{2\beta}$,其能量谱密度为

$$S(\omega) = \mathscr{F}[R(\tau)] = \int_{-\infty}^{+\infty} \frac{\mathrm{e}^{-\beta|\tau|}}{2\beta} \mathrm{e}^{-\mathrm{j}\omega\tau} \mathrm{d}\tau = \frac{1}{\beta} \int_0^{+\infty} \mathrm{e}^{-\beta\tau} \cos\omega\tau \mathrm{d}\tau = \frac{1}{\beta^2 + \omega^2}$$

例 6.24 证明互相关函数和能量谱密度的下列性质。

$$R_{21}(\tau) = R_{12}(-\tau)$$
$$S_{21}(\omega) = \overline{S_{12}(\omega)}$$

证：令 $u = t + \tau$,由互相关函数的定义,可得

$$R_{21}(\tau) = \int_{-\infty}^{+\infty} f_2(t) f_1(t+\tau) \mathrm{d}t = \int_{-\infty}^{+\infty} f_2(u-\tau) f_1(u) \mathrm{d}u$$

$$= \int_{-\infty}^{+\infty} f_1(t) f_2(t-\tau) \mathrm{d}t = R_{12}(-\tau)$$

由互能量谱密度的公式,有

$$S_{21}(\omega) = F_1(\omega) \overline{F_2(\omega)} = \overline{\overline{F(\omega)_1} F_2(\omega)} = \overline{S_{12}(\omega)}$$

第五节 傅里叶变换的应用

傅里叶变换在工程技术领域有着广泛的应用。数学在其他学科的应用中,首要的任务是建立相应的数学模型。对于比较复杂的系统,可以建立非线性模型,但一般而言,为求解方便,线性模型是最好的选择。在许多场合下,线性系统的数学模型可以用一个线性的微分方程、积分方程、微分积分方程(统称为微分、积分方程)乃至于偏微分方程来描述。线性系统具有很好的性质,它可以平移、对称、反射、叠加,这些特性在振动力学、无线电技术、自动控制理论、数字图像处理等工程技术领域中都十分重要。本节将利用傅里叶变换来求解

例 6.25 求满足积分方程 $\int_0^{+\infty} y(\omega)\cos\omega t\, d\omega = f(t)$ 的解,其中

$$f(t) = \begin{cases} 1 & (0 \leqslant t < 1) \\ 2 & (1 \leqslant t < 2) \\ 0 & (t \geqslant 2) \end{cases}$$

解:原方程可改写为

$$\frac{2}{\pi}\int_0^{+\infty} y(\omega)\cos\omega t\, d\omega = \frac{2}{\pi}f(t)$$

由傅里叶余弦变换公式(6.11),得

$$y(\omega) = \int_0^{+\infty} \frac{2}{\pi}f(t)\cos\omega t\, dt = \frac{2}{\pi}\left(\int_0^1 \cos\omega t\, dt + \int_1^2 2\cos\omega t\, dt\right)$$

$$= \frac{2}{\pi}\left(\frac{1}{\omega}\sin\omega t\Big|_0^1 + \frac{2}{\omega}\sin\omega t\Big|_1^2\right) = \frac{2(2\sin 2\omega - \sin\omega)}{\pi\omega}$$

例 6.26 求常系数非齐次线性微分方程

$$\frac{d^2}{dt^2}y(t) - y(t) = -f(t)$$

的解,其中 $f(t)$ 为已知函数。

解:设 $\mathscr{F}[y(t)] = Y(\omega)$,$\mathscr{F}[f(t)] = F(\omega)$,利用线性性质和微分性质,可得

$$(j\omega)^2 Y(\omega) - Y(\omega) = -F(\omega)$$

解得

$$Y(\omega) = \frac{1}{1+\omega^2}F(\omega)$$

两边取傅里叶逆变换,有

$$y(t) = \frac{1}{2\pi}\int_{-\infty}^{+\infty} Y(\omega)e^{j\omega t}\, d\omega = \frac{1}{2\pi}\int_{-\infty}^{+\infty} \frac{1}{1+\omega^2}F(\omega)e^{j\omega t}\, d\omega$$

由于

$$\mathscr{F}[e^{-|t|}] = 2\int_0^{+\infty} e^{-t}\cos\omega t\, dt = \frac{2}{1+\omega^2}$$

所以

$$y(t) = \left(\frac{1}{2}e^{-|t|}\right) * f(t) = \frac{1}{2}\int_{-\infty}^{+\infty} f(\tau)e^{-|t-\tau|}\, d\tau$$

例 6.27 求解积分方程

$$\int_{-\infty}^{+\infty} e^{-|t-\tau|} y(\tau)\, d\tau = \sqrt{2\pi}\, e^{-\frac{t^2}{2}}$$

解:设 $\mathscr{F}[y(t)] = Y(\omega)$,方程两边取傅里叶变换,并由钟形脉冲函数 $f(t) = Ae^{-\beta t^2}$ 的傅里叶变换 $F(\omega) = \mathscr{F}[f(t)] = \sqrt{\frac{\pi}{\beta}}Ae^{-\frac{1}{4\beta}\omega^2}$,可得

$$\mathscr{F}[e^{-|t|} * y(t)] = \mathscr{F}[\sqrt{2\pi}\, e^{-\frac{1}{2}t^2}]$$

$$\frac{2}{1+\omega^2}Y(\omega) = 2\pi e^{-\frac{1}{2}\omega^2}$$

解得

$$Y(\omega) = \pi(1+\omega^2)e^{-\frac{1}{2}\omega^2} = \pi\left[e^{-\frac{1}{2}\omega^2} - (j\omega)^2 e^{-\frac{1}{2}\omega^2}\right]$$

对上式两边取傅里叶逆变换,可得

$$y(t) = \pi\mathscr{F}^{-1}\left[e^{-\frac{1}{2}\omega^2}\right] - \pi\mathscr{F}^{-1}\left[(j\omega)^2 e^{-\frac{1}{2}\omega^2}\right]$$

记 $\mathscr{F}[f(t)] = e^{-\frac{1}{2}\omega^2}$,则 $f(t) = \frac{1}{\sqrt{2\pi}}e^{-\frac{1}{2}t^2}$,上式中第二项利用微分性质

$$\mathscr{F}[f''(t)] = (j\omega)^2 \mathscr{F}[f(t)] = (j\omega)^2 e^{-\frac{1}{2}\omega^2}$$

则

$$\mathscr{F}^{-1}\left[(j\omega)^2 e^{-\frac{1}{2}\omega^2}\right] = f''(t) = \frac{d^2}{dt^2}\left(\frac{1}{\sqrt{2\pi}}e^{-\frac{1}{2}t^2}\right) = \frac{t^2-1}{\sqrt{2\pi}}e^{-\frac{1}{2}t^2}$$

所以

$$y(t) = \pi\frac{1}{\sqrt{2\pi}}e^{-\frac{1}{2}t^2} - \pi\frac{t^2-1}{\sqrt{2\pi}}e^{-\frac{1}{2}t^2} = \sqrt{2\pi}\left(1 - \frac{1}{2}t^2\right)e^{-\frac{1}{2}t^2}$$

例 6.28 如图 6.6 所示,求具有电动势 $f(t)$ 的 LRC 电路的电流,其中,L 是电感,R 是电阻,C 是电容,$f(t)$ 是电动势。

解:设 $i(t)$ 表示电路在 t 时刻的电流,根据基尔霍夫 (Kirchhoff) 定律,其满足微积分方程

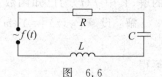

图 6.6

$$L\frac{di}{dt} + Ri + \frac{1}{C}\int_{-\infty}^{t} i\,dt = f(t)$$

对上式两端关于 t 求导,得

$$L\frac{d^2i}{dt^2} + R\frac{di}{dt} + \frac{i}{C} = f'(t)$$

利用傅里叶变换的性质对上式两端取傅里叶逆变换,并记

$$\mathscr{F}[i(t)] = I(\omega) \qquad \mathscr{F}[f(t)] = F(\omega)$$

有

$$L(j\omega)^2 I(\omega) + Rj\omega I(\omega) + \frac{1}{C}I(\omega) = j\omega F(\omega)$$

从而

$$I(\omega) = \frac{j\omega F(\omega)}{-L\omega^2 + Rj\omega + \frac{1}{C}}$$

再求其傅里叶逆变换,有

$$i(t) = \mathscr{F}^{-1}[I(\omega)] = \frac{1}{2\pi}\int_{-\infty}^{+\infty}\frac{j\omega F(\omega)}{-L\omega^2 + Rj\omega + \frac{1}{C}}e^{j\omega t}\,d\omega$$

章 末 总 结

本章从周期函数的傅里叶级数出发,导出非周期函数的傅里叶积分公式,并由此得到傅里叶变换,进而讨论了傅里叶变换的一些基本性质及应用。

傅里叶变换是傅里叶级数由周期函数向非周期函数的演变,它通过特定形式的积分建立了函数与函数之间的对应关系。一方面,它仍然具有明确的物理意义;另一方面,它也成为一种非常有用的数学工具。因此,它既能从频谱的角度来描述函数(或信号)的特征,又能简化运算,方便问题的求解。

读者可结合下面的思维导图进行复习巩固。

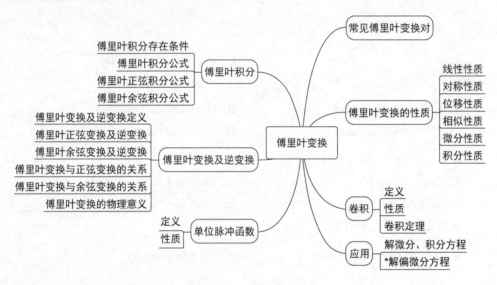

习 题 六

一、填空题

1. 若函数 $f(t)$ 满足傅里叶积分定理中的条件,则在 $f(t)$ 的连续点处,便有 $f(t)=$ ＿＿＿＿＿＿＿＿＿＿＿＿＿＿＿＿,在间断点处有＿＿＿＿＿＿＿＿。

2. 若 $f(t)$ 为无穷次可微函数,则 $\int_{-\infty}^{+\infty}\delta(t)f(t)\mathrm{d}t=$ ＿＿＿＿＿＿＿＿。

3. $\mathscr{F}[u(t)]=$ ＿＿＿＿＿＿＿＿。

4. $\mathscr{F}[f(t\pm t_0)]=$ ＿＿＿＿＿＿＿＿。

5. 设 $a>0$,则函数 $f(t)=\begin{cases}\mathrm{e}^{at} & (t<0)\\ \mathrm{e}^{-at} & (t>0)\end{cases}$ 的傅里叶积分为＿＿＿＿＿＿＿＿。

二、单项选择题

1. 设 $f(t)=\delta(t-t_0)$，则 $\mathscr{F}[f(t)]=(\quad)$。
   A. 1 B. 2π C. $e^{j\omega t_0}$ D. $e^{-j\omega t_0}$

2. 设 $f(t)=\cos\omega_0 t$，则 $\mathscr{F}[f(t)]=(\quad)$。
   A. $\pi[\delta(\omega+\omega_0)+\delta(\omega-\omega_0)]$ B. $\pi[\delta(\omega+\omega_0)-\delta(\omega-\omega_0)]$
   C. $\pi i[\delta(\omega+\omega_0)-\delta(\omega-\omega_0)]$ D. $\pi i[\delta(\omega+\omega_0)+\delta(\omega-\omega_0)]$

3. 设 $\mathscr{F}[f(t)]=F(\omega)$，则 $\mathscr{F}[(t-2)f(t)]=(\quad)$。
   A. $F'(\omega)-2F(\omega)$ B. $-F'(\omega)-2F(\omega)$
   C. $iF'(\omega)-2F(\omega)$ D. $-iF'(\omega)-2F(\omega)$

4. 设 $\mathscr{F}[f(t)]=F(\omega)$，则 $\mathscr{F}[f(1-t)]=(\quad)$。
   A. $F(\omega)e^{-j\omega}$ B. $F(-\omega)e^{-j\omega}$ C. $F(\omega)e^{j\omega}$ D. $F(-\omega)e^{j\omega}$

5. $\int_{-\infty}^{+\infty}\delta(t+t_0)e^{-j\omega t}\mathrm{d}t=(\quad)$。
   A. $e^{-j\omega t_0}$ B. $e^{j\omega t_0}$ C. $e^{-j\omega_0 t}$ D. 1

6. 设 $f(t)=\delta(2-t)+e^{j\omega_0 t}$，则 $\mathscr{F}[f(t)]=(\quad)$。
   A. $e^{-2j\omega}+2\pi\delta(\omega-\omega_0)$ B. $e^{2j\omega}+2\pi\delta(\omega-\omega_0)$
   C. $e^{-2j\omega}+2\pi\delta(\omega+\omega_0)$ D. $e^{2j\omega}+2\pi\delta(\omega+\omega_0)$

7. 设 $f(t)=te^{j\omega_0 t}$，则 $\mathscr{F}[f(t)]=(\quad)$。
   A. $2\pi\delta'(\omega-\omega_0)$ B. $2\pi\delta'(\omega+\omega_0)$
   C. $2\pi j\delta'(\omega+\omega_0)$ D. $2\pi j\delta'(\omega-\omega_0)$

8. 下列变换中不正确的是（ ）。
   A. $\mathscr{F}[u(t)]=\dfrac{1}{j\omega}+\pi\delta(\omega)$ B. $\mathscr{F}[1]=2\pi\delta(\omega)$
   C. $\mathscr{F}[2\delta(\omega)]=1$ D. $\mathscr{F}[\mathrm{sgn}(t)]=\dfrac{2}{j\omega}$

三、计算题

1. 求函数 $f(t)=e^{-jt}\cos kt$ 的傅里叶变换。

2. 求函数 $F(\omega)=\dfrac{1}{j\omega}e^{-j\omega}+\pi\delta(\omega)$ 的傅里叶逆变换。

3. 设 $f_1(t)=\begin{cases}0 & (t<0)\\ t & (t\geqslant 0)\end{cases}$，$f_1(t)=\begin{cases}0 & (t<0)\\ e^t & (t\geqslant 0)\end{cases}$，求 $f_1(t)*f_2(t)$。

四、证明题

1. 设 $\mathscr{F}[f(t)]=F(\omega)$，$a$ 为非零常数，试证明 $\mathscr{F}[f(at-t_0)]=\dfrac{1}{|a|}F\left(\dfrac{\omega}{a}\right)e^{-j\frac{\omega}{a}t_0}$。

2. 计算函数 $f(t)=\begin{cases}\alpha e^{-\beta t} & (t>0)\\ 0 & (t<0)\end{cases}$ $(\alpha>0,\beta>0)$ 的傅里叶变换，并证明

$$\int_0^{+\infty} \frac{\beta\cos\omega t + \omega\sin\omega t}{\beta^2 + \omega^2} d\omega = \begin{cases} \pi e^{-\beta t} & (t>0) \\ \dfrac{\pi}{2} & (t=0) \\ 0 & (t<0) \end{cases}。$$

3. 计算函数 $f(t) = \begin{cases} \cos t & (|t| \leqslant \pi) \\ 0 & (|t| > \pi) \end{cases}$ 的傅里叶变换，并证明 $\int_0^{+\infty} \dfrac{\omega\sin\omega\pi\cos\omega t}{1-\omega^2} d\omega =$

$\begin{cases} \dfrac{\pi}{2}\cos t & (|t| \leqslant \pi) \\ 0 & (|t| > \pi) \end{cases}$。

五、应用题

利用傅里叶变换，解下列微积分方程。

(1) $f'(t) + f(t) = \delta(t) \ (-\infty < t < +\infty)$

(2) $g(t) = h(t) + \int_{-\infty}^{+\infty} f(\tau)g(t-\tau)d\tau$

其中，$h(t), f(t)$ 为已知函数；$g(t), h(t)$ 和 $f(t)$ 的傅里叶变换都存在。

第七章 拉普拉斯变换

傅里叶变换在许多领域发挥了重要作用,特别是在信号处理领域,直到今天它仍然是最基本的分析和处理工具,甚至可以说信号分析本质上即傅里叶分析(谱分析)。但任何方法总有它的局限性,傅里叶变换也是如此。因此,人们对傅里叶变换的一些不足之处进行了各种各样的改进。这些改进大体上分为两个方面:一方面是提高它对问题的刻画能力,如窗口傅里叶变换、小波变换等;另一方面是扩大它本身的适用范围。本章要介绍的是后者。

拉普拉斯变换理论(也称为算子微积分)是在 19 世纪末发展起来的。首先是英国工程师海维赛德(O. Heaviside)发明了用运算法解决当时电工计算中出现的一些问题,但是缺乏严密的数学论证。后来由法国数学家拉普拉斯(P. S. Laplace)给出了严密的数学定义,称为拉普拉斯变换(简称拉氏变换)方法。由于拉普拉斯变换对象原函数 $f(t)$ 约束条件比起傅里叶变换要弱,因此在电学、力学等众多的工程技术与科学研究领域中得到广泛的应用。

本章先从傅里叶变换的定义出发,推导出拉普拉斯变换的定义,并研究它的一些基本性质;然后给出其逆变换的积分表达式——拉普拉斯反演积分公式,并得出象原函数的求法;最后介绍拉普拉斯变换的应用。

第一节 拉普拉斯变换的概念

一、问题的提出

上一章我们学习了傅里叶变换,知道可以进行傅里叶变换的函数必须在整个数轴上有定义。在许多物理现象中,我们常考虑以时间 t 为自变量的函数,例如,一个外加电动势 $E(t)$ 从某一个时刻起接到电路中去,假如把接通的瞬间作为计算时间的原点 $t=0$,那么要研究的是电流在 $t>0$ (接通以后)时的变化情况,而对于 $t<0$ 的情况,就不必考虑了。因此,常会遇到仅定义于 $[0,+\infty)$ 的函数,或者约定当 $t<0$ 时函数值恒为零的函数。

另外,一个函数除了满足狄利克雷条件外,还要在 $(-\infty,+\infty)$ 上绝对可积才存在古典意义上的傅里叶变换,但绝对可积的要求是比较苛刻的,很多常用的函数如单位阶跃函数、正弦函数、余弦函数以及线性函数等,都不满足这个条件,所以傅里叶变换的应用范围受到了较大的限制。

为解决上述应用中遇到的问题,人们研究发现,对一个函数 $\varphi(t)$,若乘以 $u(t)$,则可以使积分区间 $(-\infty,+\infty)$ 变成半实轴 $[0,+\infty)$;用 $e^{-\beta t}$ 乘以 $\varphi(t)$,由于 $e^{-\beta t}$ 的指数衰减性,只要 β 选得合适,总可以满足绝对可积的条件。因此,函数 $\varphi(t)u(t)e^{-\beta t}$ 显然可以克服傅里叶变换的上述两个缺点。

事实上,对 $\varphi(t)u(t)\mathrm{e}^{-\beta t}(\beta>0)$ 作傅里叶变换,可得

$$G_\beta(\omega) = \int_{-\infty}^{+\infty} \varphi(t)u(t)\mathrm{e}^{-\beta t}\mathrm{e}^{-\mathrm{j}\omega t}\mathrm{d}t = \int_0^{+\infty} f(t)\mathrm{e}^{-(\beta+\mathrm{j}\omega)t}\mathrm{d}t = \int_0^{+\infty} f(t)\mathrm{e}^{-st}\mathrm{d}t$$

其中

$$f(t) = \varphi(t)u(t) \quad s = \beta + \mathrm{j}\omega$$

再令

$$F(s) = G_\beta\left(\frac{s-\beta}{\mathrm{j}}\right)$$

则

$$F(s) = \int_0^{+\infty} f(t)\mathrm{e}^{-st}\mathrm{d}t$$

此式所确定的函数 $F(s)$,实际上是由 $f(t)$ 通过一种新的变换得来的,这种新的变换就是拉普拉斯变换。下面给出它的定义。

二、拉普拉斯变换的定义及存在定理

定义 设函数 $f(t)$ 在 $[0,+\infty)$ 上有定义,如果对复参量 $s=\beta+\mathrm{j}\omega$,积分

$$F(s) = \int_0^{+\infty} f(t)\mathrm{e}^{-st}\mathrm{d}t$$

在 s 的某一域内收敛,则称 $F(s)$ 为 $f(t)$ 的象函数或拉普拉斯变换,记作 $\mathscr{L}[f(t)]$,即

$$F(s) = \mathscr{L}[f(t)] = \int_0^{+\infty} f(t)\mathrm{e}^{-st}\mathrm{d}t \tag{7.1}$$

称 $f(t)$ 为 $F(s)$ 的象原函数或拉普拉斯逆变换,记作 $\mathscr{L}^{-1}[F(s)]$,即

$$f(t) = \mathscr{L}^{-1}[F(s)]$$

由式(7.1)可以看出,$f(t)(t \geqslant 0)$ 的拉普拉斯变换实际上就是函数 $f(t)u(t)\mathrm{e}^{-\beta t}$ 的傅里叶变换。

例 7.1 求单位阶跃函数 $u(t)=\begin{cases}0 & (t<0) \\ 1 & (t>0)\end{cases}$,符号函数 $\mathrm{sgn}\,t=\begin{cases}1 & (t>0) \\ 0 & (t=0) \\ -1 & (t<0)\end{cases}$ 和函数 $f(t)=1$ 的拉普拉斯变换。

解:根据定义,当 $\mathrm{Re}(s)>0$ 时,

$$\mathscr{L}[u(t)] = \int_0^{+\infty} u(t)\mathrm{e}^{-st}\mathrm{d}t = \int_0^{+\infty} \mathrm{e}^{-st}\mathrm{d}t = -\frac{1}{s}\mathrm{e}^{-st}\bigg|_0^{+\infty} = \frac{1}{s}$$

$$\mathscr{L}[\mathrm{sgn}\,t] = \int_0^{+\infty} (\mathrm{sgn}\,t)\mathrm{e}^{-st}\mathrm{d}t = \int_0^{+\infty} \mathrm{e}^{-st}\mathrm{d}t = \frac{1}{s}$$

$$\mathscr{L}[1] = \int_0^{+\infty} 1 \cdot \mathrm{e}^{-st}\mathrm{d}t = \int_0^{+\infty} \mathrm{e}^{-st}\mathrm{d}t = \frac{1}{s}$$

该例表明,这三个函数经过拉普拉斯变换后,象函数是一样的,这一点应不难理解。现在的问题是对象函数 $F(s)=\dfrac{1}{s}(\mathrm{Re}(s)>0)$ 而言,其象原函数到底是哪一个呢?根据公式,

所有在 $t>0$ 时为 1 的函数均可作为象原函数，这是因为在拉普拉斯变换所应用的场合，并不需要关心函数 $f(t)$ 在 $t<0$ 时的取值情况。但为讨论和描述方便，一般约定，在拉普拉斯变换中所提到的函数 $f(t)$ 均理解为当 $t<0$ 时，$f(t)=0$。

例 7.2 求函数 $f(t)=\mathrm{e}^{kt}$ 和函数 $g(t)=\mathrm{e}^{\mathrm{j}\omega t}$ 的拉普拉斯变换（k,ω 为实数）。

解：由定义得

$$\mathscr{L}[\mathrm{e}^{kt}]=\int_0^{+\infty}\mathrm{e}^{kt}\mathrm{e}^{-st}\mathrm{d}t=\int_0^{+\infty}\mathrm{e}^{-(s-k)t}\mathrm{d}t=-\frac{1}{s-k}\mathrm{e}^{-(s-k)t}\Big|_0^{+\infty}=\frac{1}{s-k}\quad[\mathrm{Re}(s)>k]$$

$$\mathscr{L}[\mathrm{e}^{\mathrm{j}\omega t}]=\int_0^{+\infty}\mathrm{e}^{\mathrm{j}\omega t}\mathrm{e}^{-st}\mathrm{d}t=\int_0^{+\infty}\mathrm{e}^{-(s-\mathrm{j}\omega)t}\mathrm{d}t=-\frac{1}{s-\mathrm{j}\omega}\mathrm{e}^{-(s-\mathrm{j}\omega)t}\Big|_0^{+\infty}=\frac{1}{s-\mathrm{j}\omega}\quad[\mathrm{Re}(s)>0]$$

本题的结果也可根据例 7.1 中的积分结果直接得出。

从上面的例子可以看出，拉普拉斯变换的确扩大了傅里叶变换的使用范围，而且变换存在的条件也比傅里叶变换弱得多，但是并非对任何一个函数都能进行拉普拉斯变换。那么一个函数究竟满足什么条件时，它的拉普拉斯变换一定存在呢？下面的定理回答了这个问题。

定理 7.1（拉普拉斯变换存在定理） 若函数 $f(t)$ 满足下列条件：

(1) 在 $t \geqslant 0$ 的任一有限区间上分段连续。

(2) 存在常数 $M>0$ 与 $c \geqslant 0$，使得

$$|f(t)| \leqslant M\mathrm{e}^{ct} \quad (t \geqslant 0)$$

即当 $t \to +\infty$ 时，函数 $f(t)$ 的增长速度不超过某一个指数函数（称函数 $f(t)$ 的增大是不超过指数级的，c 称为函数 $f(t)$ 的增长指数），则函数 $f(t)$ 的拉普拉斯变换

$$F(s)=\int_0^{+\infty}f(t)\mathrm{e}^{-st}\mathrm{d}t$$

在半平面 $\mathrm{Re}(s)>c$ 上一定存在，此时上式右端的积分绝对收敛而且一致收敛，同时在此半平面内，$F(s)$ 是解析函数。

***证**：设 $\beta=\mathrm{Re}(s)$，$\beta-c \geqslant \delta>0$，由条件(2)有

$$|f(t)\mathrm{e}^{-st}|=|f(t)|\mathrm{e}^{-\beta t} \leqslant M\mathrm{e}^{-(\beta-c)t} \leqslant M\mathrm{e}^{-\delta t}$$

所以

$$|F(s)|=\left|\int_0^{+\infty}f(t)\mathrm{e}^{-st}\mathrm{d}t\right| \leqslant M\int_0^{+\infty}\mathrm{e}^{-\delta t}\mathrm{d}t=\frac{M}{\delta}$$

由 $\delta>0$ 可知，积分式 $\int_0^{+\infty}f(t)\mathrm{e}^{-st}\mathrm{d}t$ 在 $\mathrm{Re}(s) \geqslant c+\delta$ 上绝对且一致收敛，因此，$F(s)$ 在半平面 $\mathrm{Re}(s)>c$ 上存在。

若在积分式 $\int_0^{+\infty}f(t)\mathrm{e}^{-st}\mathrm{d}t$ 的积分号内对 s 求导数，则

$$\int_0^{+\infty}\frac{\mathrm{d}}{\mathrm{d}s}[f(t)\mathrm{e}^{-st}]\mathrm{d}t=-\int_0^{+\infty}tf(t)\mathrm{e}^{-st}\mathrm{d}t$$

等式右端的积分在 $\mathrm{Re}(s) \geqslant c+\delta$ 上，也是绝对且一致收敛的。因此在 $F(s)=\int_0^{+\infty}f(t)\mathrm{e}^{-st}\mathrm{d}t$ 中，积分与微分的运算次序可以交换，即

$$\frac{\mathrm{d}}{\mathrm{d}s}F(s)=\frac{\mathrm{d}}{\mathrm{d}s}\int_0^{+\infty}f(t)\mathrm{e}^{-st}\mathrm{d}t=\int_0^{+\infty}\frac{\mathrm{d}}{\mathrm{d}s}[f(t)\mathrm{e}^{-st}]\mathrm{d}t=\int_0^{+\infty}-tf(t)\mathrm{e}^{-st}\mathrm{d}t$$

由拉普拉斯变换的定义,得

$$\frac{\mathrm{d}}{\mathrm{d}s}F(s) = \mathscr{L}[-tf(t)]$$

故 $F(s)$ 在 $\mathrm{Re}(s) \geqslant c+\delta$ 上可导。由 δ 的任意性可知 $F(s)$ 在 $\mathrm{Re}(s) > c$ 上解析。

关于该定理需要说明以下几点。

(1) 对于该定理,可如下简单地理解,即一个函数,即使其模随着 t 的增大而增大,但只要不比某个指数函数增长得快,则其拉普拉斯变换就存在。这一点可以从拉普拉斯变换与傅里叶变换的关系中得到一种直观的解释。常见的大部分函数都是满足该条件的,如幂函数、三角函数、指数函数等。所以拉普拉斯变换的应用比较广泛,但 e^{t^2}, te^{t^2} 等这类函数是不满足定理的条件的,因为定理条件中的 M,c 不存在。

(2) 象函数 $F(s)$ 在 $\mathrm{Re}(s) > c$ 内是解析的,根据复变函数的解析开拓的理论,还可以把它解析开拓到全平面上去(奇点除外)。这样,在应用上有时求出 $\mathscr{L}[f(t)]$,后面就不再附注条件 $\mathrm{Re}(s) > c$。例如,$\mathscr{L}[u(t)] = \dfrac{1}{s}$ 可看作在全平面上除了 $s=0$ 点以外的解析函数。所以拉普拉斯变换把一定类型的分段连续的函数转化成解析函数,这样就可以在拉普拉斯变换的理论研究中运用复变函数中的有关定理。

(3) 拉普拉斯变换存在定理的条件仅是充分的,而不是必要的,即在不满足存在定理的条件下,拉普拉斯变换仍可能存在。这一点可参考本节例 7.7 $\left(\text{当 } m=-\dfrac{1}{2} \text{ 时}\right)$。

另外,对于满足拉普拉斯变换存在定理条件的函数 $f(t)$,在 $t=0$ 附近有界时,$f(0)$ 取什么值与讨论 $f(t)$ 的拉普拉斯变换毫无关系,因为 $f(t)$ 在一点上的值不会影响积分

$$\mathscr{L}[f(t)] = \int_0^{+\infty} f(t)\mathrm{e}^{-st} \mathrm{d}t$$

这时积分下限取 0^+ 或 0^- 都可以。但是,假如 $f(t)$ 在 $t=0$ 包含了单位脉冲函数,就必须区分这个积分区间包含 $t=0$ 这一点,还是不包含 $t=0$ 这一点。假如包含,把积分下限记为 0^-;假如不包含,把积分下限记为 0^+,于是得出不同的拉普拉斯变换,记

$$\mathscr{L}_+[f(t)] = \int_{0^+}^{+\infty} f(t)\mathrm{e}^{-st} \mathrm{d}t$$

$$\mathscr{L}_-[f(t)] = \int_{0^-}^{+\infty} f(t)\mathrm{e}^{-st} \mathrm{d}t = \int_{0^-}^{0^+} f(t)\mathrm{e}^{-st} \mathrm{d}t + \mathscr{L}_+[f(t)]$$

当 $f(t)$ 在 $t=0$ 处不含单位脉冲函数时,$t=0$ 不是无穷间断点,可以发现,若 $f(t)$ 在 $t=0$ 附近有界,则 $\int_{0^-}^{0^+} f(t)\mathrm{e}^{-st} \mathrm{d}t = 0$,即

$$\mathscr{L}_-[f(t)] = \mathscr{L}_+[f(t)]$$

若 $f(t)$ 在 $t=0$ 处包含了脉冲函数,则 $\int_{0^-}^{0^+} f(t)\mathrm{e}^{-st} \mathrm{d}t \neq 0$,即

$$\mathscr{L}_-[f(t)] \neq \mathscr{L}_+[f(t)]$$

为考虑这一情况,我们需要把进行拉普拉斯变换的函数 $f(t)$ 的定义区间从 $t \geqslant 0$ 扩大为 $t>0$ 和 $t=0$ 的任意一个邻域,这样上述的拉普拉斯变换定义

$$\mathscr{L}[f(t)] = \int_0^{+\infty} f(t)e^{-st}dt$$

应为

$$\mathscr{L}_-[f(t)] = \int_{0^-}^{+\infty} f(t)e^{-st}dt$$

但是为书写方便起见，仍把它写成

$$F(s) = \mathscr{L}[f(t)] = \int_0^{+\infty} f(t)e^{-st}dt$$

例 7.3 求单位脉冲函数 $\delta(t)$ 的拉普拉斯变换。

解：根据上面的讨论，并利用筛选性质式(6.15)，可得

$$\mathscr{L}[\delta(t)] = \int_0^{+\infty} \delta(t)e^{-st}dt = \int_{0^-}^{+\infty} \delta(t)e^{-st}dt = \int_{0^-}^{0^+} \delta(t)e^{-st}dt + \mathscr{L}_+[\delta(t)]$$

显然

$$\mathscr{L}_+[\delta(t)] = 0$$

而

$$\int_{0^-}^{0^+} \delta(t)e^{-st}dt = \int_{-\infty}^{+\infty} \delta(t)e^{-st}dt = e^{-st}|_{t=0} = 1$$

所以

$$\mathscr{L}[\delta(t)] = 1$$

例 7.4 求函数 $f(t) = \sin kt$（k 为实数）的拉普拉斯变换。

解：由拉普拉斯变换的定义，得

$$\mathscr{L}[\sin kt] = \int_0^{+\infty} \sin kt \cdot e^{-st}dt = \frac{e^{-st}}{s^2+k^2}(-s\sin kt - k\cos kt)\Big|_0^{+\infty} = \frac{k}{s^2+k^2} \quad [\mathrm{Re}(s) > 0]$$

由例 7.2 结论 $\mathscr{L}[e^{j\omega t}] = \dfrac{1}{s-j\omega}[\mathrm{Re}(s)>0]$，本题还有以下解法：

$$\mathscr{L}[\sin kt] = \int_0^{+\infty} \sin kt \cdot e^{-st}dt = \int_0^{+\infty} \frac{e^{jkt} - e^{-jkt}}{2j} e^{-st}dt$$
$$= \frac{1}{2j}\left(\int_0^{+\infty} e^{jkt}e^{-st}dt - \int_0^{+\infty} e^{-jkt}e^{-st}dt\right) = \frac{1}{2j}\left(\frac{1}{s-jk} - \frac{1}{s+jk}\right) = \frac{k}{s^2+k^2}$$

同理，

$$\mathscr{L}[\cos kt] = \frac{s}{s^2+k^2} \quad [\mathrm{Re}(s) > 0]$$

例 7.5 求下列函数的拉普拉斯变换：

(1) $f(t) = \delta(t)\cos t - u(t)\sin t$

(2) $f(t) = \begin{cases} 3 & \left(0 \leqslant t < \dfrac{\pi}{2}\right) \\ \cos t & \left(t \geqslant \dfrac{\pi}{2}\right) \end{cases}$

解：(1) 由拉普拉斯变换的定义，并根据 $\delta(t)$ 和 $u(t)$ 的性质，得

$$\mathscr{L}[f(t)] = \int_0^{+\infty} \delta(t)\cos t \cdot e^{-st}dt - \int_0^{+\infty} u(t)\sin t \cdot e^{-st}dt$$
$$= \cos t \cdot e^{-st}|_{t=0} + \frac{j}{2}\int_0^{+\infty}(e^{jt} - e^{-jt})e^{-st}dt$$

$$= 1 - \frac{1}{s^2+1} = \frac{s^2}{s^2+1} \quad [\text{Re}(s) > 0]$$

(2) 由拉普拉斯变换的定义,得

$$\mathscr{L}[f(t)] = \int_0^{\frac{\pi}{2}} 3\mathrm{e}^{-st}\,\mathrm{d}t + \int_{\frac{\pi}{2}}^{+\infty} \cos t \cdot \mathrm{e}^{-st}\,\mathrm{d}t = \frac{3}{s}\left(1 - \mathrm{e}^{-\frac{1}{2}\pi s}\right) - \frac{1}{s^2+1}\mathrm{e}^{-\frac{1}{2}\pi s}$$

***例 7.6** 求函数 $f(t) = t^m$(常数 $m > -1$)的拉普拉斯变换。

解:由拉普拉斯变换的定义,当 $\text{Re}(s) > 0$ 时,有

$$\mathscr{L}[t^m] = \int_0^{+\infty} t^m \mathrm{e}^{-st}\,\mathrm{d}t \tag{1}$$

为求此积分,若令 $st = u$,由于 s 为右半平面内任一复数,因此经过此变量代换得到的关于积分变量 u 的积分是一个复变量积分,即

$$\mathscr{L}[t^m] = \int_L \left(\frac{u}{s}\right)^m \mathrm{e}^{-u} \frac{1}{s}\mathrm{d}u = \frac{1}{s^{m+1}} \int_L u^m \mathrm{e}^{-u}\,\mathrm{d}u \tag{2}$$

其中,积分路线 L 是沿着射线 $\arg u = \theta \left(-\frac{\pi}{2} < \theta < \frac{\pi}{2}\right)$。

但对于积分式(2),当 $-1 < m < 0$ 时,$u = 0$ 是 u^m 的奇点,所以先考虑积分 $\int_{\overline{AB}} u^m \mathrm{e}^{-u}\,\mathrm{d}u$,其中的积分路线是沿着直线段 $\overline{AB}$,如图 7.1 所示。

设 A, B 分别对应的复数为 $r\mathrm{e}^{\mathrm{j}\alpha}, R\mathrm{e}^{\mathrm{j}\alpha}$,这里 α 在 $\left(-\frac{\pi}{2}, \frac{\pi}{2}\right)$ 中,是一个常数,且 $r < R$。取图中直线段 $\overline{AB}$、圆弧 $\widehat{DB}$($u = R\mathrm{e}^{\mathrm{j}\varphi}, 0 \leqslant \varphi \leqslant \alpha$)、$\widehat{EA}$($u = r\mathrm{e}^{\mathrm{j}\varphi}, 0 \leqslant \varphi \leqslant \alpha$)和实轴上线段 $\overline{ED}$ 所组成的闭曲线 C。因为 $u^m \mathrm{e}^{-u}$ 在 C 内解析,所以

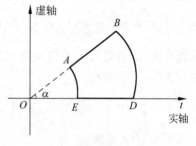

图 7.1

$$\oint_C u^m \mathrm{e}^{-u}\,\mathrm{d}u = 0$$

即

$$\int_{\overline{ED}} + \int_{\widehat{DB}} + \int_{\overline{BA}} + \int_{\widehat{AE}} = 0$$

也就是

$$\int_{\overline{AB}} = -\int_{\widehat{EA}} + \int_{\overline{ED}} + \int_{\widehat{DB}} \tag{3}$$

对于式(3)右端第一个积分,有

$$\left|\int_{\widehat{EA}} u^m \mathrm{e}^{-u}\,\mathrm{d}u\right| = \left|\int_0^\alpha r^m \mathrm{e}^{\mathrm{j}m\varphi} \mathrm{e}^{-r\mathrm{e}^{\mathrm{j}\varphi}} \mathrm{j}r\mathrm{e}^{\mathrm{j}\varphi}\,\mathrm{d}\varphi\right| \leqslant r^{m+1} \int_0^\alpha |\mathrm{e}^{\mathrm{j}m\varphi} \mathrm{e}^{-r\mathrm{e}^{\mathrm{j}\varphi}} \mathrm{e}^{\mathrm{j}\varphi}|\,\mathrm{d}\varphi$$

$$= r^{m+1} \int_0^\alpha |\mathrm{e}^{-r(\cos\varphi + \mathrm{j}\sin\varphi)}|\,\mathrm{d}\varphi = r^{m+1} \int_0^\alpha \mathrm{e}^{-r\cos\varphi}\,\mathrm{d}\varphi$$

由积分中值定理,可得

$$\left|\int_{\widehat{EA}} u^m \mathrm{e}^{-u} \mathrm{d}u \right| \leqslant r^{m+1} \mathrm{e}^{-r\cos\xi} \cdot \alpha \quad (0<\xi<\alpha)$$

当 $r \to 0$ 时,

$$r^{m+1} \mathrm{e}^{-r\cos\xi} \cdot \alpha \to 0$$

所以

$$\lim_{r\to 0} \int_{\widehat{EA}} u^m \mathrm{e}^{-u} \mathrm{d}u = 0$$

对于式(3)右端第三个积分,同样有

$$\left|\int_{\widehat{DB}} u^m \mathrm{e}^{-u} \mathrm{d}u \right| = \left|\int_0^\alpha R^m \mathrm{e}^{jm\varphi} \mathrm{e}^{-R\mathrm{e}^{j\varphi}} \mathrm{j}R\mathrm{e}^{j\varphi} \mathrm{d}\varphi \right| \leqslant R^{m+1} \int_0^\alpha \mathrm{e}^{-R\cos\varphi} \mathrm{d}\varphi$$

$$= R^{m+1} \mathrm{e}^{-R\cos\xi} \cdot \alpha \quad (0<\xi<\alpha)$$

由于 α 在 $\left(-\dfrac{\pi}{2}, \dfrac{\pi}{2}\right)$ 中,所以 $\cos\xi > 0$,从而当 $R \to +\infty$ 时, $R^{m+1} \mathrm{e}^{-R\cos\xi} \cdot \alpha \to 0$,即

$$\lim_{R\to +\infty} \int_{\widehat{DB}} u^m \mathrm{e}^{-u} \mathrm{d}u = 0$$

因此

$$\int_L u^m \mathrm{e}^{-u} \mathrm{d}u = \lim_{\substack{r\to 0 \\ R\to +\infty}} \int_{AB} u^m \mathrm{e}^{-u} \mathrm{d}u = \lim_{\substack{r\to 0 \\ R\to +\infty}} \left(-\int_{\widehat{EA}} + \int_{\widehat{ED}} + \int_{\widehat{DB}}\right) u^m \mathrm{e}^{-u} \mathrm{d}u = \int_0^{+\infty} t^m \mathrm{e}^{-t} \mathrm{d}t \quad (4)$$

也就是说,求沿射线 L 的复变量积分(2),可转化为计算沿正实半轴 t 从 0 到 $+\infty$ 的实变量积分式(4)。于是有

$$\mathscr{L}[t^m] = \frac{1}{s^{m+1}} \int_0^{+\infty} t^m \mathrm{e}^{-t} \mathrm{d}t = \frac{\Gamma(m+1)}{s^{m+1}} \quad [\mathrm{Re}(s) > 0]$$

当 m 为正整数时,有

$$\mathscr{L}[t^m] = \frac{m!}{s^{m+1}} \quad [\mathrm{Re}(s) > 0]$$

在实际工作中,为使用方便,有现成的拉普拉斯变换表可查。通过查表可以很容易地知道由象原函数到象函数的变换,或由象函数到象原函数的逆变换。本书已将工程中常遇到的一些函数及其拉普拉斯变换列于附录Ⅱ中,以备读者查用。

例 7.7 求 $\sin 2t \sin 3t$ 的拉普拉斯变换。

解:根据附录Ⅱ公式 20,在 $a=2, b=3$ 时,得

$$\mathscr{L}[\sin 2t \sin 3t] = \frac{12s}{(s^2+5^2)(s^2+1^2)} = \frac{12s}{(s^2+25)(s^2+1)}$$

例 7.8 求 $\dfrac{\mathrm{e}^{-bt}}{\sqrt{2}}(\cos bt - \sin bt)$ 的拉普拉斯变换。

解:这个函数的拉普拉斯变换,在本书给出的附录Ⅱ中找不到现成的公式,但是

$$\frac{\mathrm{e}^{-bt}}{\sqrt{2}}(\cos bt - \sin bt) = \mathrm{e}^{-bt}\left(\sin\frac{\pi}{4}\cos bt - \cos\frac{\pi}{4}\sin bt\right) = \mathrm{e}^{-bt}\sin\left(-bt+\frac{\pi}{4}\right)$$

根据附录Ⅱ中公式 17,在 $a=-b, c=\dfrac{\pi}{4}$ 时,得

$$\mathscr{L}\left[\frac{\mathrm{e}^{-bt}}{\sqrt{2}}(\cos bt - \sin bt)\right] = \mathscr{L}\left[\mathrm{e}^{-bt}\sin\left(-bt + \frac{\pi}{4}\right)\right] = \frac{(s+b)\sin\frac{\pi}{4} + (-b)\cos\frac{\pi}{4}}{(s+b)^2 + (-b)^2}$$

$$= \frac{\sqrt{2}\,s}{2(s^2 + 2bs + 2b^2)}$$

第二节 拉普拉斯变换的性质

上一节中,利用拉普拉斯变换的定义已求得一些简单的常用函数的拉普拉斯变换,但对于复杂的函数,用定义求其象函数很不方便,因此要研究拉普拉斯变换所具备的性质,以便简化计算。为叙述方便,都假定性质中所涉及的函数的拉普拉斯变换是存在的,并假设 $\mathscr{L}[f_1(t)] = F_1(s), \mathscr{L}[f_2(t)] = F_2(s)$。

一、线性性质

或

$$\left.\begin{aligned}\mathscr{L}[\alpha f_1(t) + \beta f_2(t)] &= \alpha F_1(s) + \beta F_2(s) \\ \mathscr{L}^{-1}[\alpha F_1(s) + \beta F_2(s)] &= \alpha f_1(t) + \beta f_2(t)\end{aligned}\right\} \tag{7.2}$$

该性质的证明可由拉普拉斯变换和逆变换的公式直接推出,此处从略。

例 7.9 求函数 $f(t) = \cos 3t + 6\mathrm{e}^{-3t}$ 的拉普拉斯变换。

解:

$$\mathscr{L}[f(t)] = \mathscr{L}[\cos 3t] + 6\mathscr{L}[\mathrm{e}^{-3t}] = \frac{s}{s^2 + 3^2} + \frac{6}{s+3}$$

例 7.10 求函数 $F(s) = \dfrac{1}{(s-a)(s-b)}$ $(a>0, b>0, a \neq b)$ 的拉普拉斯逆变换。

解: 因为

$$F(s) = \frac{1}{(s-a)(s-b)} = \frac{1}{a-b}\left(\frac{1}{s-a} - \frac{1}{s-b}\right)$$

应用线性性质,有

$$f(t) = \mathscr{L}^{-1}[F(s)] = \frac{1}{a-b}\left\{\mathscr{L}^{-1}\left[\frac{1}{s-a}\right] - \mathscr{L}^{-1}\left[\frac{1}{s-b}\right]\right\} = \frac{1}{a-b}(\mathrm{e}^{at} - \mathrm{e}^{bt})$$

二、相似性质

或

$$\left.\begin{aligned}\mathscr{L}[f(at)] &= \frac{1}{a}F\left(\frac{s}{a}\right) \\ \mathscr{L}^{-1}[F(as)] &= \frac{1}{a}f\left(\frac{t}{a}\right) \quad (a>0)\end{aligned}\right\} \tag{7.3}$$

证: 对积分作变量代换 $u = at$,得

$$\mathscr{L}[f(at)] = \int_0^{+\infty} f(at) e^{-st} dt = \frac{1}{a} \int_0^{+\infty} f(u) e^{-\frac{s}{a}u} du = \frac{1}{a} F\left(\frac{s}{a}\right)$$

利用上式,得

$$\mathscr{L}\left[f\left(\frac{t}{a}\right)\right] = aF(as)$$

两边取拉普拉斯逆变换,得

$$\mathscr{L}^{-1}[F(as)] = \frac{1}{a} f\left(\frac{t}{a}\right)$$

因为函数 $f(at)$ 的图形可由 $f(t)$ 的图形沿 t 轴正向经相似变换得到,所以把这个性质称为相似性质。在工程技术中,常希望改变时间的比例尺,或者将一个给定的时间函数标准化后,再求它的拉普拉斯变换,此时就要用到这个性质,因此这个性质在工程技术中也称尺度变换性质。

三、微分性质

1. 象原函数的微分性质

若 $f(t)$ 在 $[0, +\infty)$ 上可微,则

$$\mathscr{L}[f'(t)] = sF(s) - f(0) \tag{7.4}$$

证:根据拉普拉斯变换的定义,有

$$\mathscr{L}[f'(t)] = \int_0^{+\infty} f'(t) e^{-st} dt$$

对上式右端利用分部积分,可得

$$\mathscr{L}[f'(t)] = f(t) e^{-st} \Big|_0^{+\infty} + s \int_0^{+\infty} f(t) e^{-st} dt = s\mathscr{L}[f(t)] - f(0) \quad [\operatorname{Re}(s) > c]$$

所以

$$\mathscr{L}[f'(t)] = sF(s) - f(0)$$

这个性质表明:一个函数求导后取拉普拉斯变换,等于这个函数的拉普拉斯变换乘以参数 s,再减去函数的初值。

利用上式分部积分两次,可得

$$\mathscr{L}[f''(t)] = s\mathscr{L}[f'(t)] - f'(0) = s[sF(s) - f(0)] - f'(0) = s^2 F(s) - sf(0) - f'(0)$$

以此类推,可得如下推论。

推论 若 $f(t)$ 在 $t \geqslant 0$ 中 n 次可微,并且 $f^{(n)}(t)$ 满足拉普拉斯变换存在定理中的条件,又因为 $\mathscr{L}[f(t)] = F(s)$,则有

$$\begin{aligned}\mathscr{L}[f^{(n)}(t)] &= s^n F(s) - s^{n-1} f(0) - s^{n-2} f'(0) - \cdots - f^{(n-1)}(0) \\ &= s^n F(s) - \sum_{i=0}^{n-1} s^{n-1-i} f^{(i)}(0) \quad [\operatorname{Re}(s) > c]\end{aligned} \tag{7.5}$$

特别地,当初值 $f(0) = f'(0) = \cdots = f^{(n-1)}(0) = 0$ 时,有

$$\mathscr{L}[f^{(n)}(t)] = s^n F(s)$$

需要指出,当 $f(t)$ 在 $t=0$ 处不连续时,$f'(t)$ 在 $t=0$ 处有脉冲 $\delta(t)$ 存在,按前面的规定取拉普拉斯变换时,积分下限要从 0^- 开始,这时,$f(0)$ 应写成 $f(0^-)$,即

$$\mathscr{L}[f'(t)] = sF(s) - f(0^-)$$

推论同理。

这个性质在运用拉普拉斯变换解线性常微分方程的初值问题时起着重要的作用,它可将关于 $f(t)$ 的微分方程转换为关于 $F(s)$ 的代数方程。

例 7.11 已知 $\mathscr{L}[\sin kt] = \dfrac{k}{s^2 + k^2}$,利用象原函数的微分性质求 $\mathscr{L}[\cos kt]$。

解法 1:由于 $\cos kt = \dfrac{1}{k}(\sin kt)'$,根据象原函数的微分性质与线性性质,有

$$\mathscr{L}[\cos kt] = \dfrac{1}{k}\mathscr{L}[(\sin kt)'] = \dfrac{1}{k}\{s\mathscr{L}[\sin kt] - 0\} = \dfrac{1}{k}\left(s\dfrac{k}{s^2+k^2}\right) = \dfrac{s}{s^2+k^2}$$

解法 2:令 $f(t) = \cos kt$,则

$$f'(t) = -k\sin kt \quad f''(t) = -k^2\cos kt \quad f(0) = 1 \quad f'(0) = 0$$

根据式(7.5),可得

$$\mathscr{L}[f''(t)] = s^2\mathscr{L}[f(t)] - sf(0) - f'(0)$$
$$-k^2\mathscr{L}[\cos kt] = s^2\mathscr{L}[\cos kt] - s$$

整理得

$$\mathscr{L}[\cos kt] = \dfrac{s}{s^2+k^2}$$

2. 象函数的微分性质

$$F'(s) = -\mathscr{L}[tf(t)] \tag{7.6}$$

证:$F(s)$ 在半平面 $\mathrm{Re}(s) > c$ 内解析,因此可对 s 求导

$$F'(s) = \dfrac{\mathrm{d}}{\mathrm{d}s}\int_0^{+\infty} f(t)\mathrm{e}^{-st}\mathrm{d}t = -\int_0^{+\infty} tf(t)\mathrm{e}^{-st}\mathrm{d}t = -\mathscr{L}[tf(t)]$$

上式可以在积分号下求导,是因为 $\int_0^{+\infty} f(t)\mathrm{e}^{-st}\mathrm{d}t$ 对 s 来说是一致收敛的。

这个性质表明:对象函数求导,等于其象原函数乘以 $-t$ 的拉普拉斯变换。一般地,有

$$F^{(n)}(s) = (-1)^n \mathscr{L}[t^n f(t)] \quad (n = 1, 2, 3, \cdots)$$

或者写成

$$\mathscr{L}[t^n f(t)] = (-1)^n F^{(n)}(s) \quad (n = 1, 2, 3, \cdots) \tag{7.7}$$

例 7.12 $\mathscr{L}[\sin kt] = \dfrac{k}{s^2+k^2}$,求 $\mathscr{L}[t\sin kt]$,$\mathscr{L}[t^2\sin kt]$。

解:由式(7.6)可知

$$\mathscr{L}[t\sin kt] = -\dfrac{\mathrm{d}}{\mathrm{d}s}\mathscr{L}[\sin kt] = -\dfrac{\mathrm{d}}{\mathrm{d}s}\dfrac{k}{s^2+k^2} = \dfrac{2ks}{(s^2+k^2)^2}$$

由式(7.7)可知

$$\mathscr{L}[t^2\sin kt] = (-1)^2 \dfrac{\mathrm{d}^2}{\mathrm{d}s^2}\mathscr{L}[\sin kt] = \dfrac{2k(3s^2-k^2)}{(s^2+k^2)^3}$$

同理可得

$$\mathscr{L}[t\cos kt] = \dfrac{s^2-k^2}{(s^2+k^2)^2}$$

四、积分性质

1. 象原函数的积分性质

$$\mathscr{L}\left[\int_0^t f(t)\mathrm{d}t\right] = \frac{1}{s}F(s) \tag{7.8}$$

证：令 $g(t) = \int_0^t f(t)\mathrm{d}t$，则有 $g'(t) = f(t)$ 且 $g(0) = 0$。由象函数的微分性质，

$$\mathscr{L}[g'(t)] = s\mathscr{L}[g(t)] - g(0)$$

即

$$\mathscr{L}[g(t)] = \frac{1}{s}\mathscr{L}[g'(t)] = \frac{1}{s}\mathscr{L}[f(t)] = \frac{1}{s}F(s)$$

所以

$$\mathscr{L}\left[\int_0^t f(t)\mathrm{d}t\right] = \frac{1}{s}F(s)$$

这个性质表明：一个函数积分后再取拉普拉斯变换等于这个函数的拉普拉斯变换除以参数 s。

重复运用该公式，可得

$$\mathscr{L}\left[\underbrace{\int_0^t \mathrm{d}t \int_0^t \mathrm{d}t \cdots \int_0^t}_{n 次} f(t)\mathrm{d}t \underbrace{\int_0^t \mathrm{d}t \int_0^t \mathrm{d}t \cdots \int_0^t}_{n 次} f(t)\mathrm{d}t\right] = \frac{1}{s^n}F(s) \quad (n = 1,2,3,\cdots)$$

2. 象函数的积分性质

设 $\mathscr{L}[f(t)] = F(s)$，若积分 $\int_s^\infty F(s)\mathrm{d}s$ 收敛，则有

$$\mathscr{L}\left[\frac{f(t)}{t}\right] = \int_s^\infty F(s)\mathrm{d}s \tag{7.9}$$

更一般的有

$$\mathscr{L}\left[\frac{f(t)}{t^n}\right] = \underbrace{\int_s^\infty \mathrm{d}s \int_s^\infty \mathrm{d}s \cdots \int_s^\infty}_{n 次} F(s)\mathrm{d}s$$

例 7.13 求函数 $f(t) = \dfrac{\sin t}{t}$ 的拉普拉斯变换。

解：由于 $\mathscr{L}[\sin t] = \dfrac{1}{s^2 + 1}$，由象函数的积分性质，有

$$\mathscr{L}[f(t)] = \int_s^\infty \frac{1}{s^2 + 1}\mathrm{d}s = \arctan s \Big|_s^\infty = \frac{\pi}{2} - \arctan s$$

一般地，若 $\int_0^{+\infty} \dfrac{f(t)}{t}\mathrm{d}t$ 存在，令式(7.9)中的积分下限 $s = 0$，可得

$$\int_0^{+\infty} \frac{f(t)}{t}\mathrm{d}t = \int_0^{+\infty} F(s)\mathrm{d}s$$

于是，在本例中，如果令 $s = 0$，则有

$$\mathscr{L}\left[\frac{\sin t}{t}\right]=\int_0^{+\infty}\frac{f(t)}{t}\mathrm{d}t=\frac{\pi}{2}$$

例 7.14 求函数 $f(t)=\int_0^t\frac{\sin t}{t}\mathrm{d}t$ 的拉普拉斯变换。

解：由象原函数的积分性质，可得

$$\mathscr{L}\left[\int_0^t\frac{\sin t}{t}\mathrm{d}t\right]=\frac{1}{s}\mathscr{L}\left[\frac{\sin t}{t}\right]$$

由上例可得

$$\mathscr{L}\left[\int_0^t\frac{\sin t}{t}\mathrm{d}t\right]=\frac{1}{s}\left(\frac{\pi}{2}-\arctan s\right)$$

五、位移性质

设 $\mathscr{L}[f(t)]=F(s)$，则有

$$\mathscr{L}[\mathrm{e}^{at}f(t)]=F(s-a)\quad[\mathrm{Re}(s-a)>c] \tag{7.10}$$

证：由拉普拉斯变换的定义，有

$$\mathscr{L}[\mathrm{e}^{at}f(t)]=\int_0^{+\infty}\mathrm{e}^{at}f(t)\mathrm{e}^{-st}\mathrm{d}t=\int_0^{+\infty}f(t)\mathrm{e}^{-(s-a)t}\mathrm{d}t=F(s-a)\quad[\mathrm{Re}(s-a)>c]$$

这个性质表明：一个象原函数乘以指数函数 e^{at} 的拉普拉斯变换等于其象函数作位移 a。

例 7.15 求 $\mathscr{L}[\mathrm{e}^{-at}\sin kt]$。

解：已知

$$\mathscr{L}[\sin kt]=\frac{k}{s^2+k^2}$$

由位移性质，可得

$$\mathscr{L}[\mathrm{e}^{-at}\sin kt]=\frac{k}{(s+a)^2+k^2}$$

例 7.16 求 $\mathscr{L}[t\mathrm{e}^{at}\sin at]$ 和 $\mathscr{L}[t\mathrm{e}^{at}\cos at]$。

解：已知

$$\mathscr{L}[\mathrm{e}^{at}\sin at]=\frac{a}{(s-a)^2+a^2}$$

所以

$$\mathscr{L}[t\mathrm{e}^{at}\sin at]=-\left(\frac{a}{(s-a)^2+a^2}\right)'=\frac{2a(s-a)}{[(s-a)^2+a^2]^2}=\frac{2a(s-a)}{(s^2-2as+2a^2)^2}$$

同理可得

$$\mathscr{L}[t\mathrm{e}^{at}\cos at]=\frac{(s-a)^2-a^2}{[(s-a)^2+a^2]^2}=\frac{s^2-2as}{(s^2-2as+2a^2)^2}$$

例 7.17 求 $\mathscr{L}\left[\int_0^t t\mathrm{e}^{at}\sin at\,\mathrm{d}t\right]$。

解：由上例及积分性质，得

$$\mathscr{L}\left[\int_0^t t\mathrm{e}^{at}\sin at\,\mathrm{d}t\right]=\frac{2a(s-a)}{s[(s-a)^2+a^2]^2}$$

同理可得
$$\mathscr{L}\left[\int_0^t t e^{at}\cos at\,dt\right]=\frac{s-2a}{[(s-a)^2+a^2]^2}$$

六、延迟性质

设 $\mathscr{L}[f(t)]=F(s)$，又 $t<0$ 时 $f(t)=0$，则对于任一非负实数 τ，有

或
$$\left.\begin{array}{r}\mathscr{L}[f(t-\tau)]=e^{-s\tau}F(s)\\ \mathscr{L}^{-1}[e^{-s\tau}F(s)]=f(t-\tau)\end{array}\right\} \quad (7.11)$$

证：由拉普拉斯变换的定义，有
$$\mathscr{L}[f(t-\tau)]=\int_0^{+\infty}f(t-\tau)e^{-st}dt=\int_0^{\tau}f(t-\tau)e^{-st}dt+\int_{\tau}^{+\infty}f(t-\tau)e^{-st}dt$$
$$=\int_{\tau}^{+\infty}f(t-\tau)e^{-st}dt \quad [t<\tau, f(t-\tau)=0]$$

上式中，令 $t-\tau=u$，得
$$\mathscr{L}[f(t-\tau)]=\int_0^{+\infty}f(u)e^{-s(u+\tau)}du=e^{-s\tau}\int_0^{+\infty}f(u)e^{-su}du=e^{-s\tau}F(s) \quad [\mathrm{Re}(s)>c]$$

函数 $f(t-\tau)$ 与 $f(t)$ 相比，$f(t)$ 是从 $t=0$ 开始有非零数值，而 $f(t-\tau)$ 是从 $t=\tau$ 开始才有非零数值，即延迟了一个时间 τ。从它们的图像来看，$f(t-\tau)$ 的图像是由 $f(t)$ 的图像沿 t 轴向右平移距离 τ 而得，如图 7.2 所示。

这个性质表明：时间函数延迟 τ 的拉普拉斯变换等于它的象函数乘以指数因子 $e^{-s\tau}$。因此该性质也可以叙述为：对任意正数 τ，有
$$\mathscr{L}[f(t-\tau)u(t-\tau)]=e^{-s\tau}F(s)$$

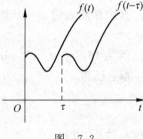

图 7.2

或
$$\mathscr{L}^{-1}[e^{-s\tau}F(s)]=f(t-\tau)u(t-\tau)$$

由拉普拉斯变换的定义知，函数 $f(t)$ 的拉普拉斯变换若存在，则其象函数 $F(s)$ 必是唯一的。那么如何解释下面所谓的"反例"呢？

由线性性质，有
$$\mathscr{L}[(t-1)^2]=\mathscr{L}[t^2]-2\mathscr{L}[t]+\mathscr{L}[1]=\frac{2}{s^3}-\frac{2}{s^2}+\frac{1}{s}=F_1(s)$$

同时，由延迟性质，又有
$$\mathscr{L}[(t-1)^2]=e^{-s}\mathscr{L}[t^2]=\frac{2}{s^3}e^{-s}=F_2(s)$$

显然，$F_1(s)\neq F_2(s)$。

事实上，$F_1(s)$ 是函数 $f_1(t)=(t-1)^2, 0\leqslant t<+\infty$ 的象函数，$F_2(s)$ 是函数 $f_2(t)=(t-1)^2 u(t-1)$，即
$$f_2(t)=\begin{cases}0 & (0\leqslant t<1)\\ (t-1)^2 & (t\geqslant 1)\end{cases}$$

的象函数，而 $f_1(t)\neq f_2(t)$ 也是显而易见的。

例 7.18 设 $a>0, b>0$,求单位阶跃函数

$$u(at-b)=\begin{cases} 0 & \left(t<\dfrac{b}{a}\right) \\ 1 & \left(t>\dfrac{b}{a}\right) \end{cases}$$

的拉普拉斯变换。

解：由延迟性质和相似性质,得

$$\mathscr{L}[u(at-b)]=\mathscr{L}\left\{u\left[a\left(t-\dfrac{b}{a}\right)\right]\right\}=\mathrm{e}^{-\frac{b}{a}s}\mathscr{L}[u(at)]$$

$$=\mathrm{e}^{-\frac{b}{a}s}\dfrac{1}{a}\mathscr{L}[u(t)]\Big|_{\frac{s}{a}}=\dfrac{1}{s}\mathrm{e}^{-\frac{b}{a}s}$$

注意：下面的推导是错误的。

$$\mathscr{L}\left\{u\left[a\left(t-\dfrac{b}{a}\right)\right]\right\}=\dfrac{1}{a}\mathscr{L}\left[u\left(t-\dfrac{b}{a}\right)\right]\Big|_{\frac{s}{a}}=\dfrac{1}{a}\left(\mathrm{e}^{-\frac{b}{a}s}\mathscr{L}[u(t)]\Big|_{\frac{s}{a}}\right)$$

$$=\dfrac{1}{a}\left(\dfrac{1}{s}\mathrm{e}^{-\frac{b}{a}s}\right)\Big|_{\frac{s}{a}}=\dfrac{1}{s}\mathrm{e}^{-\frac{b}{a^2}s}$$

这是因为 $u\left[a\left(t-\dfrac{b}{a}\right)\right]$ 是 $t-\dfrac{b}{a}$ 的函数,但不能视为 at 的函数而使用相似性质。如果先用相似性质后用延迟性质,则正确的推导：

$$\mathscr{L}[u(at-b)]=\dfrac{1}{a}\mathscr{L}[u(t-b)]\Big|_{\frac{s}{a}}=\dfrac{1}{a}\left(\mathrm{e}^{-bs}\mathscr{L}[u(t)]\Big|_{\frac{s}{a}}\right)=\dfrac{1}{a}\left(\dfrac{1}{s}\mathrm{e}^{-bs}\right)\Big|_{\frac{s}{a}}=\dfrac{1}{s}\mathrm{e}^{-\frac{b}{a}s}$$

例 7.19 求函数

$$f(t)=\begin{cases} \sin t & (0\leqslant t\leqslant 2\pi) \\ 0 & (t<0 \text{ 或 } t>2\pi) \end{cases}$$

的拉普拉斯变换。

解： $f(t)=\sin t\,u(t)-\sin(t-2\pi)u(t-2\pi)$

函数如图 7.3 所示。根据线性性质和延迟性质,得

$$\mathscr{L}[f(t)]=\dfrac{1}{s^2+1}-\dfrac{\mathrm{e}^{-2\pi s}}{s^2+1}=\dfrac{1-\mathrm{e}^{-2\pi s}}{s^2+1}$$

例 7.20 求如图 7.4 所示的阶梯函数 $f(t)$ 的拉普拉斯变换。

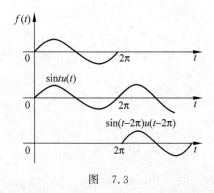

图 7.3

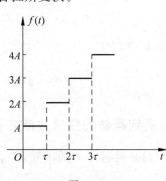

图 7.4

解：利用单位阶跃函数，可将这个阶梯函数表示为

$$f(t) = Au(t) + Au(t-\tau) + Au(t-2\tau) + \cdots$$
$$= A[u(t) + u(t-\tau) + u(t-2\tau) + \cdots]$$
$$= \sum_{k=0}^{\infty} Au(t-k\tau)$$

两边取拉普拉斯变换，再由线性性质和延迟性质得

$$\mathscr{L}[f(t)] = A\left(\frac{1}{s} + \frac{1}{s}e^{-s\tau} + \frac{1}{s}e^{-2s\tau} + \frac{1}{s}e^{-3s\tau} + \cdots\right)$$

当 $\mathrm{Re}(s) > 0$ 时，$|e^{-s\tau}| < 1$，所以，上式右端圆括号中为一公比的模小于 1 的几何级数，因此

$$\mathscr{L}[f(t)] = \frac{A}{s} \cdot \frac{1}{1 - e^{-s\tau}} \quad [\mathrm{Re}(s) > 0]$$

一般地，若 $\mathscr{L}[f(t)] = F(s)$，则对于任何 $\tau > 0$，有

$$\mathscr{L}\left[\sum_{k=0}^{\infty} f(t-k\tau)\right] = \sum_{k=0}^{\infty} \mathscr{L}[f(t-k\tau)] = F(s) \cdot \frac{1}{1 - e^{-s\tau}} \quad [\mathrm{Re}(s) > c]$$

注意：求分段函数的拉普拉斯变换，一是直接利用定义，二是如例 7.19、例 7.20 所采用的方法，先把分段函数变为非分段函数，然后再利用拉普拉斯变换的有关性质求解。把分段函数变成非分段函数的方法如下。

若

$$f(t) = \begin{cases} g_1(t) & (\tau_0 \leqslant t < \tau_1) \\ g_2(t) & (\tau_1 \leqslant t < \tau_2) \\ \vdots \\ g_n(t) & (\tau_{n-1} \leqslant t < \tau_n) \end{cases}$$

则

$$f(t) = \sum_{k=1}^{\infty} g_k(t)[u(t-\tau_{k-1}) - u(t-\tau_k)]$$

其中，$u(t-\tau_{k-1}) - u(t-\tau_k)$ 被形象地称为"门函数"。

例 7.21 求 $\mathscr{L}^{-1}\left[\dfrac{s e^{-2s}}{s^2 + 16}\right]$。

解：因为

$$\mathscr{L}^{-1}\left[\frac{s}{s^2 + 16}\right] = \cos 4t$$

所以，由延迟性质得

$$\mathscr{L}^{-1}\left[\frac{s e^{-2s}}{s^2 + 16}\right] = \cos 4(t-2) u(t-2) = \begin{cases} 0 & (t < 2) \\ \cos 4(t-2) & (t > 2) \end{cases}$$

七、周期函数的拉普拉斯变换

若 $f(t)$ 是周期为 T 的函数，即 $f(t+T) = f(t)(t > 0)$，则

$$\mathscr{L}[f(t)] = \frac{1}{1 - e^{-sT}} \int_0^T f(t) e^{-st} \, dt \quad [\mathrm{Re}(s) > 0] \tag{7.12}$$

证：
$$\mathscr{L}[f(t)] = \int_0^{+\infty} f(t)\mathrm{e}^{-st}\mathrm{d}t = \int_0^T f(t)\mathrm{e}^{-st}\mathrm{d}t + \int_T^{+\infty} f(t)\mathrm{e}^{-st}\mathrm{d}t$$

在上式第二个积分中作变量代换 $t_1 = t - T$，则
$$f(t) = f(t_1 + T) = f(t_1)$$

从而
$$\mathscr{L}[f(t)] = \int_0^T f(t)\mathrm{e}^{-st}\mathrm{d}t + \int_0^{+\infty} f(t_1)\mathrm{e}^{-s(t_1+T)}\mathrm{d}t_1 = \int_0^T f(t)\mathrm{e}^{-st}\mathrm{d}t + \mathrm{e}^{-sT}\int_0^{+\infty} f(t_1)\mathrm{e}^{-st_1}\mathrm{d}t_1$$
$$= \int_0^T f(t)\mathrm{e}^{-st}\mathrm{d}t + \mathrm{e}^{-sT}\mathscr{L}[f(t)]$$

整理得
$$\mathscr{L}[f(t)] = \frac{1}{1-\mathrm{e}^{-sT}}\int_0^T f(t)\mathrm{e}^{-st}\mathrm{d}t$$

例 7.22 求如图 7.5 所示的以 T 为周期的矩形波 $f(t)$ 的拉普拉斯变换。

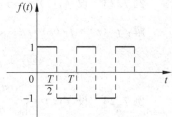

图 7.5

解：
$$\mathscr{L}[f(t)] = \frac{1}{1-\mathrm{e}^{-sT}}\int_0^T f(t)\mathrm{e}^{-st}\mathrm{d}t$$
$$= \frac{1}{1-\mathrm{e}^{-sT}}\left[\int_0^{\frac{T}{2}} \mathrm{e}^{-st}\mathrm{d}t + \int_{\frac{T}{2}}^T (-1)\mathrm{e}^{-st}\mathrm{d}t\right]$$
$$= \frac{1}{1-\mathrm{e}^{-sT}}\left[-\frac{1}{s}\mathrm{e}^{-st}\Big|_0^{\frac{T}{2}} + \frac{1}{s}\mathrm{e}^{-st}\Big|_{\frac{T}{2}}^T\right]$$
$$= \frac{1}{1-\mathrm{e}^{-sT}}\left[-\frac{1}{s}\mathrm{e}^{-\frac{s}{2}T} + \frac{1}{s} + \frac{1}{s}\mathrm{e}^{-sT} - \frac{1}{s}\mathrm{e}^{-\frac{s}{2}T}\right]$$
$$= \frac{1}{s(1-\mathrm{e}^{-sT})}\left(1-\mathrm{e}^{-\frac{sT}{2}}\right)^2 = \frac{1}{s}\cdot\frac{1-\mathrm{e}^{-\frac{sT}{2}}}{1+\mathrm{e}^{-\frac{sT}{2}}} = \frac{1}{s}\tanh\frac{sT}{4}$$

第三节 拉普拉斯变换的卷积

拉普拉斯变换的卷积及性质可以用来求出某些函数的拉普拉斯逆变换，也可以求出一些函数的积分值，并且在线性系统研究中起着重要作用。

一、卷积的概念及性质

设 $f_1(t)$ 和 $f_2(t)$ 都满足当 $t<0$ 时，$f_1(t) = f_2(t) = 0$，则含参变量 t 的积分
$$\int_0^t f_1(\tau)f_2(t-\tau)\mathrm{d}\tau$$

是 t 的函数，称它为 $f_1(t)$ 和 $f_2(t)$ 的卷积函数（简称为卷积），记作 $f_1(t) * f_2(t)$，即
$$f_1(t) * f_2(t) = \int_0^t f_1(\tau)f_2(t-\tau)\mathrm{d}\tau \tag{7.13}$$

实际上，这个定义与第一章傅里叶变换中的卷积定义是一致的。在傅里叶变换中，函

数 $f_1(t)$ 和 $f_2(t)$ 的卷积是指

$$f_1(t) * f_2(t) = \int_{-\infty}^{+\infty} f_1(\tau) f_2(t-\tau) d\tau$$

如果 $f_1(t)$ 和 $f_2(t)$ 都满足条件：当 $t<0$ 时，$f_1(t)=f_2(t)=0$，则上式可写成

$$f_1(t) * f_2(t) = \int_{-\infty}^{0} f_1(\tau) f_2(t-\tau) d\tau + \int_{0}^{t} f_1(\tau) f_2(t-\tau) d\tau + \int_{t}^{+\infty} f_1(\tau) f_2(t-\tau) d\tau$$

$$= \int_{0}^{t} f_1(\tau) f_2(t-\tau) d\tau$$

今后在无特别声明的情况下，都假定这些进行卷积运算的函数在 $t<0$ 时恒为零，它们的卷积都按式(7.13)进行计算。

例 7.23 设 $f_1(t)=t$，$f_2(t)=\sin t$，求 $f_1(t) * f_2(t)$。

解：$f_1(t) * f_2(t) = t * \sin t = \int_0^t \tau \sin(t-\tau) d\tau = \tau \cos(t-\tau) \Big|_0^t - \int_0^t \cos(t-\tau) d\tau$

$$= t + \sin(t-\tau)\Big|_0^t = t - \sin t$$

例 7.24 设 $f(t) = \begin{cases} \cos t & (t \geqslant 0) \\ 0 & (t<0) \end{cases}$，求 $f(t) * f(t)$。

解：根据定义得

$$f(t) * f(t) = \int_0^t \cos\tau \cos(t-\tau) d\tau = \frac{1}{2}\int_0^t [\cos t + \cos(2\tau - t)] d\tau = \frac{1}{2}(t\cos t + \sin t)$$

根据拉普拉斯变换的卷积的定义，不难验证卷积的以下性质。

(1) 交换律 $f_1(t) * f_2(t) = f_2(t) * f_1(t)$

(2) 结合律 $f_1(t) * [f_2(t) * f_3(t)] = [f_1(t) * f_2(t)] * f_3(t)$

(3) 分配律 $f_1(t) * [f_2(t) + f_3(t)] = f_1(t) * f_2(t) + f_1(t) * f_3(t)$

二、卷积定理

定理 7.2 若 $f_1(t)$ 和 $f_2(t)$ 均满足拉普拉斯变换存在定理中的条件，且 $\mathscr{L}[f_1(t)] = F_1(s)$，$\mathscr{L}[f_2(t)] = F_2(s)$，则 $f_1(t) * f_2(t)$ 的拉普拉斯变换一定存在，且

$$\left.\begin{aligned}\mathscr{L}[f_1(t) * f_2(t)] &= F_1(s) \cdot F_2(s) \\ \mathscr{L}^{-1}[F_1(s) \cdot F_2(s)] &= f_1(t) * f_2(t)\end{aligned}\right\} \tag{7.14}$$

证：容易验证 $f_1(t) * f_2(t)$ 满足拉普拉斯变换存在定理中的条件，它的拉普拉斯变换式为

$$\mathscr{L}[f_1(t) * f_2(t)] = \int_0^{+\infty} [f_1(t) * f_2(t)] e^{-st} dt$$

$$= \int_0^{+\infty} \left[\int_0^t f_1(\tau) f_2(t-\tau) d\tau\right] e^{-st} dt$$

上式积分区域如图 7.6 所示。由于二重积分绝对可积，所以可以交换积分次序，即

$$\mathscr{L}[f_1(t) * f_2(t)] = \int_0^{+\infty} f_1(\tau) \left[\int_\tau^{+\infty} f_2(t-\tau) e^{-st} dt\right] d\tau$$

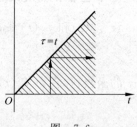

图 7.6

在内层积分中,令 $t-\tau=u$,则有
$$\int_{\tau}^{+\infty} f_2(t-\tau)\mathrm{e}^{-st}\mathrm{d}t = \int_0^{+\infty} f_2(u)\mathrm{e}^{-s(u+\tau)}\mathrm{d}u = \mathrm{e}^{-s\tau}F_2(s)$$
所以
$$\mathscr{L}[f_1(t)*f_2(t)] = \int_0^{+\infty} f_1(\tau)\mathrm{e}^{-s\tau}F_2(s)\mathrm{d}\tau$$
$$= F_2(s)\int_0^{+\infty} f_1(\tau)\mathrm{e}^{-s\tau}\mathrm{d}\tau = F_1(s)\cdot F_2(s)$$

这个性质表明:两个函数卷积的拉普拉斯变换等于这两个函数拉普拉斯变换的乘积。

上述卷积定理也可以推广到 n 个函数的情况,即若 $f_k(t)(k=1,2,\cdots,n)$ 满足拉普拉斯变换存在定理中的条件,且 $\mathscr{L}[f_k(t)]=F_k(s)(k=1,2,\cdots,n)$,则
$$\mathscr{L}[f_1(t)*f_2(t)*\cdots*f_n(t)] = F_1(s)\cdot F_2(s)\cdot\cdots\cdot F_n(s)$$

例 7.25 设 $\mathscr{L}[f(t)]=F(s)$,利用卷积定理证明
$$\mathscr{L}\left[\int_0^t f(\tau)\mathrm{d}\tau\right] = \frac{F(s)}{s}$$

证:设 $f_1(t)=f(t), f_2(t)=1$,则
$$\mathscr{L}[1]=\frac{1}{s} \quad \mathscr{L}[f(t)]=F(s)$$
故
$$\mathscr{L}[f_1(t)*f_2(t)] = \mathscr{L}\left[\int_0^t f(\tau)\mathrm{d}\tau\right] = \frac{F(s)}{s}$$

利用卷积定理可求某些逆变换。

例 7.26 设 $F(s) = \dfrac{1}{(s^2+4s+13)^2}$,求 $f(t)$。

解:由于
$$F(s) = \frac{1}{(s^2+4s+13)^2} = \frac{1}{9}\cdot\frac{3}{[(s+2)^2+3^2]}\cdot\frac{3}{[(s+2)^2+3^2]}$$
根据位移性质,
$$\mathscr{L}^{-1}\left[\frac{3}{(s+2)^2+3^2}\right] = \mathrm{e}^{-2t}\sin 3t$$
所以
$$f(t) = \frac{1}{9}(\mathrm{e}^{-2t}\sin 3t)*(\mathrm{e}^{-2t}\sin 3t) = \frac{1}{9}\int_0^t \mathrm{e}^{-2\tau}\sin 3\tau\, \mathrm{e}^{-2(t-\tau)}\sin 3(t-\tau)\mathrm{d}\tau$$
$$= \frac{1}{9}\mathrm{e}^{-2t}\int_0^t \sin 3\tau \sin 3(t-\tau)\mathrm{d}\tau = \frac{1}{54}\mathrm{e}^{-2t}(\sin 3t - 3t\cos 3t)$$

利用卷积定理还可以解积分方程。

例 7.27 求积分方程 $y(t) = at + \int_0^t y(\tau)\sin(t-\tau)\mathrm{d}\tau$ 的解。

解:设 $Y(s)=\mathscr{L}[y(t)]$,则
$$\int_0^t y(\tau)\sin(t-\tau)\mathrm{d}\tau = y(t)*\sin t$$

对方程两边取拉普拉斯变换,根据卷积定理及

$$\mathscr{L}[\sin t] = \frac{1}{s^2+1}$$

得

$$Y(s) = \frac{a}{s^2} + \frac{Y(s)}{s^2+1}$$

解出 $Y(s)$ 得

$$Y(s) = a\left(\frac{s^2+1}{s^4}\right) = a\left(\frac{1}{s^2}+\frac{1}{s^4}\right)$$

对 $Y(s)$ 取拉普拉斯逆变换,得

$$y(t) = a\left(t + \frac{1}{6}t^3\right)$$

第四节 拉普拉斯逆变换

前面主要讨论了已知函数 $f(t)$ 的拉普拉斯变换 $F(s)$ 的情况,但在运用拉普拉斯变换求解具体问题时,常常需要由象函数 $F(s)$ 求象原函数 $f(t)$。也就是要求 $F(s)$ 的拉普拉斯逆变换,本节重点解决这个问题。

一、拉普拉斯反演积分公式

由拉普拉斯变换的概念可知,函数 $f(t)$ 的拉普拉斯变换实际上是 $f(t)u(t)e^{-\beta t}$ 的傅里叶变换。因此,当函数 $f(t)u(t)e^{-\beta t}$ 满足傅里叶变换定理的条件且 $t>0$ 时,在 $f(t)$ 连续点处有

$$f(t)u(t)e^{-\beta t} = \frac{1}{2\pi}\int_{-\infty}^{+\infty}\left[\int_{-\infty}^{+\infty}f(\tau)u(\tau)e^{-\beta\tau}e^{-j\omega\tau}d\tau\right]e^{j\omega t}d\omega = \frac{1}{2\pi}\int_{-\infty}^{+\infty}e^{j\omega t}d\omega\left[\int_{0}^{+\infty}f(\tau)e^{-(\beta+j\omega)\tau}d\tau\right]$$

$$= \frac{1}{2\pi}\int_{-\infty}^{+\infty}F(\beta+j\omega)e^{j\omega t}d\omega$$

这里要求 β 在 $F(s)$ 的存在域内。

将上式两边同时乘以 $e^{\beta t}$,并令 $s=\beta+j\omega$,则对 $t>0$,有

$$f(t) = \frac{1}{2\pi j}\int_{\beta-j\infty}^{\beta+j\infty}F(s)e^{st}ds$$

该公式就是由象函数 $F(s)$ 求其象原函数 $f(t)$ 的一般公式,称为拉普拉斯反演积分公式,其中右端的积分称为拉普拉斯反演积分,其积分路径是复平面上的一条直线 $\text{Re}(s)=\beta$,该直线位于 $F(s)$ 的存在域内。拉普拉斯逆变换在形式上显得与拉普拉斯变换不那么对称,而且是一个复变函数的积分。计算复变函数的积分一般比较困难,但由于 $F(s)$ 是 s 的解析函数,因此可以利用解析函数求积分的一些方法求出象原函数 $f(t)$,下面就来讨论这个问题。

二、拉普拉斯逆变换的求解方法

1. 留数法求拉普拉斯逆变换

象函数 $F(s)$ 在直线 $\mathrm{Re}(s)=\beta$ 及其右半平面内是解析的,但在 $\mathrm{Re}(s)=\beta$ 的左半平面内,一般来说它是会有奇点的,设其奇点为 $s_1,s_2,\cdots,s_n$。这样,就可以利用复变函数的留数定理来计算反演积分了。

定理 7.3 若 $s_1,s_2,\cdots,s_n$ 是 $F(s)$ 所有奇点[适当选取 β 使这些奇点全在 $\mathrm{Re}(s)<\beta$ 的范围内],且当 $s\to\infty$ 时,$F(s)\to 0$,则有

$$f(t)=\frac{1}{2\pi\mathrm{j}}\int_{\beta-\mathrm{j}\infty}^{\beta+\mathrm{j}\infty}F(s)\mathrm{e}^{st}\mathrm{d}s=\sum_{k=1}^{n}\underset{s=s_k}{\mathrm{Res}}[F(s)\mathrm{e}^{st}] \quad (t>0) \tag{7.15}$$

即使 $F(s)$ 在 $\mathrm{Re}(s)<\beta$ 内有无穷多个奇点,上式在一定条件下也是成立的。

证:现取如图 7.7 所示的闭曲线 $C=L+C_R$,C_R 在 $\mathrm{Re}(s)=\beta$ 的左侧区域内是半径为 R 的圆弧,取 R 充分大,使 $F(s)$ 的所有奇点都包含在闭曲线 C 内部。而 e^{st} 在全平面上是解析的,所以 $F(s)\mathrm{e}^{st}$ 的奇点就是 $F(s)$ 的奇点。根据留数定理可得

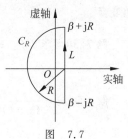

$$\oint_C F(s)\mathrm{e}^{st}\mathrm{d}s=2\pi\mathrm{j}\sum_{k=1}^{n}\underset{s=s_k}{\mathrm{Res}}[F(s)\mathrm{e}^{st}]$$

即

图 7.7

$$\frac{1}{2\pi\mathrm{j}}\left[\int_{\beta-\mathrm{j}R}^{\beta+\mathrm{j}R}F(s)\mathrm{e}^{st}\mathrm{d}s+\int_{C_R}F(s)\mathrm{e}^{st}\mathrm{d}s\right]=\sum_{k=1}^{n}\underset{s=s_k}{\mathrm{Res}}[F(s)\mathrm{e}^{st}]$$

上式取 $R\to+\infty$ 时的极限,并根据复变函数中的约当引理[1],当 $t>0$ 时,可证

$$\lim_{R\to+\infty}\int_{C_R}F(s)\mathrm{e}^{st}\mathrm{d}s=0$$

于是

$$f(t)=\frac{1}{2\pi\mathrm{j}}\int_{\beta-\mathrm{j}\infty}^{\beta+\mathrm{j}\infty}F(s)\mathrm{e}^{st}\mathrm{d}s=\sum_{k=1}^{n}\underset{s=s_k}{\mathrm{Res}}[F(s)\mathrm{e}^{st}] \quad (t>0)$$

定理得证。

例 7.28 求 $F(s)=\dfrac{s}{s^2+1}$ 的拉普拉斯逆变换。

解:这里 $B(s)=s^2+1$,$s=\pm\mathrm{j}$ 是它的两个一级零点(单零点),故由式(7.15)得

$$f(t)=\mathscr{L}^{-1}\left[\frac{s}{s^2+1}\right]=\frac{s}{2s}\mathrm{e}^{st}\bigg|_{s=\mathrm{j}}+\frac{s}{2s}\mathrm{e}^{st}\bigg|_{s=-\mathrm{j}}=\frac{1}{2}(\mathrm{e}^{\mathrm{j}t}+\mathrm{e}^{-\mathrm{j}t})=\cos t \quad (t>0)$$

---

[1] 约当(Jordan)引理有几种形式,这里指出的是其中一种,称为推广的约当引理。设复变数 s 的一个函数 $F(s)$ 满足下列条件:
(1) 它在左半平面[$\mathrm{Re}(s)<\beta$]除有限个奇点外是解析的。
(2) 对于 $\mathrm{Re}(s)<\beta$ 的 s,当 $|s|=R\to+\infty$ 时,$F(s)$ 一致地趋于零,则当 $t>0$ 时,有
$$\lim_{R\to+\infty}\int_{C_R}F(s)\mathrm{e}^{st}\mathrm{d}s=0$$
其中,C_R:$|s|=R$,$\mathrm{Re}(s)<\beta$,它是一个以点 $\beta+\mathrm{j}0$ 为圆心,R 为半径的圆弧。

这和 $\mathscr{L}[\cos kt]=\dfrac{s}{s^2+k^2}$ 是一致的。

例 7.29　求 $F(s)=\dfrac{1}{s(s-1)^2}$ 的拉普拉斯逆变换。

解：$B(s)=s(s-1)^2$，$s=0$ 为一级极点，$s=1$ 为二级极点，由式(7.15)得

$$f(t)=\dfrac{1}{3s^2-4s+1}e^{st}\Big|_{s=0}+\lim_{s\to 1}\dfrac{d}{ds}\left[(s-1)^2\dfrac{1}{s(s-1)^2}e^{st}\right]=1+\lim_{s\to 1}\dfrac{d}{ds}\left(\dfrac{1}{s}e^{st}\right)$$

$$=1+\lim_{s\to 1}\left(\dfrac{t}{s}e^{st}-\dfrac{1}{s^2}e^{st}\right)=1+(te^t-e^t)=1+e^t(t-1)\quad(t>0)$$

2. 部分分式法求拉普拉斯逆变换

当 $F(s)$ 为有理函数时，还可以采用部分分式结合常用拉普拉斯变换对的方法来求解逆变换。

例 7.30　求 $F(s)=\dfrac{1}{(s+1)(s-2)(s+3)}$ 的拉普拉斯逆变换。

解：$F(s)=\dfrac{1}{(s+1)(s-2)(s+3)}=\dfrac{-\dfrac{1}{6}}{s+1}+\dfrac{\dfrac{1}{15}}{s-2}+\dfrac{\dfrac{1}{10}}{s+3}$

于是

$$f(t)=\mathscr{L}^{-1}[F(s)]=-\dfrac{1}{6}e^{-t}+\dfrac{1}{15}e^{2t}+\dfrac{1}{10}e^{-3t}$$

在以上讨论中，假定 $F(s)=\dfrac{A(s)}{B(s)}$ 中 $A(s)$ 的次数低于 $B(s)$ 的次数。若不然，可用长除法将函数分解成多项式与有理真分式之和，其中有理真分式部分可按以上方法求解。

例 7.31　求 $F(s)=\dfrac{s^3+5s^2+9s+7}{(s+1)(s+2)}$ 的拉普拉斯逆变换。

解：由长除法，得

$$F(s)=s+2+\dfrac{s+3}{(s+1)(s+2)}$$

分解成部分分式

$$F(s)=s+2+\dfrac{2}{s+1}-\dfrac{1}{s+2}$$

根据式(6.17)和式(7.1)，有

$$\mathscr{L}[\delta'(t)]=s$$

于是

$$f(t)=\delta'(t)+2\delta(t)+2e^{-t}-e^{-2t}\quad(t\geqslant 0)$$

对于有理分式求象原函数，究竟采用哪一种方法较为简便，这要根据具体问题而定。一般来说，当有理分式的分母 $B(s)$ 的次数较高或 $B(s)$ 较复杂时，用部分分式法求象原函数是比较麻烦的，其原因是在用待定系数法时要解线性方程组。

3. 卷积定理求解拉普拉斯逆变换

例 7.32 若 $F(s)=\dfrac{s^2}{(s^2+1)^2}$，求 $f(t)$。

解：因为
$$F(s)=\frac{s^2}{(s^2+1)^2}=\frac{s}{s^2+1}\cdot\frac{s}{s^2+1}$$

所以
$$f(t)=\mathscr{L}^{-1}\left[\frac{s}{s^2+1}\cdot\frac{s}{s^2+1}\right]=\cos t*\cos t=\int_0^t\cos\tau\cos(t-\tau)\mathrm{d}\tau=\frac{1}{2}(t\cos t+\sin t)$$

例 7.33 若 $F(s)=\dfrac{\mathrm{e}^{-\pi s}}{s(s+a)}$，求 $f(t)$。

解：令 $F_1(s)=\dfrac{1}{s(s+a)}=\dfrac{1}{s}\cdot\dfrac{1}{s+a}$，则
$$f_1(t)=\mathscr{L}^{-1}\left[\frac{1}{s}\cdot\frac{1}{s+a}\right]=u(t)*\mathrm{e}^{-at}=\frac{1}{a}(1-\mathrm{e}^{-at})$$

又
$$F(s)=\mathrm{e}^{-\pi s}F_1(s)$$

根据延迟性质可得
$$f(t)=f_1(t-\pi)u(t-\pi)=\frac{1}{a}[1-\mathrm{e}^{-(t-\pi)a}]u(t-\pi)$$

4. 利用拉普拉斯变换性质求解逆变换

例 7.34 若 $F(s)=\ln\dfrac{s+1}{s-1}$，利用微分性质求 $f(t)$。

解：易知 $F'(s)=\dfrac{-2}{s^2-1}$，根据微分性质
$$\mathscr{L}^{-1}[F'(s)]=-tf(t)$$

可得
$$f(t)=-\frac{1}{t}\mathscr{L}^{-1}\left[\frac{-2}{s^2-1}\right]=\frac{2}{t}\mathscr{L}^{-1}\left[\frac{1}{s^2-1}\right]=\frac{2}{t}\mathrm{sh}t$$

例 7.35 若 $F(s)=\dfrac{s}{(s^2-1)^2}$，利用积分性质求 $f(t)$。

解：考虑象函数的积分性质
$$\mathscr{L}\left[\frac{f(t)}{t}\right]=\int_s^{+\infty}F(s)\mathrm{d}s$$

即
$$f(t)=t\mathscr{L}^{-1}\left[\int_s^{+\infty}F(s)\mathrm{d}s\right]$$

又
$$\int_s^{+\infty}F(s)\mathrm{d}s=\int_s^{+\infty}\frac{s}{(s^2-1)^2}\mathrm{d}s=-\frac{1}{2(s^2-1)}\bigg|_s^{+\infty}=\frac{1}{2(s^2-1)}$$

于是
$$f(t) = t\mathscr{L}^{-1}\left[\frac{1}{2(s^2-1)}\right] = \frac{t}{2}\text{sh}t$$

5. 查表法求解拉普拉斯逆变换

例 7.36 求 $F(s) = \dfrac{1}{s(s^2+1)^2}$ 的拉普拉斯逆变换。

解：$F(s)$ 为有理分式，可以利用部分分式的方法求解，但较为麻烦，直接利用查表的方法就可求得结果。根据附录Ⅱ中公式 31，在 $a=1$ 时，有
$$f(t) = (1-\cos t) - \frac{1}{2}t\sin t$$

例 7.37 求 $F(s) = \dfrac{s^2+2s}{(s+1)^3}$ 的拉普拉斯逆变换。

解：附录Ⅱ中没有现成公式可用，此时应考虑对象函数 $F(s)$ 做适当变换
$$F(s) = \frac{s^2+2s}{(s+1)^3} = \frac{s}{(s+1)^2} + \frac{s}{s+1}$$

根据附录Ⅱ中公式 32、公式 33，取 $a=1$，可得结果
$$f(t) = (1-t)\mathrm{e}^{-t} + t\left(1-\frac{t}{2}\right)\mathrm{e}^{-t} = \mathrm{e}^{-t}\left(1-\frac{t^2}{2}\right)$$

例 7.38 多种方法求 $F(s) = \dfrac{\beta}{s^2(s^2+\beta^2)}$ 的拉普拉斯逆变换。

解法 1（留数法）：

易知 $s=0$ 为二级极点，$s=\pm\beta\mathrm{j}$ 为一级极点，
$$\mathop{\mathrm{Res}}_{s=0}\left[\frac{\beta}{s^2(s^2+\beta^2)}\mathrm{e}^{st}\right] = \lim_{s\to 0}\frac{\mathrm{d}}{\mathrm{d}s}\left[s^2\frac{\beta}{s^2(s^2+\beta^2)}\mathrm{e}^{st}\right] = \frac{t}{\beta}$$

$$\mathop{\mathrm{Res}}_{s=\beta\mathrm{j}}\left[\frac{\beta}{s^2(s^2+\beta^2)}\mathrm{e}^{st}\right] = \frac{\beta}{4s^3+2\beta^2 s}\mathrm{e}^{st}\bigg|_{s=\beta\mathrm{j}} = -\frac{\mathrm{e}^{\mathrm{j}\beta t}}{2\mathrm{j}\beta^2}$$

$$\mathop{\mathrm{Res}}_{s=-\beta\mathrm{j}}\left[\frac{\beta}{s^2(s^2+\beta^2)}\mathrm{e}^{st}\right] = \frac{\beta}{4s^3+2\beta^2 s}\mathrm{e}^{st}\bigg|_{s=-\beta\mathrm{j}} = \frac{\mathrm{e}^{-\mathrm{j}\beta t}}{2\mathrm{j}\beta^2}$$

所以
$$f(t) = \frac{t}{\beta} - \frac{1}{\beta^2}\left(\frac{\mathrm{e}^{\mathrm{j}\beta t}-\mathrm{e}^{-\mathrm{j}\beta t}}{2\mathrm{j}}\right) = \frac{t}{\beta} - \frac{1}{\beta^2}\sin\beta t$$

解法 2（部分分式法）：

由于
$$F(s) = \frac{\beta}{s^2(s^2+\beta^2)} = \frac{1}{\beta}\left(\frac{1}{s^2} - \frac{1}{s^2+\beta^2}\right)$$

所以
$$f(t) = \frac{t}{\beta} - \frac{1}{\beta^2}\sin\beta t$$

解法 3（性质法）：

由于
$$F(s)=\frac{\beta}{s^2(s^2+\beta^2)}=\frac{1}{s}\cdot\frac{\beta}{s(s^2+\beta^2)}$$

令
$$F_1(s)=\frac{\beta}{s(s^2+\beta^2)}$$

则
$$F(s)=\frac{F_1(s)}{s}$$

而
$$f_1(t)=\mathscr{L}^{-1}[F_1(s)]=\mathscr{L}^{-1}\left[\frac{1}{\beta}\left(\frac{1}{s}-\frac{s}{s^2+\beta^2}\right)\right]=\frac{1}{\beta}(1-\cos\beta t)$$

由象函数的积分性质
$$f(t)=\mathscr{L}^{-1}[F(s)]=\mathscr{L}^{-1}\left[\frac{F_1(s)}{s}\right]=\int_0^t f_1(t)\mathrm{d}t$$

于是
$$f(t)=\int_0^t\frac{1}{\beta}(1-\cos\beta t)\mathrm{d}t=\frac{1}{\beta}\left(t-\frac{1}{\beta}\sin\beta t\right)=\frac{t}{\beta}-\frac{1}{\beta^2}\sin\beta t$$

解法 4（卷积定理法）：

$$F(s)=\frac{\beta}{s^2(s^2+\beta^2)}=\frac{1}{s^2}\cdot\frac{\beta}{s^2+\beta^2}$$

因为
$$\mathscr{L}[t]=\frac{1}{s^2}\quad \mathscr{L}[\sin\beta t]=\frac{\beta}{s^2+\beta^2}$$

根据卷积定理，可得
$$f(t)=\mathscr{L}^{-1}[F(s)]=\mathscr{L}^{-1}\left[\frac{1}{s^2}\cdot\frac{\beta}{s^2+\beta^2}\right]=t*\sin\beta t$$

于是
$$f(t)=t*\sin\beta t=\sin\beta t*t=\int_0^t\sin\beta\tau\cdot(t-\tau)\mathrm{d}\tau=\frac{t}{\beta}-\frac{1}{\beta^2}\sin\beta t$$

解法 5（查表法）：

根据附录 II 中公式 26
$$\mathscr{L}^{-1}\left[\frac{1}{s^2(s^2+a^2)}\right]=\frac{1}{a^3}(at-\sin at)$$

取 $a=\beta$，可得
$$f(t)=\mathscr{L}^{-1}\left[\frac{\beta}{s^2(s^2+\beta^2)}\right]=\beta\frac{1}{\beta^3}(\beta t-\sin\beta t)=\frac{1}{\beta}\left(t-\frac{1}{\beta}\sin\beta t\right)=\frac{t}{\beta}-\frac{1}{\beta^2}\sin\beta t$$

第五节 拉普拉斯变换的应用

拉普拉斯变换在许多工程技术和科学研究领域中有着广泛的应用,特别是在力学系统、自动控制系统、可靠性系统、数字信号系统以及随机服务系统等学科中,都起着重要的作用。这些系统对应的模型大多数是常微分方程、偏微分方程、积分方程或微分积分方程。这些方程可以看作在各种物理系统中对其过程数学建模后所得,也可以看作纯粹的数学问题。

下面利用拉普拉斯变换去求解这些方程。

线性微分方程的拉普拉斯变换解法与傅里叶变换解法相似,大致包括以下三个基本步骤。

(1) 对关于 $y(t)$ 的微分方程(连同其初始条件在一起)取拉普拉斯变换,得到一个关于象函数 $Y(s)$ 的代数方程,常称为象方程。

(2) 解象方程,得象函数 $Y(s)$。

(3) 对 $Y(s)$ 取拉普拉斯逆变换,得微分方程的解。

1. 常系数线性微分方程的初值问题

例 7.39 求 $y''(t)+4y(t)=0$ 满足初始条件 $y(0)=-2, y'(0)=4$ 的解。

解:设 $\mathscr{L}[y(t)]=Y(s)$,方程两边取拉普拉斯变换,得
$$s^2Y(s)-sy(0)-y'(0)+4Y(s)=0$$
考虑到初始条件,可得象方程
$$s^2Y(s)+2s-4+4Y(s)=0$$
解象方程,得
$$Y(s)=\frac{-2s+4}{s^2+4}=\frac{-2s}{s^2+4}+\frac{4}{s^2+4}$$
取拉普拉斯逆变换,得
$$y(t)=\mathscr{L}^{-1}[Y(s)]=-2\mathscr{L}^{-1}\left[\frac{s}{s^2+4}\right]+2\mathscr{L}^{-1}\left[\frac{2}{s^2+4}\right]=-2\cos 2t+2\sin 2t$$

例 7.40 求 $y'+y=u(t-b), b>0$ 满足初始条件 $y|_{t=0}=y_0$ 的特解。

解:象方程为
$$sY(s)-y_0+Y(s)=\frac{1}{s}e^{-bs}$$
于是
$$Y(s)=\frac{e^{-bs}}{s(s+1)}+\frac{y_0}{s+1}$$
取逆变换,得
$$y(t)=[1-e^{-(t-b)}]u(t-b)+y_0 e^{-t}=\begin{cases} y_0 e^{-t} & (0<t\leqslant b) \\ 1+(y_0-e^b)e^{-t} & (t>b) \end{cases}$$

例 7.41 $y''' + 3y'' + 3y' + y = 1$ 满足初始条件 $y|_{t=0} = y'|_{t=0} = y''|_{t=0} = 0$ 的特解。

解：象方程为

$$s^3 Y(s) + 3s^2 Y(s) + 3s Y(s) + Y(s) = \frac{1}{s}$$

于是

$$Y(s) = \frac{1}{s(s+1)^3} = \frac{1}{s} - \frac{1}{s+1} - \frac{1}{(s+1)^2} - \frac{1}{(s+1)^3}$$

取逆变换

$$y(t) = 1 - e^{-t} - t e^{-t} - \frac{1}{2} t^2 e^{-t}$$

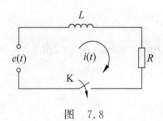

图 7.8

例 7.42 如图 7.8 所示的电路中，当 $t=0$ 时，开关 K 闭合，接入信号源 $e(t) = E_0 \sin\omega t$，电感起始电流等于零，求回路电流 $i(t)$。

解：根据基尔霍夫(Kirchhoff)定律，电路中的电流满足

$$L \frac{di(t)}{dt} + Ri(t) = E_0 \sin\omega t$$

且满足初始条件 $i(0) = 0$。

设 $\mathscr{L}[i(t)] = I(s)$，两边取拉普拉斯变换，得象方程

$$Ls I(s) + R I(s) = E_0 \frac{\omega}{s^2 + \omega^2}$$

于是

$$I(s) = \frac{\omega E_0}{(Ls+R)(s^2+\omega^2)} = \frac{E_0}{L} \cdot \frac{1}{s + \frac{R}{L}} \cdot \frac{\omega}{s^2 + \omega^2}$$

两边取拉普拉斯逆变换，并根据卷积定理，得

$$i(t) = \frac{E_0}{L} \left(e^{-\frac{R}{L}t} * \sin\omega t \right) = \frac{E_0}{L} \int_0^t \sin\omega\tau \cdot e^{-\frac{R}{L}(t-\tau)} d\tau$$

$$= \frac{E_0}{R^2 + L^2\omega^2} (R\sin\omega t - \omega L \cos\omega t) + \frac{E_0 \omega L}{R^2 + L^2\omega^2} e^{-\frac{R}{L}t}$$

该结果的第一项表示一个幅度不变的稳定振荡，第二项表示振幅随时间而衰减。

例 7.43 如图 7.9 所示，质量为 m 的物体挂在弹簧系数为 k 的弹簧一端，作用在物体上的有外力 $f(t)$ 及与瞬时速度成正比的阻力。若物体自静止平衡位置 $x=0$ 开始运动，求该物体的运动规律 $x(t)$。

解：设阻力为 $-bx'$，恢复力为 $-kx$，根据牛顿(Newton)定律得物体运动的微分方程为

$$m x'' + b x' + k x = f(t)$$

其中，初始条件为 $x(0) = x'(0) = 0$。设 $\mathscr{L}[x(t)] = X(s)$，$\mathscr{L}[f(t)] = F(s)$，对方程两边取拉普拉斯变换，得象方程

$$(m s^2 + bs + k) X(s) = F(s)$$

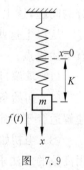

图 7.9

解得

$$X(s) = \frac{F(s)}{ms^2 + bs + k} = \frac{F(s)}{m\left[\left(s + \dfrac{b}{2m}\right)^2 + R\right]} \tag{1}$$

其中,$R = \dfrac{k}{m} - \dfrac{b^2}{4m^2}$。

(1) 当 $R > 0$(即小阻尼)时,令 $R = \omega^2$,则有

$$\mathscr{L}^{-1}\left[\frac{1}{\left(s + \dfrac{b}{2m}\right)^2 + \omega^2}\right] = e^{-\frac{b}{2m}t} \cdot \frac{\sin\omega t}{\omega}$$

由卷积定理,得

$$x(t) = \mathscr{L}^{-1}[X(s)] = \frac{1}{m}\left(e^{-\frac{b}{2m}t} \cdot \frac{\sin\omega t}{\omega}\right) * f(t) = \frac{1}{m\omega}\int_0^t f(\tau) e^{\frac{-b(t-\tau)}{2m}} \sin\omega(t-\tau) d\tau$$

(2) 当 $R = 0$(即临界阻尼)时,则有

$$\mathscr{L}^{-1}\left[\frac{1}{\left(s + \dfrac{b}{2m}\right)^2}\right] = t e^{-\frac{b}{2m}t}$$

由卷积定理,得

$$x(t) = \mathscr{L}^{-1}[X(s)] = \frac{1}{m}\left(t e^{-\frac{b}{2m}t}\right) * f(t) = \frac{1}{m}\int_0^t f(\tau)(t-\tau) e^{\frac{-b(t-\tau)}{2m}} d\tau$$

(3) 当 $R < 0$ 时(即大阻尼)时,令 $R = -a^2$,则有

$$\mathscr{L}^{-1}\left[\frac{1}{\left(s + \dfrac{b}{2m}\right)^2 - a^2}\right] = e^{-\frac{b}{2m}t} \cdot \frac{\sinh at}{a}$$

由卷积定理,得

$$x(t) = \mathscr{L}^{-1}[X(s)] = \frac{1}{m}\left(e^{-\frac{b}{2m}t} \cdot \frac{\sinh at}{a}\right) * f(t) = \frac{1}{ma}\int_0^t f(\tau) e^{\frac{-b(t-\tau)}{2m}} \sinh a(t-\tau) d\tau$$

由此可见,对任意的外力 $f(t)$ 来说,求该物体的运动规律问题变成了仅仅计算一个积分的问题,这主要是卷积定理起了作用。如 $f(t)$ 具体给出时,则可直接从式(1)解出 $x(t)$。

从以上这些例子可以看出,运用拉普拉斯变换解常系数线性微分方程的初值问题,具有下述优点。

(1) 求解过程规范化,便于在工程技术中应用。

(2) 初始条件也同时用上,因此省去了经典法(指高等数学中常微分方程的解法)中为使解适合于给定的初始条件而进行的运算。

(3) 当初始条件全部为零时(工程上常见),用拉普拉斯变换求解就显得特别简便,而用高数的方法求解却不会因此带来任何简化。

(4) 当方程中非齐次项(工程中称输入函数)因具有跳跃间断点而不可微(这在工程中也常见)时,用高数的方法求解是很困难的,而用拉普拉斯变换来求解就不会因此带来任何困难。

(5) 由于已编有现成的拉普拉斯变换表,因此在实际计算中对有些函数就可直接查表得出象函数,这就更显出用拉普拉斯变换的优点。

拉普拉斯变换也可以求解某些变系数微分方程的初值问题。

例 7.44 求微分方程 $ty''+(1-2t)y'-2y=0$ 满足初始条件 $y|_{t=0}=1, y'|_{t=0}=2$ 的解。

解:设 $\mathscr{L}[y(t)]=Y(s)$,方程两边取拉普拉斯变换,得

$$\mathscr{L}[ty'']+\mathscr{L}[(1-2t)y']-\mathscr{L}[2y]=0$$

即

$$-\frac{\mathrm{d}}{\mathrm{d}s}[s^2Y(s)-sy(0)-y'(0)]+sY(s)-y(0)+2\frac{\mathrm{d}}{\mathrm{d}s}[sY(s)-y(0)]-2Y(s)=0$$

代入初始条件,化简得

$$(2-s)Y'(s)-Y(s)=0$$

这是可分离变量的一阶微分方程,分离变量得

$$\frac{\mathrm{d}Y}{Y}=-\frac{\mathrm{d}s}{s-2}$$

积分得

$$\ln Y(s)=-\ln(s-2)+\ln C$$

于是

$$Y(s)=\frac{C}{s-2}$$

取逆变换,得

$$y(t)=C\mathrm{e}^{2t}$$

由 $y(0)=1$,得 $C=1$,故方程满足初始条件的解为

$$y(t)=\mathrm{e}^{2t}$$

2. 常系数线性微分方程的边值问题

用拉普拉斯变换解线性微分方程的边值问题时,可先设想初值已给,而将边值问题当作初值问题来解。显然,所得微分方程的解内含有未知的初值,但它可由已给的边值通过解线性代数方程或方程组求得,从而完全确定微分方程的解。

例 7.45 求 $y''(t)-2y'(t)+y(t)=0$,满足 $y(0)=0, y(1)=2$ 的特解。

解:象方程为

$$s^2Y(s)-sy(0)-y'(0)-2sY(s)+2y(0)+Y(s)=0$$

解得

$$Y(s)=\frac{y'(0)}{(s-1)^2}$$

取逆变换,可得

$$y(t)=y'(0)t\mathrm{e}^t$$

用 $t=1$ 代入,得

$$y'(0)=2\mathrm{e}^{-1}$$

从而

$$y(t)=2t\mathrm{e}^{t-1}$$

3. 解常系数线性微分方程组

拉普拉斯变换除可以求解常微分方程外，对于常微分方程组也同样适用。

例 7.46 求
$$\begin{cases} x'(t)+y(t)+z'(t)=1 \\ x(t)+y'(t)+z(t)=0 \\ y(t)+4z'(t)=0 \end{cases}$$

满足 $x(0)=y(0)=z(0)=0$ 的解。

解：设 $\mathscr{L}[x(t)]=X(s)$, $\mathscr{L}[y(t)]=Y(s)$, $\mathscr{L}[z(t)]=Z(s)$，对方程组两边取拉普拉斯变换，代入初始条件可得

$$\begin{cases} sX(s)+Y(s)+sZ(s)=\dfrac{1}{s} \\ X(s)+sY(s)+Z(s)=0 \\ Y(s)+4sZ(s)=0 \end{cases}$$

解此三元一次方程组，得

$$X(s)=\frac{4s^2-1}{4s^2(s^2-1)} \quad Y(s)=-\frac{1}{s(s^2-1)} \quad Z(s)=\frac{1}{4s^2(s^2-1)}$$

分别取拉普拉斯逆变换，可得

$$x(t)=\frac{1}{4}\mathscr{L}^{-1}\left[\frac{4s^2-1}{s^2(s^2-1)}\right]=\frac{1}{4}\mathscr{L}^{-1}\left[\frac{3}{s^2-1}+\frac{1}{s^2}\right]=\frac{1}{4}(3\mathrm{sh}t+t)$$

$$y(t)=\mathscr{L}^{-1}\left[-\frac{1}{s(s^2-1)}\right]=\mathscr{L}^{-1}\left[\frac{1}{s}-\frac{s}{s^2-1}\right]=1-\mathrm{ch}t$$

$$z(t)=\frac{1}{4}\mathscr{L}^{-1}\left[\frac{1}{s^2(s^2-1)}\right]=\frac{1}{4}\mathscr{L}^{-1}\left[\frac{1}{s^2-1}-\frac{1}{s^2}\right]=\frac{1}{4}(\mathrm{sh}t-t)$$

4. 解积分方程、微积分方程（组）

例 7.47 解积分方程

$$f(t)=x(t)+\int_0^t f(t-\tau)y(\tau)\mathrm{d}\tau$$

其中，$x(t)$, $y(t)$ 为定义在 $[0,+\infty)$ 的已知实值函数。

解：设 $\mathscr{L}[x(t)]=X(s)$, $\mathscr{L}[y(t)]=Y(s)$, $\mathscr{L}[f(t)]=F(s)$，方程两边取拉普拉斯变换，根据卷积定理，则有

$$F(s)=X(s)+\mathscr{L}[f(t)*y(t)]=X(s)+F(s)\cdot Y(s)$$

解得

$$F(s)=\frac{X(s)}{1-Y(s)}$$

令 $s=\beta+\mathrm{j}\omega$，两边同取拉普拉斯逆变换，可得

$$f(t)=\frac{1}{2\pi\mathrm{j}}\int_{\beta-\mathrm{j}\omega}^{\beta+\mathrm{j}\omega}\frac{X(s)}{1-Y(s)}\mathrm{e}^{st}\mathrm{d}s \quad (t>0)$$

如果给定 $x(t)$, $y(t)$ 的具体表达式，则可求出 $f(t)$ 的具体表达式。

例 7.47 是一个卷积型的积分方程，物理中通常称为更新方程，这是因为许多重要物理

量的更新均满足这一方程。

例 7.48 求微积分方程

$$y' - 4y + 4\int_0^t y\,dt = \frac{1}{3}t^3$$

满足 $y(0)=0$ 的解。

解：设 $\mathscr{L}[y(t)]=Y(s)$，方程两边取拉普拉斯变换，并根据象原函数的积分性质，得象方程为

$$sY(s) - 4Y(s) + \frac{4Y(s)}{s} = \frac{2}{s^4}$$

解得

$$Y(s) = \frac{2}{s^3(s-2)^2}$$

根据海维赛德展开式，得

$$y(t) = \frac{1}{8}t^2 + \frac{1}{4}t + \frac{3}{16} - \frac{3}{16}e^{2t} + \frac{1}{8}te^{2t}$$

例 7.49 如图 7.10 所示，已知 $U=200\text{V}$，$U_c=100\text{V}$，$R_1=30\Omega$，$R_2=10\Omega$，$L=0.1\text{H}$，$C=1000\mu\text{F}$，求出在开关闭合之后电感中的电流 $i_1(t)$。

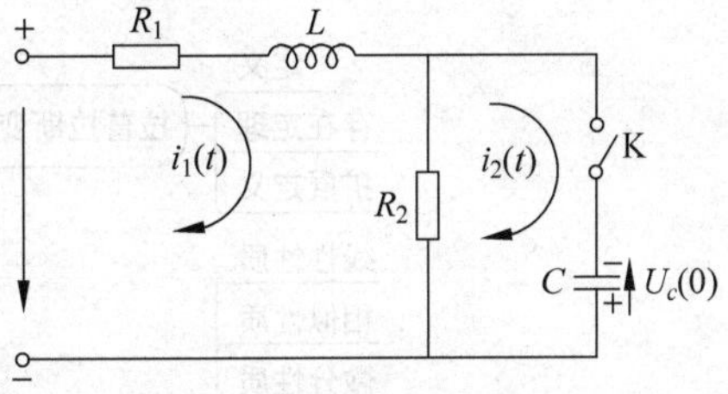

解：根据基尔霍夫定律，$i_1(t)$ 与 $i_2(t)$ 所满足的微分积分方程组为

$$\begin{cases}(R_1+R_2)i_1(t) + L\dfrac{di_1(t)}{dt} - R_2 i_2(t) = U \\ -R_2 i_1(t) + R_2 i_2(t) + \dfrac{1}{C}\int_0^t i_2(t)\,dt - U_c(0) = 0\end{cases}$$

图 7.10

设 $\mathscr{L}[i_1(t)]=I_1(s)$，$\mathscr{L}[i_2(t)]=I_2(s)$，得象方程组

$$\begin{cases}(R_1+R_2)I_1(s) + L[sI_1(s)-i_1(0)] - R_2 I_2(s) = \dfrac{U}{s} \\ -R_2 I_1(s) + R_2 I_2(s) + \dfrac{1}{Cs}I_2(s) - \dfrac{U_c(0)}{s} = 0\end{cases}$$

其中，$i_1(0) = \dfrac{U}{R_1+R_2} = \dfrac{200}{40} = 5(\text{A})$，代入条件，得

$$\begin{cases}(40+0.1s)I_1(s) - 10I_2(s) = \dfrac{200}{s} + 0.1\times 5 \\ -10I_1(s) + \left(10+\dfrac{1000}{s}\right)I_2(s) = \dfrac{100}{s}\end{cases}$$

消去 $I_2(s)$，得

$$I_1(s) = \frac{5}{s} + \frac{1500}{(s+200)^2}$$

取逆变换，得

$$i_1(t) = 5 + 1500t\,e^{-200t}\,(\text{A})$$

章 末 总 结

本章是在傅里叶变换的基础上,进一步推广积分变换,使得一些傅里叶积分不存在的函数也可以进行积分变换,这就是拉普拉斯变换。一方面,拉普拉斯变换仍然保留了傅里叶变换中的很多性质,特别是其中有些性质(如微分性质、卷积等)比傅里叶变换中相应的性质更方便实用。另一方面,拉普拉斯变换也具有较为明显的物理意义,其中的复频率 s 不仅能刻画函数的振荡频谱,而且还能描述振荡幅度的增长率。拉普拉斯变换在线性系统的分析与研究中有着重要的作用。本书主要用来求解某些微分、积分方程,某些偏微分方程(其未知函数为二元函数的情形)的定解问题和建立线性系统的传递函数。重点需要掌握求解微分、积分方程,对所给的方程两边进行拉普拉斯变换,然后根据拉普拉斯变换的微分性质或积分性质,得出有关象函数的代数方程,从而求出未知的象函数,最后通过求其拉普拉斯逆变换的方法得出所给方程的解。

读者可结合下面的思维导图进行复习巩固。

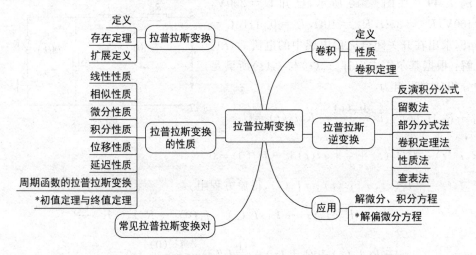

习 题 七

一、填空题

1. $\mathscr{L}[\delta(t)] = \underline{\qquad}$。
2. 若 $\mathscr{L}[f(t)] = F(s)$,a 为正实数,则 $\mathscr{L}[f(at)] = \underline{\qquad}$。
3. $\int_0^{+\infty} \dfrac{f(t)}{t} dt = \int_0^{+\infty} \underline{\qquad} ds$。
4. $\mathscr{L}[tf(t)] = \underline{\qquad}$。
5. 拉普拉斯反演积分为 $\underline{\qquad}$。

二、单项选择题

1. 设 $f(t)=e^{-t}u(t-1)$，则 $\mathscr{L}[f(t)]=(\quad)$。

   A. $\dfrac{e^{-(s-1)}}{s-1}$ B. $\dfrac{e^{-(s+1)}}{s+1}$ C. $\dfrac{e^{-s}}{s-1}$ D. $\dfrac{e^{-s}}{s+1}$

2. 设 $f(t)=\delta(2-t)$，则 $\mathscr{L}[f(t)]=(\quad)$。

   A. 1 B. e^{2s} C. e^{-2s} D. 不存在

3. 若 $\mathscr{L}[f(t)]=F(s)$，则下列等式中正确的是（ ）。

   A. $\mathscr{L}[f'(t)]=sF(s)$ B. $\mathscr{L}[f'(t)]=\dfrac{1}{s}F(s)$

   C. $\mathscr{L}[f'(t)]=sF(s)-f(0)$ D. $\mathscr{L}[f'(t)]=\dfrac{1}{s}F(s)-F(0)$

4. 设 $\mathscr{L}[f(t)]=F(s)$，则 $\mathscr{L}\left[\int_0^t (t-2)e^{2t}f(t)dt\right]=(\quad)$。

   A. $-\dfrac{1}{s}[F'(s-2)+2F(s-2)]$ B. $-\dfrac{1}{s}[F'(s+2)+2F(s+2)]$

   C. $\dfrac{1}{s}[F'(s-2)-2F(s-2)]$ D. $\dfrac{1}{s}[F'(s+2)-2F(s+2)]$

5. 设 a,k,m 均为正常数，则下列变换中正确的是（ ）。

   A. $\mathscr{L}[e^{-at}\cos kt]=\dfrac{s-a}{(s-a)^2+k^2}$ B. $\mathscr{L}[e^{-at}\delta(t)]=1$

   C. $\mathscr{L}[t^m e^{at}]=\dfrac{\Gamma(m)}{(s+a)^m}$ D. $\mathscr{L}[u(kt-m)]=\dfrac{1}{s}e^{-\frac{k}{m}}$

6. 设 $f(t)=\dfrac{2\mathrm{sh}t}{t}$，则 $\mathscr{L}[f(t)]=(\quad)$。

   A. $\ln\dfrac{s-1}{s+1}$ B. $\ln\dfrac{s+1}{s-1}$ C. $2\ln\dfrac{s-1}{s+1}$ D. $2\ln\dfrac{s+1}{s-1}$

7. 设 $f(t)=\sin\left(t-\dfrac{\pi}{3}\right)$，则 $\mathscr{L}[f(t)]=(\quad)$。

   A. $\dfrac{1-\sqrt{3}s}{2(s^2+1)}$ B. $\dfrac{s-\sqrt{3}}{2(s^2+1)}$ C. $\dfrac{1}{s^2+1}e^{-\frac{\pi}{3}s}$ D. $\dfrac{s}{s^2+1}e^{-\frac{\pi}{3}s}$

8. 函数 $\dfrac{s^2}{s^2+1}$ 的拉普拉斯逆变换为（ ）。

   A. $\delta(t)+\cos t$ B. $\delta(t)-\cos t$ C. $\delta(t)+\sin t$ D. $\delta(t)-\sin t$

三、计算题

1. 求下列函数的拉普拉斯变换

   (1) $\delta(t)\cos t - u(t)\sin t$ (2) $e^{-2t}\cos t + t\int_0^t e^{-3t}\sin 2t\,dt$ (3) $te^{-at}\cos bt\,\mathrm{sh}ct$

2. 求下列函数的拉普拉斯逆变换

   (1) $\dfrac{2s+5}{s^2+4s+13}$ (2) $\dfrac{e^{-5s}}{s^2-9}$ (3) $\dfrac{s^2+2}{s(s+1)(s+2)}$

3. 求下列微分、积分方程的解
(1) $y''+4y'+3y=e^{-t}, y(0)=y'(0)=1$
(2) $y''-y=4\sin t+5\cos 2t, y(0)=-1, y'(0)=-2$
(3) $y(t)+\int_0^t y(\tau)d\tau=e^{-t}$
(4) $y(t)+\int_0^t e^{2(t-\tau)}y(\tau)d\tau=1-2\sin t$

4. 设 $f(t)$ 是以 2π 为周期的函数，且在一个周期内的表达式为 $f(t)=\begin{cases}\sin t & (0<t\leqslant\pi)\\ 0 & (\pi<t<2\pi)\end{cases}$，求 $\mathscr{L}[f(t)]$。

5. 求下列微分、积分方程组的解。
(1) $\begin{cases}x'+y'=1\\ x'-y'=t\end{cases}$ $x(0)=a, y(0)=b$
(2) $\begin{cases}2x-y-y'=4(1-e^{-t})\\ 2x'+y=2(1+3e^{-2t})\end{cases}$ $x(0)=y(0)=0$

6. 求下列线性偏微分方程的定解问题的解。
(1) $\begin{cases}\dfrac{\partial^2 u}{\partial t^2}=a^2\dfrac{\partial^2 u}{\partial x^2}+g & (g\text{ 为常数}) \quad (x>0, t>0)\\ u\big|_{t=0}=0, \quad \dfrac{\partial u}{\partial t}\big|_{t=0}=0\\ u\big|_{x=0}=0\end{cases}$

(2) $\begin{cases}\dfrac{\partial u}{\partial t}=a^2\dfrac{\partial^2 u}{\partial x^2}-hu & (h\text{ 为常数}) \quad (x>0, t>0)\\ u\big|_{x=0}=u_0(\text{常数})\\ u\big|_{t=0}=0\end{cases}$

四、证明题

利用卷积定理证明：$\mathscr{L}^{-1}\left[\dfrac{s}{(s^2-a^2)^2}\right]=\dfrac{t}{2a}\sin at$。

附录与习题答案

扫描二维码可查看课程发展简史、数学家简介、数学实验（基于 Matlab）、积分变换简表及习题答案等内容。

参 考 文 献

[1] 张元林.积分变换[M].4版.北京:高等教育出版社,2011:1-155.
[2] 冯卫国.积分变换[M].2版.上海:上海交通大学出版社,2009:56-84.
[3] 杜洪艳,尤正书,侯秀梅.复变函数与积分变换[M].武汉:华中师范大学出版社,2012:125-160.
[4] 盖云英,包革军.复变函数与积分变换[M].2版.北京:科学出版社,2007:186-279.
[5] 王志勇.复变函数与积分变换[M].武汉:华中科技大学出版社,2014:79-110.
[6] 马柏林,李丹衡,晏华辉.复变函数与积分变换[M].上海:复旦大学出版社,2011:140-184.
[7] 杨绎龙,杨帆.复变函数与积分变换[M].北京:科学出版社,2012:123-199.
[8] 熊辉.工科积分变换及其应用[M].北京:中国人民大学出版社,2011:68-124.
[9] 杨战民.复变函数与积分变换——题型·方法[M].西安:西安电子科技大学出版社,2003:195-248.
[10] 刘红爱,咸亚丽,等.复变函数与积分变换[M].镇江:江苏大学出版社,2015:131-186.
[11] 李建林.复变函数·积分变换辅导讲案[M].西安:西北工业大学出版社,2007:85-110.
[12] 南京工业学院数学教研组.积分变换[M].北京:高等教育出版社,2004:1-110.
[13] 包革军,邢宇明.复变函数与积分变换同步训练[M].哈尔滨:哈尔滨工业大学出版社,2015:65-96.
[14] 周凤玲,刘力华,张余.复变函数与积分变换学习指导书[M].北京:化学工业出版社,2016:46-140.
[15] 李昌兴,史克岗.积分变换[M].西安:西北工业大学出版社,2011:1-120.
[16] 成立社,李梦如.复变函数与积分变换[M].北京:科学出版社,2011:191-247.
[17] 王丽霞.复变函数与积分变换[M].镇江:江苏大学出版社,2012:137-180.
[18] 罗文强,黄精华,等.复变函数与积分变换[M].北京:科学出版社,2012:150-192.
[19] 宋苏罗.复变函数与积分变换[M].北京:科学出版社,2013:149-212.
[20] 刘子瑞,徐忠昌.复变函数与积分变换[M].北京:科学出版社,2011:171-229.